Francisco M. Salzano

Genômica e evolução
moléculas, organismos e sociedades

oficina de textos

© Copyright 2012 Oficina de Textos

Grafia atualizada conforme o Acordo Ortográfico da Língua Portuguesa de 1990, em vigor no Brasil a partir de 2009.

Conselho editorial   Cylon Gonçalves da Silva; Doris C. C. K. Kowaltowski; José Galizia Tundisi; Luis Enrique Sánchez; Paulo Helene; Rozely Ferreira dos Santos; Teresa Gallotti Florenzano

Capa Malu Vallim
Projeto gráfico, preparação de figuras e diagramação Douglas da Rocha Yoshida
Revisão de textos Gerson Silva

Dados Internacionais de Catalogação na Publicação (CIP)
(Câmara Brasileira do Livro, SP, Brasil)

Salzano, Francisco M.
  Genômica e evolução : moléculas, organismos e sociedades / Francisco M. Salzano. -- São Paulo : Oficina de Textos, 2012.

  Bibliografia.
  ISBN 978-85-7975-038-0

  1. Biologia 2. Cultura 3. Evolução 4. Sociobiologia I. Título.

11-11859   CDD-575

Índices para catálogo sistemático:

1. Genômica e evolução : Ciências biológicas 575

Todos os direitos reservados à **Oficina de Textos**
Rua Cubatão, 959
CEP 04013-043 – São Paulo – Brasil
Fone (11) 3085 7933   Fax (11) 3083 0849
www.ofitexto.com.br   e-mail: atend@ofitexto.com.br

A todos que contribuíram para uma visão racional do Universo e para o desenvolvimento da ciência.

Apresentação

Com o término do Projeto Genoma Humano e o desenvolvimento da genômica de nova geração, a genética de populações ganhou novo ímpeto e relevância, estabelecendo nesse processo um diálogo profícuo com a antropologia, a demografia, a linguística e a geografia histórica. Assim, é hoje uma área trepidante e desafiante de atividade científica e humanística.

Por meio do estudo da diversidade humana em nível de estrutura genômica e sequências de DNA, estamos adquirindo a capacidade de ler, em detalhe cada vez maior, o passado evolucionário de nossa jovem espécie, identificando e quantificando a importância de forças como seleção natural, deriva genética e migrações.

Com esses avanços, a complexidade da genética de populações humanas aumentou consideravelmente, havendo a necessidade urgente de bons textos que façam uma síntese da matéria com competência. Assim, é com grande júbilo que acolhemos o novo livro *Genômica e evolução*, de Francisco Salzano, que vem exatamente preencher essa lacuna. E o faz de forma magistral, em todas as suas vertentes e facetas, traçando a "evolução da ideia de evolução" desde as suas raízes histórico-filosóficas na Grécia Antiga até a atualidade, incluindo evolução molecular, evolução genômica e evolução cultural.

Na mitologia grega, Hermes era um mensageiro dos deuses e o guia das almas ao reino de Hades. Seu maior símbolo era o caduceu, um bastão de madeira com duas serpentes enroladas, lembrando o próprio DNA com sua estrutura de dupla fita. Uma serpente significava o Conhecimento; a outra representava a Sabedoria.

Só um geneticista como Francisco Salzano, cientista e humanista, teria o conhecimento para escrever este livro de conteúdo profundo e clareza cristalina, e a sabedoria para torná-lo uma verdadeira celebração da nossa humanidade.

Prof. Dr. Sergio D. J. Pena
Professor Titular do Departamento de Bioquímica e Imunologia
Universidade Federal de Minas Gerais

Prefácio

O presente livro pode ser considerado uma atualização, com maior profundidade, de dois livros anteriores: *Biologia, Cultura e Evolução*, de 1993; e *Evolução do Mundo e do Homem: Liberdade ou Organização?*, de 1995. Trata-se de uma visão pessoal do que considero importante abordar na área da evolução orgânica. Com a crescente especialização dos estudiosos, as obras sobre evolução concentram-se sobre aspectos particulares do problema (por exemplo, evolução molecular; evolução dos organismos; evolução humana; ou evolução da cultura). Aqui foram considerados todos esses pontos e alguns outros. Naturalmente, foi necessário ater-se apenas aos aspectos mais gerais; porém, em compensação procurou-se oferecer uma visão global do processo, que muitas vezes não pode ser encontrada em tratados muito aprofundados. O público procurado foi o de estudantes de graduação e pós-graduação, colegas pesquisadores e também o leigo bem informado à procura de saber.

Inicialmente se buscou situar o problema dentro de um contexto histórico-filosófico, principiando com o mundo maravilhoso da Grécia antiga e progredindo gradualmente à situação atual. São indicadas figuras paradigmáticas da evolução do conceito de evolução, com especial ênfase em Jean-Baptiste Lamarck, Gregor Mendel e, naturalmente, Charles Darwin. Há também uma visão geral sobre os estudos de genética e evolução no Brasil e uma breve abordagem sobre as relações entre a ciência e a filosofia.

Nos dois capítulos seguintes, examinou-se o problema fundamental das origens do Universo, de nosso planeta, da vida e da multicelularidade. São apresentados alguns conceitos básicos para os não iniciados e abordados aspectos da evolução em nível molecular.

O progresso fenomenal nas técnicas de estudo laboratorial e de análise bioinformática possibilitou agora estudos sobre genomas completos (a totalidade do material genético), dos organismos mais simples até a nossa espécie. Mas genética não é tudo; quando tratamos da evolução dos organismos, é necessário considerar outros aspectos do meio ambiente, das interações entre diferentes formas de vida e, no caso dos seres humanos, da evolução sociocultural.

Os dois últimos capítulos consideraram questões básicas e muito discutidas sobre os fatores que influem no comportamento humano, no desenvolvimento da cultura e no futuro da espécie humana.

Em épocas como a atual, em que, apesar do progresso vertiginoso da ciência, permanecem visões místicas, anticientíficas e comportamento violento, irracional, tanto entre indivíduos quanto entre nações, é importante uma pausa para considerarmos como tudo foi concebido e qual é o papel que a espécie humana tem, assim como suas responsabilidades para um futuro de convivência mais benéfica, seja entre nós mesmos, seja com todas as formas de vida e com o meio ambiente em geral. O desenvolvimento tecnológico colocou em nossas mãos poderes extraordinários, que podem ser utilizados tanto para o bem quanto para o mal. É nossa responsabilidade contribuir para um mundo mais feliz e harmonioso.

O ambiente maravilhoso que desfruto há mais de meio século no Departamento de Genética e Programa de Pós-Graduação em Genética e Biologia Molecular da Universidade Federal do Rio Grande do Sul tem sido fundamental para meu crescimento pessoal e intelectual. Agradeço a todos, colegas, alunos de graduação e pós-graduação e funcionários, a oportunidade desse convívio precioso; e este livro não teria sido possível sem o apoio inestimável de Laci Krupahtz, que contribuiu decisivamente para a montagem do texto e das figuras, bem como para a minha interação com colegas do mundo inteiro por meio deste instrumento admirável que é a internet. Os trabalhos que desenvolvo têm contado também com o apoio financeiro, indispensável, do Conselho Nacional de Desenvolvimento Científico e Tecnológico (CNPq), Coordenação de Aperfeiçoamento de Pessoal de Nível Superior (Capes) e Fundação de Amparo à Pesquisa do Estado do Rio Grande do Sul (Fapergs).

Francisco M. Salzano
Porto Alegre, julho de 2011

Sumário

1 **Bases histórico-filosóficas** 13
   1.1 Visões do mundo 13
   1.2 O mundo maravilhoso da Grécia clássica 14
   1.3 A cultura helenística 15
   1.4 Idade Média – O Absolutismo 16
   1.5 Rebelião – O renascimento 18
   1.6 Primórdios do modelo científico atual 19
   1.7 Fundamentos da evolução biológica e da Genética 20
   1.8 O século da Genética 29
   1.9 Estudos de Genética e Evolução no Brasil 33
   1.10 Ciência e Filosofia 36

2 **Origens** 39
   2.1 Sobre tempos e distâncias 39
   2.2 A origem do Universo 40
   2.3 História da Terra 42
   2.4 A origem da vida 44
   2.5 Quiralidade 48
   2.6 Origem e evolução do código genético 49
   2.7 Inovações evolucionárias únicas 51
   2.8 Multicelularidade 51
   2.9 Origem dos eucariotos 53
   2.10 Vida extraterrena 55

3 **Evolução molecular** 57
   3.1 O conceito de evolução 57
   3.2 Estrutura e funcionamento do material genético 57
   3.3 Variação neutra ou seleção? 62
   3.4 Em busca de evidências da seleção 64
   3.5 Seleção "silenciosa" 67
   3.6 Comparações com os nossos primos 67
   3.7 Relógios moleculares 70
   3.8 Filogenética e filogenômica – reconstruindo a história evolutiva ... 72
   3.9 O universo proteico – estrutura e variação 75

3.10 O gene fragmentado – reflexos 76
3.11 Menos é mais 77
3.12 Fartura também é bom 79
3.13 Partindo para o novo 81
3.14 Famílias multigênicas 82
3.15 Nós e os outros 84
3.16 Resistência a patógenos em plantas 86
3.17 Proteínas relacionadas à patogênese 86
3.18 As imunoglobulinas dos vertebrados 88
3.19 O complexo maior de histocompatibilidade 89
3.20 Grupos sanguíneos 90

4 Genômica comparada 93
4.1 Genoma, genômica e outras "ômicas" 93
4.2 Dados disponíveis e métodos de análise 94
4.3 Tamanho do genoma e complexidade organísmica 95
4.4 Genômica estrutural 96
4.5 Evolução de redes biológicas 97
4.6 Relações em procariotos 98
4.7 Genômica de Archaea 99
4.8 Genômica de Bacteria 101
4.9 Proteobactérias – variabilidade e adaptação 104
4.10 Espiroquetas – ancestral eucariótico e zoonoses 104
4.11 Cianobactérias – origem da fotossíntese e
     quimera bacteriana artificial 106
4.12 Genomas mínimos e a montagem de um sintético 106
4.13 Simbioses e convergências adaptativas 107
4.14 Bacilos, estreptococos e tétano 108
4.15 A doença dos poetas, seus agentes e afins, e genomas exagerados 109
4.16 Sobre ácaros e baixas de guerra 110
4.17 Iogurte e outros laticínios 111
4.18 O fantasma da infecção hospitalar 112
4.19 Conteúdo de G+C e pan-genomas 113
4.20 Vírus 113
4.21 Organelas – DNA mitocondrial (mtDNA) 117
4.22 mtDNA – de plantas a mamutes extintos e uma pergunta 119
4.23 Organelas – cloroplastos 120
4.24 Organelas – apicoplastos e nucleomorfos 122
4.25 Explosão da biodiversidade – eucariotos 123
4.26 O reino Protoctista – heterogeneidade e importância 126
4.27 Plantas – unindo o útil ao científico 129
4.28 Bolores, antibióticos e delícias alimentares 132
4.29 Invertebrados – vermes e insetos 135
4.30 Os cordados – não vertebrados e vertebrados 138
4.31 Mamíferos 140

5 O genoma humano 143
- 5.1 História – ciência, política e ética 143
- 5.2 Descrição – aspectos estruturais 145
- 5.3 Descrição – fenótipos normais e patológicos..................... 149
- 5.4 Funcionamento 152
- 5.5 Um olhar para o passado 154
- 5.6 Variação – DNA mitocondrial.. 155
- 5.7 Variação – DNA nuclear, SNPs.. 157
- 5.8 Variação – DNA nuclear, estrutura 158
- 5.9 Variação – elementos transponíveis 159
- 5.10 Seleção ou deriva? Métodos... 160
- 5.11 Seleção ou deriva? Resultados 161
- 5.12 Sistema nervoso e cultura 164
- 5.13 Perspectivas 166

6 Organismos não humanos – variabilidade e adaptação............. 169
- 6.1 Quais são a unidade e o alvo da seleção? 169
- 6.2 Organismos e populações 171
- 6.3 A biodiversidade no mundo 171
- 6.4 As grandes migrações e a evolução no continente americano.................... 172
- 6.5 A biodiversidade no Brasil... 172
- 6.6 Amazônia 174
- 6.7 Fitogeografia do sul da América 176
- 6.8 Conservação e bioética 176
- 6.9 Genômica e o ambiente 178
- 6.10 Variabilidade em dois gêneros de plantas......................... 179
- 6.11 Coevolução plantas/insetos herbívoros............................. 180
- 6.12 Cachorros e galinhas 181
- 6.13 Onça-pintada... 183

7 Evolução humana 185
- 7.1 Nossa herança primata 185
- 7.2 Hominoides 186
- 7.3 Hominíneos.. 186
- 7.4 O enigma Neandertal 188
- 7.5 A diáspora dos humanos modernos 192
- 7.6 O microcosmo latino-americano 193
- 7.7 Raça, racismo e políticas afirmativas.................................. 196
- 7.8 Genética histórica – uniões interétnicas 197
- 7.9 Classificação morfológica e marcadores genéticos no Brasil 200
- 7.10 Genética populacional no Rio Grande do Sul e Uruguai.....200
- 7.11 Uma metáfora interessante – desenvolvimento sociocultural e genomas...202
- 7.12 Variabilidade na suscetibilidade e etiologia de doenças 203
- 7.13 Ameríndios – origens...204

7.14	A conquista: dizimação e recuperação	204
7.15	Ameríndios – diversidade genética e estrutura populacional	207
7.16	Genética e linguagem	209
7.17	Ameríndios – sistemas genéticos isolados	210
7.18	Ameríndios – regiões geográficas específicas	212
7.19	Dois grupos peculiares de ameríndios	214
7.20	Saúde e doenças em ameríndios	215
7.21	Tuberculose e obesidade	218

8 Comportamento e cultura 221

8.1	Conceitos	221
8.2	Origem e desenvolvimento	222
8.3	O que condiciona a evolução cultural?	224
8.4	Interação biologia-cultura	225
8.5	Linguagem	227
8.6	Domesticação	230
8.7	Cooperação e conflito	234
8.8	Sexo e uniões preferenciais	237
8.9	Saúde/doença	247
8.10	Arte	248
8.11	Livre-arbítrio, religião, moralidade	249

9 Síntese 251

9.1	Como tudo começou? Simplicidade vs complexidade	252
9.2	Nos recônditos da vida – relações estrutura/função e suas consequências	253
9.3	O todo e as partes	254
9.4	O nosso material genético	256
9.5	Somos todos irmãos	257
9.6	Cultura, biologia e progresso	257
9.7	Futuro	259

Referências bibliográficas 261

Índice remissivo 269

Bases histórico-filosóficas

"Mas com que finalidade este mundo terá sido então criado?", perguntou Cândido.
"Para nos irritar", respondeu Martinho.

(Voltaire, 1759)

1.1 Visões do mundo

A nossa espécie é constituída por seres naturalmente curiosos. Desde que ultrapassamos o limiar pré-humano, surgiram as perguntas sobre o nosso passado, o presente e o futuro. Essa propriedade de autoconsciência parece ser exclusiva do *Homo sapiens*. Ao longo do tempo, e à medida que íamos progredindo na senda sociocultural, foram surgindo, portanto, teorias explicativas sobre nós, os outros e o mundo em geral. Essas visões do mundo podem ser classificadas em três categorias: 1. Mágica; 2. Metafísica; e 3. Científica.

A visão **mágica** do mundo estabeleceu-se nos primórdios da humanidade, a partir de uma mentalidade pré-lógica que não fazia distinção entre o mundo das volições e o mundo externo. Havia a crença na possibilidade de influir em eventos como a ocorrência ou não de chuva, o sucesso na caça ou na colheita, por meio de preces a deuses sobrenaturais. Como havia dificuldade no estabelecimento de relações causa e efeito, o dia a dia caracterizava-se pela ocorrência de fatos inexplicáveis, a não ser criando uma mitologia tão vasta como a que compunha o mundo natural. O fogo, cuja manipulação constituiu-se em uma de nossas primeiras conquistas tecnológicas, foi identificado como um ente divino. Não havia necessidade de uma relação coerente entre os fatos, fundamentada em um conhecimento básico anterior. As observações eram influenciadas por crenças (observava-se o que se desejava observar), não se admitindo refutações.

Por volta do século VII antes de Cristo (a.C.), há uma virada fundamental na história da humanidade, com a tentativa de explicação do mundo por meio de um corpo de conhecimentos racionais, e não de evidências reveladas ou empíricas. Essa relação entre o conhecimento do ser (ontologia) e das coisas (cosmologia) caracteriza a visão **metafísica** do mundo, que tenta separar o real das aparências.

A visão **científica**, por sua vez, baseia-se na aplicação do método científico, que tem como princípio básico a relação causa e efeito. Por meio da análise detalhada de uma parcela da realidade, busca-se a explicação de como uma resultou da outra. Essa perspectiva é fundamentalmente materialista, prescindindo de explicações sobrenaturais.

1.2 O mundo maravilhoso da Grécia clássica

Pelo menos em termos da tradição ocidental, a história intelectual da humanidade principia no século VII a.C. É a partir de cerca de 600 a.C. que floresce, nas cidades-estado da Grécia, uma tradição cultural que irá permanecer até 338 a.C., quando a Grécia é conquistada militarmente pela Macedônia. Dezenove das personagens mais importantes dessa época estão listadas no Quadro 1.1, por ordem cronológica de nascimento, começando por Tales de Mileto e concluindo com Epicuro de Atenas. Durante três séculos, há um fervilhamento constante de ideias, conceitos e observações empíricas que irão se constituir na base de todo o conhecimento ocidental.

Em termos de Biologia, Mayr (1982) identifica três grandes tradições no período: 1. **História Natural**, exemplificada pelos trabalhos de Aristóteles e

Quadro 1.1 Principais personagens da Grécia antiga e seus interesses

Personagem	Época	Contribuições, ideias
Tales de Mileto	639-544 a.C.	Matemática, Astronomia, a água como essência
Anaximandro de Mileto	611-547 a.C.	Geografia, Astronomia. Precursor da teoria da evolução
Xenófanes de Eleia	576-590 a.C.	Fósseis como vestígios da evolução
Eráclito de Éfeso	576-480 a.C.	Filosofia. O fogo como elemento primordial
Anaximenes de Mileto	550-480 a.C.	O ar como essência
Alcmeon de Croton	ca. 500 a.C.	Anatomia
Parmênides de Eleia	540-480 a.C.	Filosofia
Pitágoras de Samos	530-497 a.C.	Matemática, Música, Filosofia
Empédocles de Agrigentum	504-433 a.C.	Teoria humoral da doença. Precursor da teoria da evolução
Anaxágoras de Clazomeno	500-428 a.C.	Filosofia
Demócrito de Abdera	470-400 a.C.	Teoria atômica
Sócrates de Ática	469-399 a.C.	Filosofia
Hipócrates de Cós	460-375 a.C.	O pai da Medicina
Platão de Atenas	428-348 a.C.	Filosofia
Diógenes de Sinope	413-327 a.C.	Filosofia, Cinismo (Anarquismo)
Aristóteles de Estagira	384-322 a.C.	Filosofia, Biologia
Teofrasto de Lesbos	372-287 a.C.	Botânica
Pirro de Élida	365-270 a.C.	Filosofia, Ceticismo
Epicuro de Atenas	341-270 a.C.	Filosofia. O prazer é o maior bem

Fonte: Gardner (1965); Serafini (1993); Gottschall (2003).

Teofrasto; 2. **Filosofia**, originada por Tales, Anaximandro e Anaximenes, na Jônia e seguida por extensa série de pensadores, dos quais os mais conhecidos são, naturalmente, Sócrates, Platão e Aristóteles; e 3. **Biomédica**, com a figura paradigmática de Hipócrates, considerado o pai da Medicina. O mesmo Mayr (1982) forneceu opiniões muito diferentes sobre duas dessas pessoas. Afirmou ele que ninguém antes de Charles Darwin (que viveria 23 séculos depois!) teria feito uma maior contribuição à nossa compreensão do mundo vivo do que Aristóteles, e em contraposição, sem questionar a importância de Platão para a história da Filosofia, classificou sua intervenção na área da Biologia como um desastre!

1.3 A cultura helenística

Após a conquista da Grécia pela Macedônia, o centro científico-cultural do mundo deslocou-se primeiro para Alexandria e depois para Roma. No entanto, a influência da cultura grega estendeu-se por muito tempo após a sua derrota militar, em um período que pode ser delimitado entre 338 a.C. e 500 d.C.; portanto, pouco mais do que oito séculos.

A vitória sobre a Grécia foi comandada por Alexandre o Grande (356-323 a.C.). À medida que ele conquistava novos territórios, especialmente o Império Persa, procurava cercar-se de conselheiros gregos e persas. Sua morte precoce (aos 33 anos), no entanto, levou à desintegração de seu império, dividido por seus comandantes militares. Ptolomeu I (Soter, 367-285 a.C.) tornou-se o rei do Egito e estabeleceu a capital do império em Alexandria. Lá ele fundou o Museu e Biblioteca de Alexandria, atraindo para a instituição a elite científico-cultural da época. Depois, construiu o Templo de Serapis, na área egípcia de Alexandria, e que também armazenou imensa biblioteca. Ptolomeu II (Philadelphus, 300-247 a.C.) foi ainda mais entusiasta em favor do conhecimento e da cultura do que seu pai. Eratóstenes (ver Quadro 1.2) foi diretor da biblioteca por 35 anos (230-195 a.C.) e contribuiu de maneira decisiva para o seu desenvolvimento.

Outros nomes importantes da Escola de Alexandria estão listados no Quadro 1.2. Especialmente notáveis foram Euclides, que desenvolveu e sistematizou todos os princípios de geometria da época; Arquimedes, matemático e físico que estabeleceu as leis fundamentais da estática dos sólidos, fundando a Hidrostática; e Ptolomeu, que sintetizou os conhecimentos astronômicos da época. Essa tríade dominaria a ciência medieval, e alguns de seus princípios se mantém até hoje.

O apogeu da Biblioteca de Alexandria ocorreu em 48 a.C., quando deveria conter cerca de 700 mil manuscritos. Foi nesse ano que Júlio César (101-44 a.C.) visitou Alexandria e desenvolveu rumoroso caso de amor com Cleópatra VII (69-30 a.C.), que ofereceu uma grande quantidade de manuscritos a Júlio César,

Quadro 1.2 Alguns personagens da Escola de Alexandria

Personagem	Época	Contribuições
Erófilo da Calcedônia	325 a.C.	Anatomia, descrição do cérebro e sistema nervoso
Erasístrato de Cós	ca. 280 a.C.	Anatomia, Fisiologia
Demétrio de Falera	345-283 a.C.	O primeiro diretor da Biblioteca de Alexandria
Euclides de Alexandria	320-260 a.C.	Matemática, Geometria
Apolônio de Perga	260-200 a.C.	Matemática, Geometria
Eratóstenes	275-195 a.C.	Matemática, Astronomia, Filosofia
Arquimedes de Siracusa	287-212 a.C.	Hidrostática
Aristarco de Samos	310-230 a.C.	Geometria, Astronomia
Eratóstenes de Cirene	284-192 a.C.	Matemática, Astronomia
Hiparco de Niceia	190-125 a.C.	Astronomia
Claudio Ptolomeu	90-168 d.C.	Astronomia

Fonte: Gardner (1965); Gottschall (2003).

o que não foi aceito pelos egípcios. Na batalha que se seguiu, calcula-se que 40 mil volumes que estavam empacotados no cais para transporte a Roma tenham sido queimados. A destruição da Biblioteca de Alexandria ocorreu posteriormente em duas etapas. Em 391 d.C., Teófilo, Patriarca Cristão da cidade, liderou a destruição do Templo de Serapis como parte de uma campanha para a eliminação de todos os templos pagãos; e a Biblioteca Principal foi destruída quando os árabes ocuparam Alexandria em 646 d.C. Cristãos e muçulmanos, portanto, foram responsáveis por um dos maiores crimes contra a cultura perpetrado ao longo da história.

Com a passagem de Roma para o centro dos acontecimentos, a cultura helenística foi basicamente conservada. Apesar de que, no Império Romano, a ênfase esteve sempre voltada para aplicações práticas, alguns personagens do período merecem ser destacados (Quadro 1.3). Influências particularmente duradouras tiveram a obra monumental de Plínio o Velho (Gaius Plinius Secundus) e a medicina de Galeno, cujo livro sobre Preparações Anatômicas foi utilizado como texto básico por nada menos do que 1.400 anos, sendo provavelmente o livro didático de vida mais longa até hoje conhecido.

1.4 Idade Média – O Absolutismo

A Idade Média, geralmente delimitada entre 500 e 1500 d.C., caracterizou-se por um período de extrema religiosidade. "Pensar é transgredir" – essa expressão, título de um livro de Lya Luft (Luft, 2004), expressa bem o sentimento da época, embora a autora a tenha utilizado justamente como antídoto contra a mesmice e a superficialidade. Chegou-se ao cúmulo de considerar o número 11

Quadro 1.3 Personagens do período romano clássico

Personagem	Época	Contribuições
Titus Lucretius Carus	96-55 a.C.	*De rerum natura*, poema em seis volumes sobre a constituição do Universo
Gaius Plinius	23-79 d.C.	*Historia naturalis*, 37 volumes, enorme influência (até a Renascença), na época, em termos de circulação, só foi ultrapassado pela Bíblia
Aulus Cornelius	1° século d.C.	O mais famoso compilador de informação médica em latim
Crateuas	ca. 50 a.C.	Médico, o pai da ilustração botânica
Dioscorides	54-68 d.C.	*Materia medica*, com ilustrações de plantas medicinais
Cláudio Galeno	131-200 d.C.	Imensa influência na medicina da época. Escreveu 256 tratados sobre medicina, filosofia, matemática, gramática e leis

Fonte: Gardner (1965); Gottschall (2003).

como pecaminoso (pois ele transgredia o número 10, dos Dez Mandamentos!). A perseguição aos infiéis e heréticos foi institucionalizada pela Inquisição, tribunal criado pelo papa Gregório IX e inaugurado em 1234, o qual foi reformulado em 1542 como o Tribunal do Santo Ofício, e oficialmente extinto apenas no século XX. A natureza deveria ser subserviente à humanidade, e raciocinar era uma temeridade! Isso explica ou justifica a frase de Mayr (1982, p. 91) de que "Nada de qualquer consequência real ocorreu na Biologia após Lucrécio e Galeno e até a Renascença".

Em todo o caso, alguns personagens podem ser lembrados, tanto negativa como positivamente, e oito deles estão listados no Quadro 1.4. Na verdade, um dos desenvolvimentos mais importantes para a humanidade ocorreu nessa época: a numeração arábica/indiana, com a invenção do zero, atribuída a Al Khwarizmi. Santo Agostinho, por outro lado, notabilizou-se como defensor ferrenho da doutrina cristã, tendo desenvolvido a doutrina da predestinação, segundo a qual Deus dividira o mundo em seres morais e imorais. Os últimos, independentemente de seus esforços, só poderiam ser salvos por intervenção divina. Nesse sentido, seu pensamento sintonizava com o do persa Mani ou Maniqueu (215-276 d.C.), que postulou que no Universo não haveria meio termo, sendo ele dividido entre as forças do bem e do mal, da luz e das trevas, sem possibilidade de conciliação. Essa doutrina permanece até hoje com o nome de maniqueísmo.

Santo Tomás de Aquino, por sua vez, acreditava que era possível utilizar a razão, desde que não ameaçasse a fé em Deus. Mesmo com esse caráter conciliador, suas obras foram proibidas nas Universidades de Paris e Oxford, e ele morreu num obscuro convento italiano, aparentemente envenenado por ordem de Carlos I da Sicília.

Com relação às universidades, foi a partir do século XI que começaram a ser formadas, na Europa, essas instituições de estudos superiores, a começar pela

Quadro 1.4 Alguns personagens da Idade Média

Personagem	Época	Contribuições
Santo Agostinho	354-430 d.C.	Neoplatônico, desenvolveu a doutrina da predestinação, que negava o livre-arbítrio
Isidoro de Sevilha	570-636 d.C.	Sua enciclopédia sintetizou o conhecimento da época
Avicena (Ibn Siná)	980-1037 d.C.	*Canone da Medicina*, em cinco volumes, foi usado por cinco séculos nas universidades europeias
Al Khwarizmi	780-850 d.C.	Sistema numérico arábico (italiano)
Averrois (Ibn Ruchd)	1126-1198	Médico e filósofo, condenado pela igreja por suas inclinações materialistas e panteístas
Albertus Magnus	1206-1280	Considerado o maior erudito da Idade Média, sintetizou o arsênico e pode ser considerado um dos primeiros químicos da história
Roger Bacon	1214-1294	Estudou em Oxford e Paris e foi quem primeiro sistematizou o método experimental
Santo Tomás de Aquino	1225-1274	Uniu a filosofia de Aristóteles com a religião cristã. Suas obras foram proibidas nas Universidades de Paris e Oxford. Morreu aparentemente envenenado, por ordem de Carlos I da Sicília

Fonte: Gardner (1965); Gottschall (2003).

Universidade de Bolonha (1088), seguida pelas de Paris (1110), Salerno (1150), Montpellier (1180), Pádua (1222), Nápoles (1224), Toulouse (1229), Salamanca (1243) e Coimbra (1290). Mas elas se dedicavam basicamente a armazenar e transmitir o conhecimento, não a criá-lo. Somente muitos séculos depois seriam estruturadas universidades com as características das atuais.

É dentro dessa perspectiva que devem ser considerados os outros nomes apresentados no Quadro 1.4. Em todo o caso, observações na área da medicina proporcionadas por Isidoro de Sevilha, Avicena e Averrois tiveram importância prática, e Alberto Magnus pode ser considerado um dos primeiros químicos da história. Roger Bacon, por sua vez, notabilizou-se pela sua sistematização do método experimental, básico em qualquer ciência.

1.5 Rebelião – O Renascimento

Apesar de muitas indicações em contrário, a natureza humana é intrinsecamente libertária, e regimes coercitivos estão fadados ao desaparecimento. O sufoco da repressão eclesiástica não poderia perpetuar-se. Assim, ao longo da própria Idade Média foram surgindo as condições necessárias para sua abolição ou, pelo menos, seu enfraquecimento.

O primeiro fator importante a condicionar o esplendor do Renascimento foi a institucionalização das escolas. Enquanto anteriormente só se ensinava as primeiras lições nos mosteiros, entre os séculos XIII e XV organizavam-

-se escolas destinadas à alfabetização e ao aprendizado do cálculo e de outras noções simples. Porém, foi fundamental para a difusão do conhecimento a descoberta dos tipos móveis de imprensa, feita em 1440 por Johann Gensfleisch ou Gutenberg (1398-1468), associada à importação do papel da China. Indiretamente, as Grandes Navegações, desenvolvidas por portugueses, espanhóis e habitantes de outros países europeus, abriram as perspectivas para uma visão de mundo mais abrangente, incrementando, por outro lado, as relações comerciais internacionais.

Houve reação também na área religiosa, especialmente por meio da Reforma, liderada em particular por Martinho Lutero (1483-1546) na Alemanha e por João Calvino (1509-1564) na Suíça e França.

O resultado foi um desabrochar das artes e da literatura, em alguns casos vinculadas à ciência, como as obras de Leonardo da Vinci e Michelangelo, que transcenderam seu extraordinário valor estético para fornecer também magníficas aulas de Anatomia. Outros nomes da época, relacionados a uma ampla gama de disciplinas (Anatomia, Astronomia, Botânica, Cirurgia, Química, Zoologia Comparada) estão indicados no Quadro 1.5. Especial menção deve ser feita a Nicolau Copérnico, que, com suas observações astronômicas, iniciou o processo de deslocamento de nossa espécie como o centro do Universo.

Quadro 1.5 Alguns personagens do Renascimento

Personagem	Época	Contribuições
Guy de Chauliac	1300-1370	Anatomia e Cirurgia
Leonardo da Vinci	1452-1519	Estudos anatômicos detalhados e sua reprodução
Nicolau Copérnico	1473-1543	O Sol é o centro do nosso sistema planetário
Michelangelo Buonarroti	1475-1564	Estudos anatômicos detalhados e sua reprodução
Otto Brunfels	1488-1534	Botânica
Paracelsus	1493-1541	Química em sua relação com a Biologia
Leonard Fuchs	1501-1566	Botânica
Andreas Vesalius	1514-1564	*De humani corporis fabrica*, Anatomia
Pierre Belon	1517-1564	Zoologia Comparada
Ambroise Paré	1517-1590	Anatomia, Cirurgia

Fonte: Gardner (1965); Mayr (1982); Serafini (1993); Gottschall (2003).

1.6 Primórdios do modelo científico atual

Entre os séculos XVI e XVIII, começa a se delinear o que viria a ser o modelo científico atual, e pode-se localizar o início da ciência como a conhecemos hoje pela metade do século XVII. Interessados pelo assunto preferiram reunir-se fora das universidades, em academias. Uma das primeiras (*Academia Secretorum*

Naturae) reunia-se na casa de Giambattista della Porta (1543-1617), em Nápoles. A *Academia dei Lincei* foi fundada pelo Duque Federigo Cesti (1585-1630) em Roma em 1603, enquanto a *Academia Del Cimento* organizou-se em Florença em 1657, sob o patrocínio do Gran Duque Ferdinando II (Médici). Fora da Itália, a *Academie Royale des Sciences de Paris* foi oficialmente inaugurada em 1666 por Louis XIV, enquanto a *Royal Society of London* foi incorporada em 1662 por meio de estatutos assinados por Charles II. Paralelamente começaram a aparecer as revistas científicas. Talvez a mais antiga seja o *Journal des Savants*, publicada na França por Denys de Sallo (1626-1669); três meses após o aparecimento de seu primeiro número, em 1665, apareceu a *Philosophical Transactions of the Royal Society of London*. Revistas mais especializadas surgiram posteriormente, mas o início da profissionalização do cientista só ocorreria no século XVIII.

O período sob consideração notabiliza-se pelo aparecimento de uma série de figuras notáveis. Para citar apenas algumas fora da área da Biologia, têm-se Galileu Galilei (1564-1642) e Isaac Newton (1643-1727) nas áreas da Matemática, Física e Astronomia; René Descartes (1596-1650) na Filosofia; e Antoine Lavoisier (1743-1794) na Química.

Na área da Biologia, é nessa época que são estabelecidos os fundamentos para desenvolvimentos posteriores, e algumas pessoas-chave responsáveis por tais estudos estão listadas no Quadro 1.6. Nas subáreas Morfologia, Anatomia e, mais especificamente, Anatomia Comparada, têm-se Falloppio, Cuvier e Saint-Hilaire; em Fisiologia, Harvey; em Citologia, Malpighi, van Leeuwenhoek, Hooke e Swammerdam; em Embriologia e reprodução, Redi, Graaf e Spallanzani; em herança e hibridação entre espécies, Maupertuis e Kölreuter; Taxonomia e Sistemática, Ray, Linnaeus, Jussieu e De Candolle; em Biogeografia, Buffon; em Demografia, Malthus.

O período de tempo que separa os trabalhos notáveis de Galileu e Newton tem sido designado por historiadores da ciência como "a Revolução Científica". Mayr (1982), no entanto, salientou ter havido pouca congruência entre o que ocorreu nas ciências físicas e biológicas. Ele também salientou a heterogeneidade das áreas biológicas e o fato de que os desenvolvimentos variaram também em diferentes países. O importante é que, após esse período, o terreno estava preparado para a era científica da Genética e da Evolução.

1.7 Fundamentos da evolução biológica e da Genética

A história do desenvolvimento dos conceitos sobre evolução biológica e da Genética no século XIX é dominada por três personagens paradigmáticos: Jean-Baptiste Lamarck, Charles Darwin e Gregor Mendel. Carlson (2004) distinguiu quatro períodos ao longo do século: 1. **Era da teologia natural** (1800-1830); 2. **Secularização da ciência** (1830-1860); 3. **A transformação darwiniana** (1860-1880); e 4. **Integração através do reducionismo** (1880-1900).

Quadro 1.6 Personagens-chave no desenvolvimento da Biologia, séculos XVI a XVIII

Personagem	Época	Contribuições
Gabriel Falloppio	1523-1562	*Observationes anatomicae*, descrição detalhada do aparelho reprodutor feminino
William Harvey	1578-1657	Esclarecimento sobre a circulação do sangue. Descrição dos estágios do desenvolvimento embrionário humano
Francesco Redi	1626-1698	Moscas ou outros organismos complexos não poderiam surgir por geração espontânea
John Ray	1627-1705	Estabeleceu as bases da ciência da sistemática, tanto de plantas como de animais
Marcello Malpighi	1628-1694	Estudos de anatomia microscópica e desenvolvimento embrionário em plantas e animais
Antony van Leeuwenhoek	1632-1723	Observações microscópicas extensas e detalhadas, como, por exemplo, as dos espermatozoides humanos e de outros animais
Robert Hooke	1635-1703	Aperfeiçoamento da microscopia. Introdutor da palavra *célula*
Jan Swammerdam	1637-1680	Estudos microscópicos, anatômicos e embriológicos. Investigação clássica sobre a metamorfose em insetos
Regnier de Graaf	1641-1673	Estabelecimento do papel do folículo no ovário
Pierre L. M. de Maupertuis	1698-1759	Investigações sobre herança, negação do criacionismo
Carl von Linnaeus	1707-1778	O fundador da taxonomia. Descrição de milhares de espécies de plantas e animais. Sua obra clássica foi *Systema naturae*
Georges-Louis Leclerc, conde de Buffon	1707-1788	*Histoire naturelle*, obra em 44 volumes, 9 publicados após sua morte. Contribuiu para a discussão do evolucionismo e é considerado o fundador da Biogeografia
Lazzaro Spallanzani	1729-1799	Estudos sobre reprodução e geração espontânea da vida
Joseph G. Kölreuter	1733-1806	Realizou não menos do que 500 hibridações diferentes envolvendo 138 espécies de plantas
Antoine-Laurent de Jussieu	1749-1836	Contribuiu de maneira preponderante para a taxonomia vegetal
Thomas R. Malthus	1766-1834	Seu livro *An essay on the principle of population* (1798) influenciou decisivamente a elaboração da teoria da evolução por seleção natural
Augustin P. De Candolle	1778-1841	Elaborou uma enciclopédia de 23 volumes (publicação finalizada após sua morte) sobre a vida das plantas. Criou o termo *taxonomia*
Georges L. Cuvier	1769-1832	Contribuições importantes para a Anatomia Comparada e a Paleontologia
Etienne Geoffroy Saint-Hilaire	1772-1844	Morfologista, contribuiu de maneira meritória para o princípio da Homologia

Fonte: Gardner (1965); Mayr (1982); Serafini (1993).

Na teologia natural, há uma fusão entre o pensamento religioso e as observações obtidas da natureza. A vida teria um arquiteto inteligente, e isso explicaria a harmonia (expressa nas adaptações tanto intraespecíficas quanto entre espécies). Por incrível que pareça, essa doutrina permanece até hoje, na variedade de criacionismo denominada Desígnio Inteligente.

No segundo período – estimulado, aliás, pela Revolução Industrial –, desenvolveu-se um processo de secularização da ciência. Mayr (1982) considera esse período como um dos mais férteis e excitantes da história da Biologia. É nessa época que se desenvolvem, de maneira mais ou menos independente, pesquisas fundamentais nas áreas de Citologia, Embriologia, Fisiologia, Zoologia de Invertebrados e Química Orgânica; e é nela que amadurecem os conceitos evolucionistas de Charles Darwin e Alfred R. Wallace. Pelo menos parte desses desenvolvimentos podem ser explicados pela profissionalização da ciência, pela melhoria técnica nos microscópios e pelos avanços na Química.

As duas décadas subsequentes são dominadas pelo impacto da teoria darwinista. Mayr (2004) comparou os efeitos causados pela teoria de Darwin e pela teoria da relatividade de Albert Einstein. Como é necessário considerável conhecimento de física e matemática para compreender esta última, seu impacto no pensamento de outros cientistas ou do cidadão comum foi muito limitado. Ao contrário, a teoria de Darwin causou uma revolução não só na Biologia como na visão de mundo de todos, pois tornou dispensável a origem sobrenatural dos seres vivos, desbancou a espécie humana do centro do Universo e refutou conceitos teleológicos da evolução dirigida a uma meta.

A integração das ciências biológicas e o desenvolvimento de métodos experimentais caracterizaram os dois últimos decênios do século XIX, com a teoria do germoplasma de August Weismann enterrando definitivamente a noção da herança dos caracteres adquiridos e uma ênfase na importância da variação descontínua. Na bacteriologia, os trabalhos seminais de Louis Pasteur (1822-1895) e de Robert Koch (1843-1910) devem ser enfatizados.

A primeira das figuras especialmente notáveis do século XIX é Jean-Baptiste Lamarck. Mayr (1982) considera-o uma das personagens mais difíceis de avaliar na história da ciência, pelas diferentes interpretações de seu pensamento e por sua falha em separar suas ideias sobre mudanças evolucionárias em si dos mecanismos genéticos e fisiológicos responsáveis pelas mudanças postuladas. Nem os seus críticos mais duros (Darwin foi um deles; referindo-se à obra principal de Lamarck, *Philosophie zoologique* ele a definiu como "puro lixo; não obtive um só fato ou ideia dela"), nem seus maiores entusiastas (especialmente os franceses, que atrasaram a aceitação generalizada da doutrina darwinista por pelo menos 75 anos) estão estritamente corretos.

Mas quem foi este homem? O Quadro 1.7 lista alguns eventos importantes de sua vida. Deve-se salientar que, em marcante contraste com Darwin,

I Bases histórico-filosóficas

Quadro 1.7 Alguns aspectos da vida de Jean-Baptiste Pierre Antoine de Monet, Cavalheiro de Lamarck

Ano	Evento
1744	Nasce em Picardy, norte da França, o mais jovem de uma irmandade de 11.
1760	Falece o pai, deixando a família na pobreza.
1761-1763	Ingressa no exército francês e luta na Guerra dos Sete Anos. Ferido, retorna a Paris para tratamento, mas nunca se recupera totalmente de lesão no tecido linfático.
1764-1787	Vive em Paris de uma pequena pensão e trabalha em tempo parcial em um banco. Paralelamente, dedica-se à Botânica. Conhece Antoine-Laurent de Jussieu, escreve uma obra em quatro volumes sobre a flora da França (1778) e torna-se tutor do filho do conde de Buffon. Viaja para diversos países da Europa.
1788	Buffon o indica como assistente no Departamento de Botânica do Museu de História Natural de Paris.
1793	É nomeado Professor de Invertebrados no referido Museu. Assim, desloca seu interesse para moluscos vivos e fósseis.
1800	Em seu *Discours d'ouverture* aos estudantes, apresenta pela primeira vez sua teoria sobre a evolução.
1802	Propõe o nome *Biologia* para o estudo dos seres vivos. Foi também ele que usou pela primeira vez o termo *espécie* na sua interpretação moderna.
1809	Publica seu livro mais importante, *Philosophie zoologique*, no qual apresenta com detalhes sua teoria.
1815-1822	Publica *Histoire naturelle des animaux sans vertèbres*, em sete volumes.
1822-1829	Em seus últimos anos de vida, perde a visão e, apesar de ter se casado quatro vezes, só é assistido por duas irmãs. Falece em 1829, pobre e sem o devido reconhecimento de seus pares.

Fonte: Gardner (1965); Mayr (1982); Serafini (1993); Gouyon, Henry e Arnould (2002).

Lamarck em nenhuma época escapou da pobreza. Foi infeliz sentimentalmente e morreu cego e sem o devido reconhecimento de seus pares. Ele postulava duas causas separadas como responsáveis pela mudança evolucionária. A primeira seria uma propriedade inerente ao ser vivo, que possibilitaria a aquisição de perfeição ou complexidade sempre maior; a segunda seria a capacidade de reagir a condições especiais do ambiente, processo que envolveria o princípio do uso e desuso: quanto mais utilizado fosse um órgão, mais desenvolvido seria, enquanto a falta de uso levaria à sua deterioração. A propriedade assim adquirida seria então transmitida aos seus descendentes (herança dos caracteres adquiridos).

Como já foi indicado que esse tipo de herança não existe, por que Lamarck é ainda considerado importante para a história da ciência? Primeiro porque ele foi o primeiro evolucionista consistente, afastando a ideia de um mundo estático por outro, dinâmico. Além disso, sua ênfase na importância do comportamento, do ambiente e da adaptação a ele deve ser salientada. Outros pontos positivos de sua doutrina foram: (a) sua aceitação apenas de explicações mecanicistas para os fenômenos considerados; (b) sua ênfase na grande idade da Terra e na natureza gradual da evolução; e (c) sua coragem em incluir a espécie humana na corrente evolucionária. Além disso, ele contribuiu de maneira importante para o conhecimento da flora francesa e para a classificação dos invertebrados. Exemplos são o posicionamento correto dos cirrípedes e tunicados, e o reconhecimento dos aracnídeos e anelídeos como unidades taxonômicas distintas.

Possivelmente não existe qualquer outro cientista cuja vida e obra tenham sido tão minuciosamente examinadas e interpretadas como as de Charles Darwin. Isso se deve não apenas ao impacto causado por sua teoria sobre a seleção natural (já se disse que o mundo nunca mais seria o mesmo após a publicação, em 1859, da *Origem das Espécies*!), mas também ao fato de ter sido ele um escritor obsessivo e incrivelmente metódico. Seus diários informam tudo o que lhe acontecia, tanto em termos pessoais quanto profissionais, e a sua correspondência com as mais diversas pessoas registra cerca de 14 mil cartas.

Alguns dos eventos mais importantes de sua vida estão listados no Quadro 1.8. Darwin teve 73 anos de vida intensa dedicada à família e ao mundo maravilhoso da ciência. Rico, nunca precisou de emprego para viver. Na sua viagem de seis anos ao redor do mundo, visitou o Brasil e deixou importantes impressões e registros sobre a nossa sociedade e a natureza que a envolvia. Notável é também a sua dedicação à ciência, apesar dos problemas de saúde que o atormentaram durante parcela significativa de sua vida.

A teoria darwinista da seleção natural teve uma gestação prolongada. O seu primeiro esboço ocorreu entre 1842 e 1844, mas o livro que a examina com detalhe só foi publicado 17 anos depois e sob a pressão do fato de que Alfred R. Wallace (1823-1913), também notável naturalista, havia chegado independentemente às mesmas conclusões.

Qual é o conteúdo do livro *Origem das Espécies*? O Quadro 1.9 apresenta uma breve descrição do seu conteúdo, tomando como base a sua segunda edição, publicada em 1860. Uma das críticas à versão de 1859 era a de que Darwin não havia considerado a obra de autores que, de alguma maneira, o haviam precedido na sua ideia (o que talvez possa ser explicado pela pressa que havia em documentar as suas conclusões). Tal omissão foi sanada na edição de 1860. A leitura dos itens tratados fornece as ideias e os métodos centrais ao seu enfoque, a saber: (a) a relação entre a seleção artificial, desenvolvida por membros de nossa espécie, e a seleção natural, dominante na natureza, e ainda com a seleção sexual; (b) o princípio da sobrevivência do mais apto, obtido por meio de um balanço fino entre os fatores que influenciam a fertilidade e a mortalidade; (c) avaliação das tendências gerais do processo evolutivo; modificações bruscas e lentas; a sucessão geológica dos seres organizados; extinção;

I Bases histórico-filosóficas

Quadro 1.8 Alguns eventos importantes na vida de Charles Robert Darwin

Ano	Evento
1809	Nasce em Ghrewsbury, no oeste da Inglaterra.
1825-1831	Estudos em Edimburgo (medicina, até 1827) e Cambridge (teologia).
1831-1836	Viagem ao redor do mundo no navio Beagle.
1836	Retorno a Londres e casamento com sua prima Emma Wedgwood, com quem teve 10 filhos. Apenas sete sobreviveram até a maturidade.
1839	Publicação de *Journal of researches into the natural history and geology of countries visited by H.M.S. Beagle*. Ingresso na Royal Society.
1842-1844	Mudança de Londres para Down. Primeiro esboço da teoria da seleção natural.
1858	Recebimento de carta de Alfred R. Wallace, na qual relata a dedução independente da teoria da seleção natural. Apresentação conjunta de comunicações dos dois à Sociedade Lineana em 1° de julho. Ida para a ilha de Wight e início da elaboração do livro que se tornaria sua obra máxima.
1859	Publicação, aos 50 anos, de sua obra máxima, *The origin of species*. A primeira edição, com 1.500 exemplares, esgotou-se em um dia. Cinco outras edições, publicadas entre 1860 e 1887 sob a supervisão do autor, foram produzidas.
1868	Publicação de *The variation of animals and plants under domestication*, livro no qual expõe a teoria da pangênese.
1871	Publicação de *The descent of man*, no qual aplica os conceitos de seleção natural e de seleção sexual à espécie humana.
1872	Publicação de *The expression of the emotions in man and animals*, no qual aborda aspectos do comportamento humano e animal.
1882	Falece e, apesar, das resistências do clero e de elementos conservadores, é enterrado na Abadia de Westminster, entre outros notáveis do reino.

Fonte: Freire-Maia (1988); Desmond e Moore (1995); Ruse (1995); Rose (1998); Salzano (2001); Shanaham (2004).

(d) barreiras entre as espécies; e (e) aspectos da distribuição geográfica dos organismos. Alguns desses e outros pontos indicados no Quadro 1.9 têm sido exaustivamente discutidos nos 147 anos que nos separam da publicação desta obra; no entanto, ainda hoje ela pode ser lida com proveito.

Uma das fraquezas da teoria de Darwin, reconhecida por ele próprio, era a ignorância, na época, sobre as leis que regiam a hereditariedade nos seres vivos. Os fundamentos dessas leis foram claramente delineados por Gregor Mendel em seu artigo genial de 1866, sete anos após a publicação da primeira edição da *Origem das Espécies*. O que aconteceria se Darwin tivesse tomado conhecimento do trabalho de Mendel? Isso poderia ter-lhe poupado o vexame de, em 1868, no livro *The variation of animals and plants under domestication*, propor uma teoria completamente equivocada sobre a herança biológica, que ele denominou de pangênese; e a referência ao trabalho de Mendel poderia ter sido introduzida na quinta edição da *Origem das Espécies*, publicada em 1869. Aparentemente,

Quadro 1.9 Conteúdo simplificado do livro *Origem das Espécies* de Charles Darwin (2a. edição, 1860)

Trecho	Conteúdo
Notícia histórica	Apresenta, de maneira sintética, a opinião de diversos autores sobre a origem das espécies antes da publicação, em 1859, da sua obra.
Introdução	Explica como surgiram os conceitos que irá apresentar, afirmando que a obra ainda estaria incompleta, necessitando muitos anos mais para um tratamento adequado.
Capítulo 1	Variação das espécies no estado doméstico. Avalia as possíveis causas dessa variação e os processos utilizados na seleção de variedades.
Capítulo 2	Variação no estado selvagem. Analisa a variabilidade entre espécies muito e pouco heterogêneas.
Capítulo 3	Luta pela sobrevivência. Deve-se considerar a expressão em seu sentido figurado. Relação entre o aumento no número de indivíduos e os fatores que os restringem.
Capítulo 4	A seleção natural, ou a sobrevivência do mais apto. Comparação com a seleção artificial (realizada pelo homem) e a seleção sexual.
Capítulo 5	Leis da variação. Salienta a ignorância existente na época quanto a essas leis. Aborda o uso e desuso e a extensão da variação em diferentes tipos de características.
Capítulo 6	Dificuldades surgidas contra a hipótese da descendência com modificações. Falta ou raridade das formas de transição. Órgãos de extrema precisão e os de pouca importância.
Capítulo 7	Exame de contestações diversas feitas à teoria da seleção natural. Longevidade. Modificações bruscas e lentas. Origem das adaptações.
Capítulo 8	Instinto. Geração, herança e variabilidade. Insetos neutros e estéreis.
Capítulo 9	Hibridez. Fecundidade intraespecífica e esterilidade interespecífica. Graus de esterilidade nos primeiros cruzamentos e posteriormente.
Capítulo 10	Insuficiência dos documentos geológicos. Carência das variedades intermediárias. Aparição repentina de grupos inteiros de espécies associadas.
Capítulo 11	Da sucessão geológica dos seres organizados. Aparição lenta e gradual das espécies novas. Extinção. Relação das espécies extintas entre si e com as espécies vivas.
Capítulo 12	Distribuição geográfica. Centros de origem e dispersão das espécies. Barreiras. Efeitos das grandes glaciações.
Capítulo 13	Distribuição geográfica (continuação). Espécies continentais e insulares. Natureza do processo de colonização.
Capítulo 14	Afinidades mútuas dos seres organizados: morfologia, embriologia, órgãos rudimentares. Classificação taxonômica. Afinidades por origem ou por adaptação. Semelhanças na vida embrionária e diferenciação ontogenética posterior. Órgãos rudimentares.
Capítulo 15	Recapitulações e conclusões. Avaliação geral do previamente considerado, inclusive as críticas. Consequências da adoção da teoria da seleção natural.

Fonte: Darwin (1979).

no entanto, o mundo científico da época ainda não estava preparado para compreender o real alcance do trabalho de Mendel. Ele só seria redescoberto em 1900, e as suas implicações para a evolução só foram compreendidas na terceira década do século XX.

I Bases histórico-filosóficas

Quem foi Gregor Mendel? Um esboço sobre aspectos importantes de sua vida está apresentado no Quadro 1.10. Há dúvidas se ele ingressou na carreira eclesiástica por vocação ou premido pela pobreza e falta de saúde; em todo o caso, durante toda a sua vida demonstrou perfeita adaptação à carreira escolhida, o que lhe valeu a eleição para abade, com a concomitante responsabilidade de administrar o Mosteiro Santo Tomás de Altbrünn por 16 anos, até a sua morte.

Por que o seu trabalho foi ignorado? Uma das explicações, e que parece ser a verdadeira, já foi indicada anteriormente. Apenas após uma série de análises e descobertas realizadas nas três décadas subsequentes seria possível relacionar as suas leis com fatos concretos da citologia e da reprodução. Mas não há dúvida de que o fato de ele estar afastado dos centros mais atuantes da pesquisa biológica da época deve também ter influído.

Quadro 1.10 Aspectos da vida de Gregor Mendel

Ano	Evento
1822	Nasce em Heinzendorf, no Império Austro-Húngaro, hoje Hintchice, República Tcheca.
1839	O pai sofre um acidente de trabalho e fica inválido, deixando a família em dificuldades.
1840	Término dos estudos básicos e ingresso no Instituto Filosófico da Universidade de Olmütz, em curso para candidatos ao sacerdócio.
1843	Noviço no Mosteiro Santo Tomás, de Brünn (atual Brno).
1844-1847	Estudos teológicos e de agricultura, respectivamente no Seminário Episcopal e no Instituto Filosófico de Brno. Ordenação.
1849	Instrutor adjunto em Znaim.
1851-1853	Estudos na Universidade de Viena.
1854	Professor substituto na Escola Real de Brno.
1857	Início das pesquisas com ervilha e feijão.
1861	Associa-se à Sociedade dos Naturalistas de Brno.
1862	Viagem turística a Paris e Londres.
1864	Término das pesquisas com ervilhas.
1865	Apresentação do seu trabalho seminal *Versuche über Pflanzen-Hybriden*, que estabeleceu a base de toda a Genética.
1866	Publicação do trabalho em *Verhandlungen des naturforschenden Vereines in Brünn* (vol. 4, p. 3-47).
1868	Eleito abade.
1870	Publicação de trabalho sobre *Hieracium*.
1874	Questiona o governo com relação aos impostos que o Mosteiro deveria pagar.
1876	Vice-diretor do Banco de Empréstimos da Morávia.
1881	Diretor do mesmo Banco. Primeiros sintomas da doença de Bright.
1884	Falece em razão de uma uremia causada pela referida doença.

Fonte: Bowler (1989); Freire-Maia (1995); *Folia Mendeliana*, publicação do Museu da Morávia de Brno.

Quais foram os principais responsáveis, além das três figuras paradigmáticas já consideradas, pelos importantes avanços da Biologia no século XIX? O Quadro 1.11 lista 24 personagens. De maneira um pouco artificial, suas contribuições podem ser classificadas como segue: (a) Bioquímica: Nägeli, Miescher, Altmann; (b) Citologia: Schleiden, Schwann, Virchow, Balbiani, Flemming, Strasburger, van Beneden, Wilson, Boveri; (c) Embriologia/reprodução: Purkinje, von Baer, Kölliker, Hertwig, Roux, Driesch; (d) herança: Galton, Weismann; (e) evolução: Spencer, Huxley, Haeckel, De Vries. Por meio deles, e também de outros, formou-se o sólido conjunto de conhecimentos que tornou possível o surgimento de uma nova ciência, a Genética, e sua bem-sucedida fusão com a evolução darwiniana.

Quadro 1.11 Personagens importantes para o desenvolvimento da citologia, embriologia, reprodução e ciências afins no século XIX

Personagem	Época	Contribuições
J.E. Purkinje	1787-1869	Descoberta da vesícula germinal no ovo das aves (1825). Introdução do termo protoplasma (1839).
Karl E. von Baer	1792-1876	Em 1827 forneceu a primeira descrição acurada do ovo humano. Seu tratado de 1828, *Entwicklungsgeschichte der Thiere*, tornou-se o texto padrão de embriologia por muitos anos.
Matthias J. Schleiden	1804-1881	Juntamente com T. Schwann, foi responsável pela teoria celular: todos os organismos vivos são compostos por células (1838-1839).
Theodor Schwann	1810-1882	Corresponsável com M.J. Schleiden pela teoria celular.
Albrecht Kölliker	1817-1905	Aplicou a teoria celular à embriologia e histologia. Em 1841, demonstrou que os espermatozoides eram células sexuais originadas nos testículos.
Carl von Nägeli	1817-1891	Desenvolveu uma série de testes químicos em plantas, mas não compreendeu o trabalho de Mendel e, em 1884, apresentou uma teoria completamente equivocada sobre a herança biológica.
Herbert Spencer	1820-1903	Filósofo, criador do termo *"sobrevivência do mais apto"* e da extensão desse conceito às ciências sociais.
Rudolf Virchow	1821-1902	Embora de 1858, estendeu a teoria celular ao campo da patologia. Três anos antes, estabeleceu o princípio de que novas células só poderiam surgir de outras, preexistentes.
Francis Galton	1822-1911	Um dos fundadores da biometria e do estudo estatístico da variação, enfatizou também a importância do estudo de gêmeos para a investigação do comportamento humano (1875).
E.G. Balbiani	1825-1899	Descreveu, em 1861, os detalhes da mitose em um protozoário e, em 1881, os cromossomos politênicos gigantes de *Chironomus*.
T.H. Huxley	1825-1895	Desenvolveu estudos importantes de anatomia comparada e, em 1868, concluiu que *Archaeopteryx* deveria ser uma forma intermediária entre répteis e aves. Notabilizou-se por sua defesa do darwinismo.

Quadro 1.11 Personagens importantes para o desenvolvimento da citologia, embriologia, reprodução e ciências afins no século XIX (cont.)

Personagem	Época	Contribuições
Ernst Haeckel	1834-1919	Em seu livro de 1866, *Generelle Morphologie der Organismen*, apresentou o conceito de que a ontogenia recapitula a filogenia. Embora esse conceito não seja correto, condicionou uma série importante de estudos de embriologia comparada. Neste mesmo livro, ele criou o termo *ecologia*.
August Weismann	1834-1914	Grande teórico, salientou, em 1883, a distinção entre as células somáticas e as germinativas. Em 1885, postulou a continuidade do plasma germinativo e, em 1887, a necessidade da redução periódica do número cromossômico em organismos sexuados.
Walther Flemming	1843-1915	Estudou com detalhe o mecanismo da mitose, criando termos em uso até hoje (*cromatina, prófase, metáfase, anáfase, telófase*). Em 1882, descreveu os cromossomos plumosos de anfíbios.
Friedrich Miescher	1844-1895	Descreveu, em 1871, uma técnica para o isolamento de núcleos e uma substância que denominou de nucleína, da qual mais tarde foi isolado o ácido nucleico (o material hereditário) por R. Altmann.
Eduard Strasburger	1844-1912	Analisou com detalhes a divisão celular em plantas e, em 1879, demonstrou que o núcleo de uma célula só pode ser formado por outro núcleo.
Edouard van Beneden	1845-1910	Em 1883, descreveu, em *Ascaris*, a redução do número cromossômico na meiose e o seu restabelecimento após a fecundação.
Hugo De Vries	1848-1935	Desenvolveu uma série de cruzamentos em plantas e é um dos redescobridores do trabalho de Mendel. Deu grande importância às mutações, que, segundo ele, seriam os principais fatores na evolução.
Oscar Hertwig	1849-1922	Em 1875, descreveu em detalhe o processo da fecundação no ouriço-do-mar. Seu livro *Cell and tissue*, publicado em 1893, teve forte repercussão na época.
Wilhem Roux	1850-1924	Pioneiro no campo da embriologia experimental, em 1883 sugeriu que as unidades da herança estariam nos cromossomos.
Richard Altmann	1852-1901	Em 1889, conseguiu isolar, da nucleína, o ácido nucleico e, em 1890, descreveu as mitocôndrias.
Edmund B. Wilson	1856-1939	Desenvolveu estudos principalmente em citologia e embriologia. Seu livro *The cell in development and inheritance*, publicado em 1896, constituiu-se em um marco para a investigação nessas áreas.
Theodor Boveri	1862-1915	Descreveu o mecanismo de formação do fuso mitótico em 1888, e no início do século XX, com W.S. Sutton, postulou a teoria de que os cromossomos seriam os portadores das unidades hereditárias.
Hans Driesch	1867-1941	Desenvolveu estudos de embriologia experimental e em 1894 publicou o livro *Analytische Theorie der organischen Entwicklung*, no qual generalizou seus achados.

Fonte: Gardner (1965); Sturtevant (1965); Mayr (1982); Serafini (1993); Carlson (2004).

1.8 O século da Genética

O século XX pode ser apropriadamente classificado como o século da Genética (Fig. 1.1). Na verdade, ele se inicia com a redescoberta das leis de Mendel por três personagens muito diversos, o holandês Hugo De Vries (1848-1935),

Genômica e Evolução

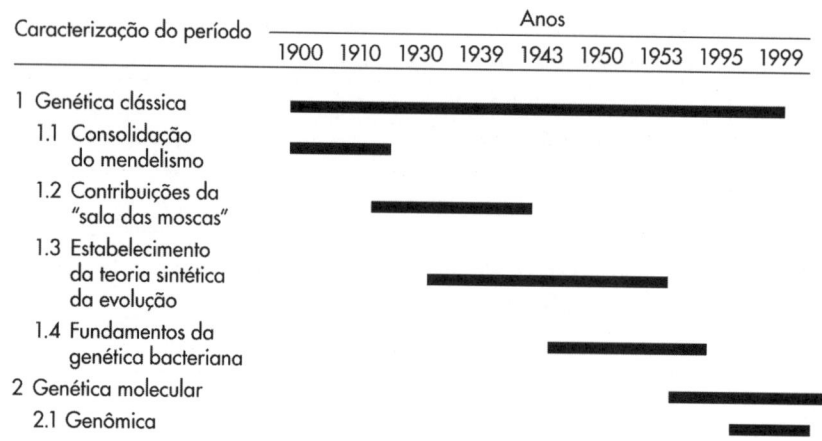

Fig. 1.1 Alguns períodos importantes na história da Genética e evolução no século XX
Fonte: Sturtevant (1965); Mayr (1982); Freire-Maia (1988); Brock (1990); Saccone e Pesole (2003); Carlson (2004).

o alemão Carl Correns (1864-1933) e o austríaco Erich von Tschermak (1871-1962). De uma maneira bastante esquemática, podem-se delinear os períodos mais marcantes da história da Genética e da evolução no século XX. Carlson (2004) divide o século, de maneira mais ou menos simétrica, entre 1900 e 1953 (quando ocorreu a descoberta da estrutura molecular do material genético, o ácido desoxirribonucleico ou DNA), que seria a **Era da Genética Clássica**; e de 1953 a 1999 (a **Era da Genética Molecular**). Capítulo importante inicia-se em 1995, com o sequenciamento completo dos genomas de duas eubactérias e a elucidação de genomas completos de vários outros organismos, condicionando todo um novo ramo de estudos, a genômica comparada.

A aceitação do mendelismo não foi fácil, com debates acirrados entre os chamados mendelianos, personificados na figura de William Bateson (1861-1926), e os biometristas, representados por Karl Pearson (1857-1936) e Walter F. R. Weldon (1860-1906) na Inglaterra. Mas os dados que estabeleceram em definitivo as bases mendelianas da herança surgiram do outro lado do oceano, a partir da chamada "sala das moscas" da Universidade da Columbia (EUA). Sturtevant (1965) afirma que, com o livro clássico de Morgan et al. (1915) e o artigo de Bridges (1916), encerrava-se uma parte importante da história. Já não havia mais dúvidas sobre a teoria cromossômica da hereditariedade. Posteriormente, foram muitas as contribuições do grupo, até a década de 1930.

A fusão entre o darwinismo e o mendelismo ocorreu em duas décadas muito férteis da história do século XX, de 1930 a 1950, por meio da chamada teoria sintética da evolução. O Quadro 1.12 lista 11 obras que estabeleceram os fundamentos da teoria. Fisher, Wright e Haldane forneceram as bases matemático-estatísticas e o livro de Dobzhansky é considerado por muitos o

Quadro 1.12 As onze obras que estabeleceram os fundamentos da teoria sintética da evolução

Personagem	Época	Título da obra	Ano
Ronald Fisher	1890-1962	*The genetical theory of natural selection*	1930
Sewall Wright	1889-1988	*Evolution in Mendelian populations*	1931
Edmund E. Ford	1901-1988	*Mendelian and evolution*	1931
John B.S. Haldane	1892-1964	*The causes of evolution*	1932
Theosodius Dobzhansky	1900-1975	*Genetics and the origin of species*	1937
Julian S. Huxley	1887-1975	*Evolution. The modern synthesis*	1942
Ernst Mayr	1904-2005	*Systematics and the origin of species*	1942
George G. Simpson	1902-1984	*Tempo and mode in evolution*	1944
Michael J.D. White	1910-1983	*Animal cytology and evolution*	1945
Bernhard Rensch	1900-1990	*Neuere Probleme der Abstammungslehre*	1947
G. Ledyard Stebbins	1906-2000	*Variation and evolution in plants*	1950

Fonte: Provine (1971); Mayr e Provine (1980); Mayr (1982); Freire-Maia (1988).

marco principal de fusão entre essas bases e estudos empíricos. Dobzhansky aparentemente usou o livro de Darwin como modelo (o que é sugerido já no título), mas, ao contrário de Darwin, que levou 17 anos entre a formulação de sua teoria e a publicação do livro que a documentava, Dobzhansky escreveu o seu clássico em apenas quatro meses (Provine, 1986)! A extensão da teoria à Zoologia e à Sistemática foi realizada por Ford, Mayr e Rensch; à Paleontologia por Simpson; à Citogenética por White; e à Botânica por Stebbins. A denominação da teoria como sintética foi feita por Huxley, que incluiu nela o enfoque da Embriologia e sua extraordinária capacidade de desenvolver princípios gerais.

Na metade do século também iria ocorrer uma revolução paralela em outra área. Pesquisadores interessados em organismos maiores voltaram a sua atenção para a bacteriologia e, como resultado de uma série de brilhantes experimentos (Quadro 1.13), verificou-se a importância das bactérias e dos organismos associados (bacteriófagos) para análises genéticas. Por meio das experiências de Avery, MacLeod e McCarty, bem como as de Hershey e Chase, por outro lado, tornava-se claro que o material genético era o DNA.

A **Era da Genética Molecular** inicia-se em 1953 com o modelo genial de James D. Watson (1928-) e Francis H. C. Crick (1916-2004), para o qual contribuíram de maneira importante Rosalind E. Franklin (1921-1958) e Maurice H. F. Wilkins (1916-2004) (Watson e Crick, 1953; Wilkins, Strokes e Wilson, 1953; Franklin e Gosling, 1953). A estrutura estava decifrada mas faltava saber como ela funcionava. E foi novamente Crick que concebeu a necessidade de um intermediário para a síntese DNA→proteína, o RNA mensageiro, e que, com três outros colegas (entre os quais o também famoso Sydney Brenner), identificou a natureza do código genético (Crick et al., 1961).

Quadro 1.13 Experimentos-chave no desenvolvimento da Genética Bacteriana

Personagem	Época	Título e data da obra
George W. Beadle	1903-1989	Isolamento de mutantes em *Neurospora crassa* e desenvolvimento do conceito um gene-uma enzima (Beadle; Tatum, 1941).
Edward L. Tatum	1909-1975	
Salvador Luria	1912-1991	Desenvolvimento do teste de flutuação, que eliminou a hipótese de as mutações bacterianas serem o resultado de adaptações dirigidas, lamarckianas (Luria; Delbrück, 1943).
Max Delbrück	1906-1981	
Oswald T. Avery	1877-1955	Demonstração de que o princípio transformante das cápsulas de pneumococos é o DNA (Avery; MacLeod; McCarty, 1944).
Colin M. MacLeod	1909-1972	
Maclyn McCarty	1911-2005	
Alfred D. Hershey	1908-1997	O teste do liquidificador. É o DNA do bacteriófago que entra na célula durante a infecção (Hershey; Chase, 1952).
Joshua Lederberg	1925-	Descoberta do sexo em *Escherichia coli* K-12 (Lederberg; Tatum, 1946).
Edward Tatum	1909-1975	
Max Delbrück	1906-1981	Demonstração de que ocorre recombinação genética nos bacteriófagos (Delbrück; Bailey, 1946; Hershey, 1946).
Alfred D. Hershey	1908-1997	
André Lwoff	1902-1994	A produção de fagos por bactérias lisogênicas é um evento celular, não populacional (Lwoff; Gutmann, 1950).

Fonte: Brock (1990); Hausmann (1997).

Quatro técnicas foram fundamentais para o estudo generalizado do DNA. A primeira delas relaciona-se com o uso das chamadas endonucleases de restrição, que permitem o corte no DNA em regiões específicas. Sua aplicação foi inicialmente proposta por Danna e Nathans (1971). A partir daí, Cohen et al. (1973) montaram a técnica da clonagem (introdução e multiplicação da região cortada no DNA de um microrganismo). Por sua vez, a técnica manual de sequenciamento do DNA foi estabelecida por Frederick Sanger (1918-) e dois colegas em 1977 (Sanger, Nicklen e Coulson, 1977). Por outro lado, a democratização do estudo do DNA tornou-se possível a partir do desenvolvimento, em 1985, da reação em cadeia da polimerase, inventada por Kary Mullis e colegas da Cetus Corporation de Berkeley, Califórnia.

Foi a partir de técnicas de automatização do estudo do DNA que se tornou possível o surgimento, em 1995, de toda uma nova área da ciência, a Genômica, isto é, o estudo completo do DNA de determinado organismo, e do sub-ramo da Genômica Comparada, na qual os genomas completos de organismos distintos são avaliados e suas similaridades e/ou diferenças, interpretadas à luz de modelos evolucionários. Os dois primeiros organismos cujo DNA foi totalmente sequenciado foram o *Haemophilus influenzae* e o *Mycoplasma genitalium*, sob a coordenação de J. Craig Venter (Fleischmann et al., 1995; Fraser et al., 1995). A estes seguiram-se outros, e os detalhes serão apresentados em outro capítulo deste livro.

1.9 Estudos de Genética e Evolução no Brasil

As pesquisas sobre Genética e Evolução no Brasil têm de ser visualizadas dentro do contexto geral do desenvolvimento científico no país. A primeira organização institucional dedicada especificamente à investigação científica, o Museu Nacional, só foi fundado em 1808. Em termos de estudos evolutivos, um marco inicial conveniente foi a descoberta e a análise, entre 1835 e 1844, do material paleoantropológico de Lagoa Santa por Peter W. Lund. Outras pesquisas, desenvolvidas ao longo de um século a partir dessa data, estão esquematizadas no Boxe 1.1. Esse período inicial, caracterizado principalmente por investigações pontuais desenvolvidas por pessoas mais ou menos isoladas, finaliza em 1934, com a fundação da Universidade de São Paulo, que estabeleceu, desde seu início, um exemplo a ser seguido por instituições de alto saber.

Pode-se perguntar que repercussão tiveram as ideias de Darwin sobre a intelectualidade brasileira. Domingues, Sá e Glick (2003) examinaram essa questão com certo detalhe, e a conclusão foi que a recepção a essas ideias não teve oposição tão forte como a que ocorreu em outros países de formação católica. Glick (2003a) assinalou que três fatores influenciaram essa atitude: 1. O imperador D. Pedro II, bem conhecido por seus interesses intelectuais e que mantinha contato constante com cientistas da Europa, não era de todo contrário a Darwin; 2. A elite católica visualizava na teoria evolucionista uma legitimação para a supremacia branco-europeia com relação aos afroderivados e ameríndios que viviam no país; e 3. Havia simpatizantes do darwinismo em postos importantes de instituições como o Museu Nacional, o Museu Paulista e o Museu do Pará, bem como em faculdades como a de Medicina da Bahia e de Direito do Recife.

Sem dúvida, o personagem principal, no Brasil, a apoiar Darwin, foi Johann Friedrich Theodor Müller, mais conhecido como Fritz Müller. Nascido em 1822 em Windischolzhausen, perto de Erfurt, Alemanha, ele realizou seus estudos universitários naquele país e, em 1852, emigrou para o Brasil, estabelecendo-se na colônia fundada por Hermann Otto Blumenau, atual cidade de Blumenau, Santa Catarina. Entre 1856 e 1867, exerceu o magistério de Matemática no Liceu Provincial da cidade de Desterro, Ilha de Santa Catarina, atual Florianópolis, e foi quando exercia essa função que viu seu livro *Für Darwin* publicado em Leipzig, em 1864. Darwin leu a obra no ano seguinte e escreveu-lhe uma carta, iniciando uma correspondência que duraria até a morte do naturalista inglês, em 1882. O livro foi traduzido para o inglês em 1869, para o francês em 1893 e para o português em 1907-1908. Müller, após 1867, quando o Liceu em que lecionava foi fechado, exerceu a atividade de naturalista para o governo da província e depois para o Museu Nacional. Afastado desse cargo em 1889, retornou para Blumenau, onde continuou exercendo o magistério de História Natural até a sua morte, em 1892. Sua produção científica durante toda a vida foi impressionante: nada menos que 248 artigos em revistas de vários países. Quando em Desterro influenciou fortemente o grupo Ideia Nova, cujos personagens mais importantes foram o médico Francisco Gama Rosa (1852-1918) (que chegou a presidente da província em 1883) e o poeta simbolista João Cruz e Sousa (1861-1898) (Papavero, 2003; Glick, 2003b).

O **período de formação** das pesquisas em Genética e Evolução no Brasil estende-se por duas décadas, entre 1934 e 1955 (Boxe 1.1). É na década de 1930 que se estrutura a Genética no país, por meio da tríade Carlos A. Krug, Friedrich G. Brieger e André Dreyfus. Desde o início, há forte interação entre os estudos acadêmicos e aplicados. Dois nomes surgem na década seguinte para direcionar o rumo dos acontecimentos: Theodosius Dobzhansky (já mencionado anteriormente como um dos fundadores da teoria sintética da evolução) e Harry M. Miller Jr. (1895-1980), Diretor Associado da Fundação Rockefeller. Este último, interessado em desenvolver as pesquisas em ciências naturais na América Latina, acolheu com entusiasmo o plano de Dobzhansky de estender para os trópicos as pesquisas que vinha realizando no hemisfério norte. O resultado foi a montagem de uma rede integrada de pesquisa, apoiada pela Fundação Rockefeller por quase três décadas, e que formou pesquisadores como Crodowaldo Pavan e Antonio Brito da Cunha, em São Paulo, A. G. Lagden Cavalcanti e Chana Malogolowkin, no Rio de Janeiro, e Antonio R. Cordeiro e Francisco M. Salzano, em Porto Alegre. Indiretamente influenciados pelo plano de Dobzhansky, mas também beneficiados pela Fundação Rockefeller, foram Oswaldo Frota-Pessoa e Warwick E. Kerr, no Estado de São Paulo; Newton Freire-Maia, em Curitiba, e Cora de M. Pedreira, em Salvador, bem como uma série de outros pesquisadores, inclusive em áreas afastadas da Genética e Evolução.

No final do período ocorreram mudanças importantes no plano institucional, com a fundação do Conselho Nacional de Pesquisas (CNPq, posteriormente redenominado Conselho Nacional de Desenvolvimento Científico e Tecnológico) e da Coordenação do Aperfeiçoamento de Pessoal de Nível Superior (Capes), em 1951, bem como da Sociedade Brasileira para o Progresso da Ciência (1948) e da Sociedade Brasileira de Genética (1955).

A **fase de consolidação** (1956-1999; Boxe 1.1) desenvolve-se com a expansão das pesquisas por todo o território nacional, abrangendo ampla gama de organismos, tendo como poderoso incentivo o Programa Integrado de Genética (PIG), coordenado pelo CNPq a partir de recursos do Fundo Nacional de Desenvolvimento Científico e Tecnológico (FNDCT). O PIG funcionou em duas etapas, entre 1975 e 1989. Também merece destaque a fundação da Revista Brasileira de Genética (atual *Genetics and Molecular Biology*) em 1978.

Os brasileiros entraram oficialmente na **área da Genômica** em 2000, com o sequenciamento completo do material genético da *Xylella fastidiosa*, uma praga de plantas cítricas (Boxe 1.1). Os resultados foram o fruto de uma rede integrada de 33 centros de pesquisa localizados no Estado de São Paulo, associados a dois outros, um da França e outro da Alemanha. A coordenação geral esteve a

---

Boxe 1.1 AVALIAÇÃO HISTÓRICA DOS ESTUDOS DE GENÉTICA E EVOLUÇÃO REALIZADOS NO BRASIL

1. ESTUDOS INICIAIS (1835-1933)

A descoberta e o estudo, entre 1835 e 1844, do material paleoantropológico de Lagoa Santa por Peter W. Lund (1801-1880) foi um evento-chave, bem como a publicação, em 1864, de *Für Darwin* por Fritz Muller (1822-1897). Estudos antropométricos em indígenas brasileiros foram realizados por Paul Ehrenreich (1855-1914) entre 1887 e 1897, Karl E. Ranke entre 1898 e 1907, e T. Koch-Grünberg (1872-1924) entre 1906 e 1923, cientistas alemães que realizaram expedições ao Brasil. João Baptista Lacerda (1846-1915) também desenvolveu estudos desse tipo entre 1875 e 1893. Ladislau Netto, botânico de influência, apresentou ideias evolucionistas em publicações de 1876, 1878 e 1882. Três naturalistas famosos estiveram no Brasil por períodos variados de tempo: (a) Charles Darwin, em 1832 e 1836; (b) Alfred R. Wallace (1823-1913), de 1848 a 1852; e (c) Henry W. Bates (1825-1892), de 1848 a 1859.

2. PERÍODO DE FORMAÇÃO (1934-1955)

O ano de 1934 foi fundamental para toda a ciência brasileira pela fundação, no mesmo ano, da Universidade de São Paulo. Começou ela, diferentemente de outras, selecionando cuidadosamente especialistas em todo o mundo que pudessem contribuir para a formação de um centro de alto saber e distinção científica, e sua tradição de excelência estende-se até a época atual. Por outro lado, 1955 marca o início, com a técnica de eletroforese em gel de amido, desenvolvida por Oliver Smithies e colaboradores, de uma nova era de aplicação de métodos físico-químicos ao estudo da variabilidade populacional. Pesquisas sistemáticas sobre Genética no Brasil iniciam-se na década de 1930, por meio do trabalho catalisador de três pessoas: Carlos A. Krug (1906-1973), no Instituto Agronômico de Campinas; Friedrich G. Brieger (1900-1985), na Escola Superior de Agricultura Luiz de Queiroz, em Piracicaba; e André Dreyfus (1898-1952), no Departamento de Biologia da Universidade de São Paulo. A partir desses centros irradiadores formaram-se outros, especialmente em Porto Alegre, Curitiba, outras cidades de São Paulo, Rio de Janeiro e Salvador.

3. CONSOLIDAÇÃO (1956-1999)

As pesquisas espalham-se por todo o território brasileiro, incluindo ampla gama de organismos: bactérias, fungos, plantas, animais invertebrados e vertebrados e a espécie humana. Acompanhando a tendência mundial, são eles investigados por meio de técnicas cada vez mais sofisticadas.

4. GENÔMICA (2000-atual)

Embora estudos já estivessem em desenvolvimento em anos anteriores, pode-se estabelecer como marco inicial desse período a publicação do genoma completo da *Xylella fastidiosa*, uma praga de citros, em 2000. A esse seguiram-se outros estudos, detalhados no Boxe 1.2.

Fonte: Franken (1979); Salzano (1979, 1990, 1992, 1997, 2005).

cargo de Andrew J. G. Simpson, que na época trabalhava no Instituto Ludwig de Pesquisas sobre o Câncer de São Paulo.

O sucesso do empreendimento levou à formação de redes equivalentes em outros pontos do país. Em meados de 2005, foi possível identificar programas envolvendo 24 organismos, nos quais estão representados todos os domínios da vida (Boxe 1.2). Todos se relacionam a problemas de interesse econômico ou médico, ou seja, envolvem pestes da agricultura, organismos que podem produzir substâncias de uso industrial, plantas cultivadas, agentes ou vetores de doenças, e câncer em humanos.

1.10 Ciência e Filosofia

O conceito de visão científica do mundo já foi considerado no início deste capítulo. Uma das definições, fornecida por Mayr (2004, p. 11), é a de que "ciência é um conjunto de fatos ("conhecimento") e os conceitos que permitem explicar esses fatos". Por sua vez, filosofia significa em grego, literalmente, "amor do conhecimento", e uma definição de dicionário a descreve como "ciência geral dos seres, dos princípios e das causas".

Mayr (1982, 2004) é cético sobre a importância da filosofia para a ciência, e no livro de 1982 expressa dúvidas se a filosofia teria fornecido qualquer contribuição para a ciência depois de 1800. No livro de 2004, ele apontou três conceitos filosóficos que não seriam aplicáveis à Biologia: (a) **Essencialismo** (Tipologia):

Boxe 1.2 Projetos de Genômica no Brasil, situação em meados de 2005

1. **Super-reino**: Prokaryotes
   1.1 **Reino**: Prokariotae
      1.1.1 **Sub-reino**: Bactéria
         1.1.1.1 **Espécies**: *Chromobacterium violaceum, Gluconacetobacter diazotrophicus, Herbaspirilum seropedicae, Leifsonia xyli, Leptospira interrogans, Mycoplasma hyopneumoniae, Mycoplasma synoviae, Rhizobium tropici, Xanthomonas axonopodis, Xanthomonas campestris, Xylella fastidiosa.*
2. **Super-reino**: Eukaryotes
   2.1 **Reino**: Protoctista
      2.1.1 **Espécies**: *Leishmania chagasi, Trypanosoma cruzi*
   2.2 **Reino**: Fungi
      2.2.1 **Espécies**: *Crinipellis perniciosa, Paracoccidioides brasiliensis.*
   2.3 **Reino**: Plantae
      2.3.1 **Espécies**: *Coffea arabica, Eucalyptus grandis, Paullinia cupana, Saccharum officinalis*
   2.4 **Reino**: Animalia
      2.4.1 **Espécies**: *Schistosoma mansoni, Litopenaeus vannamei, Aedes aegypti, Bos taurus, Homo sapiens*

Fonte: Salzano (2005).

I Bases histórico-filosóficas

o mundo consistiria de um número limitado, fortemente delimitado e imutável de *eide* ou essências. Esse conceito é incapaz de explicar a imensa variação orgânica existente no planeta, e deve ser substituído, como o fez Darwin, por um *pensamento populacional*; (b) **Determinismo**: tudo estaria rigidamente condicionado pela estrutura das coisas. Na verdade, fatores estocásticos, randômicos, podem ocorrer, levando à imprevisibilidade de determinados eventos evolutivos; e (c) **Reducionismo**: o esclarecimento de um sistema poderia ser feito pelo conhecimento simples de suas partes constituintes. Nesse caso, a interação entre elas é ignorada. O conceito de **emergência** está estreitamente vinculado a essa questão e caracteriza-se por três propriedades: 1. da interação entre as partes, *algo novo* pode surgir; 2. as características da novidade são *qualitativamente diferentes* de tudo que existia antes; e 3. essa novidade era *imprevisível*, mesmo supondo-se um conhecimento completo das estruturas sob consideração. Deve ser salientado, no entanto, que a emergência evolucionária seria um fenômeno empírico, sem qualquer fundamento metafísico.

Pode-se fazer uma analogia com o comportamento humano, como fez Dennett (2003). O seu argumento é que os seres humanos são animais sem uma alma, mas com livre-arbítrio, e que essa liberdade é um produto evolutivo. Assim, nós temos uma identidade, um sentido de autoconsciência e a noção de que os outros membros da espécie também são autoconscientes. Temos uma linguagem simbólica que nos permite comunicar o fato de que somos conscientes e autoconscientes. Temos um circuito neural complexo e muitos graus de liberdade comportamental. Temos uma teoria da mente sobre nós mesmos. Somos animais morais e nossa liberdade provém do fato de que podemos avaliar os diversos cursos de ação disponíveis e, portanto, somos responsáveis por eles. A localização do nosso livre-arbítrio estaria em uma camada virtual, situada nos microdetalhes da anatomia de nosso cérebro. Shermer (2003), no entanto, analisando o livro de Dennett, argumentou que a nossa liberdade seria aparente, derivada da ignorância dos complexos fatores que condicionam o comportamento humano.

O que nos leva à distinção entre aparência e realidade. Hiett (1998) é radical: se for feita uma distinção entre aparência e realidade, a vida não seria uma propriedade da realidade! Realmente, em ciência só se pode fazer aproximações à realidade por um processo de verossimilhança (Oliva, 1994). Essa aproximação assintótica tem sido salientada por personagens tão importantes quanto Victor Hugo ou William Shakespeare. Mas a ciência não é somente um corpo de saberes; ela se tornou uma manifestação sociocultural importante que orienta a sorte das sociedades humanas. Como salientou Jacob (1998), não se trata somente de decifrar o mundo, mas também de transformá-lo.

Em que ficamos? Bitsakis (1987-1988) enumerou, de maneira muito lúcida, quais seriam as bases para a adoção de uma epistemologia realista e evolucionária (Boxe 1.3), e suas proposições são muito importantes para uma interação benéfica entre a ciência e a filosofia.

Boxe 1.3 BASES PARA UMA EPISTEMOLOGIA (TEORIA DO CONHECIMENTO) REALISTA E EVOLUCIONÁRIA

1. Existe um mundo objetivo acessível à razão humana através da mediação dos sentidos e de instrumentos científicos. Embora essa proposição não possa ser provada, ela deriva da natureza das coisas; segundo Aristóteles, tentar provar o óbvio só trás confusão.
2. Os dados dos sentidos são fenômenos derivados que refletem entidades e processos objetivos.
3. Leis naturais não são convenções; elas são a transcrição, na linguagem humana, de formalismos matemáticos e de relações, processos e entidades objetivas. São proposições *a posteriori*.
4. As proposições científicas estão sujeitas a testes empíricos.
5. A observação e o experimento são momentos decisivos da pesquisa científica. Muitas vezes, partindo de dados observacionais, chega-se a uma hipótese científica; entretanto, isso nem sempre é possível, porque a hipótese muitas vezes transcende os dados. Porém, o conhecimento sobre as estruturas e os mecanismos do processo serve para remover as incertezas.
6. O empirismo é uma epistemologia simplista. A ciência não reconhece a dicotomia entre fenômeno e essência. Um fenômeno tanto manifesta como esconde estruturas e relações íntimas.
7. O empirismo simplista, estatístico, leva ao agnosticismo. As teorias são corroboradas intersubjetivamente e contêm historicidade.
8. A verdade científica não é absoluta, por ser impossível exaurir a realidade de tal maneira. Mas alcança-se, sucessivamente, verdades objetivas.
9. A questão da correção ou falsidade de uma proposição não pode ser exaustivamente respondida por critérios empíricos. Da mesma maneira, proposições ou teses filosóficas não são formuladas independentemente de fatores ideológicos, sociais ou políticos. Estes, porém, podem ser testados por meio de dados científicos.
10. As ciências emergem e se desenvolvem como apropriações teóricas das leis do mundo objetivo. As epistemologias formalistas salientaram a importância de fatores, internos ou externos, sem compreender a sua unidade dialética. As revoluções científicas não significam uma negativa formal da proposta antiga, mas uma transcendência dialética entre visões diversas da realidade.
11. A ciência inclui, mas ao mesmo tempo produz, ideologia.
12. A metafísica dogmática é historicamente obsoleta. Entretanto, isso não significa a morte da filosofia, como exemplificado pela teoria do conhecimento ou a teoria do ser. Não existe ciência sem pressupostos ontológicos e epistemológicos.
13. A ciência estrutura-se com conceitos, enquanto a filosofia trata de categorias. Mas há necessidade de uma mediação entre eles.
14. A filosofia não produz conhecimento em si, mas produz conhecimento em seu próprio nível, de exame ontológico e epistemológico.
15. A epistemologia tem objetivo e métodos, e sua relação com o conhecimento científico deve ser explorada.

Fonte: Bitsakis (1987-1988).

Origens

II

"Como hipótese de trabalho para explicar o enigma de nossa existência, proponho que nosso universo seja o mais interessante de todos os possíveis universos, e que nosso destino como seres humanos seja torná-lo assim."

(Freeman Dyson, 1989)

2.1 Sobre tempos e distâncias

Nosso Universo é tão grande que é difícil imaginá-lo. Suponha-se que seja possível montar uma espaçonave que viaje com uma rapidez de um centésimo da velocidade da luz. Isso significaria 2.880 km por segundo, e ela iria de Nova York à Europa em três segundos. Para alcançar a estrela mais próxima, saindo do sistema solar, essa mesma espaçonave levaria 430 anos; e para atravessar a nossa galáxia, nada menos, que 10 milhões de anos! (Crick, 1982). É impossível exagerar o vazio aterrador dessa galáxia; as suas estrelas são como grãos de areia com quilômetros de espaço entre eles. E a matéria comum ali existente compõe menos de 8% da massa total do Universo (Adams e Laughlin, 2001). O Universo é também muito antigo. Valores revisados da constante calculada por E. P. Hubble (1889-1953) sugerem uma idade para o Universo de 10 a 20 bilhões de anos. Nosso sistema solar teria surgido há cerca de 4,6 bilhões de anos (Mason, 1991).

Qual é a natureza do tempo? Instintivamente, o tempo é linear e flui regularmente do passado para o futuro; mas como estabelecer um padrão de referência? Desde Albert Einstein (1879-1955), sabe-se que o transcorrer do tempo depende da velocidade com que nos deslocamos e da intensidade de gravitação do nosso meio ambiente. O que existe, portanto, é um **tempo próprio**; e a biologia nos ensina que possuímos dois sistemas de memória: o genético, que fornece a memória da espécie; e o imunitário, que é individual. Além disso, o nosso sistema nervoso nos capacita a **inventar o futuro**! (Laborit, 1988; Jacob, 1989; Barros, 2000).

De acordo com a teoria da relatividade geral de Einstein, o espaço-tempo é curvo ou "dobrado", por causa da distribuição de massa e energia que existe dentro dele. Uma visão alternativa foi dada pela teoria da criação contínua e do universo eterno. Nesse caso, não haveria necessidade de imaginar-se um contorno. O Universo seria inteiramente autocontido e apenas **seria**. Mas há evidências contrárias a essa visão (Mason, 1991; Hawking e Mlodinow, 2005).

2.2 A origem do Universo

Tendo em vista o tempo de existência do Universo, uma unidade conveniente para medi-lo é a década cosmológica, definida como está indicada no Quadro 2.1. Essas décadas, por outro lado, podem ser reunidas em eras, e as relativas ao tempo decorrido entre a origem do Universo e o momento atual são, respectivamente, a **primordial** e a **estelífera**.

Tudo começou com uma esplêndida explosão (*Big Bang*); como a sua data precisa não pode ser estimada, ela é representada por $-\infty$ no Quadro 2.1. Durante os 10^{-35} segundos seguintes, o Universo expandiu-se em velocidade atordoante. No calor extremo dos primeiros microssegundos, a temperatura era alta demais para que moléculas, átomos e núcleos pudessem unir-se. O Universo fervilhava de partículas elementares denominadas *quarks*, e todo o espaço era dominado pela radiação. Essa radiação continua conosco até hoje, na forma de radiação cósmica de fundo. À matéria dos *quarks* contrapunha-se a antimatéria dos *antiquarks*, com sua aniquilação conjunta. Apenas uma minúscula fração de matéria sobreviveu ao processo, com os quarks restantes começando a se condensar em prótons e nêutrons, formando os hádrons.

A etapa seguinte na construção do Universo foi a produção de pequenos núcleos compostos, como o hélio, o deutério e o lítio. A criação desses elementos

Quadro 2.1 Do *Big Bang* à atualidade[1]

Era	Período[2]	Eventos
Primordial	$-\infty$	*Big Bang* (a grande explosão)
	-50,5	A gravidade quântica (sem singularidades) domina o Universo (época de Planck)
	-44,5	Grande unificação das três forças fundamentais (a interação forte, a interação fraca e a força eletromagnética)
	-12,5	Os *quarks* ficam confinados nos hádrons, partículas compostas por eles, prótons e nêutrons
	-6	Produção inicial dos elementos (nucleossíntese)
	4	A energia da matéria predomina sobre a radiação
	5,5	Os elétrons e prótons formam átomos (recombinação)
Estelífera	6	Primeiras estrelas
	9	Formação da Via Láctea
	9,5	Formação de nosso sistema solar
	10	Hoje

[1]*Fonte: Adams e Laughlin (2001). Os autores propõem três outras eras cósmicas para o futuro: degenerada, dos buracos negros e das trevas.*
[2]*Expresso em décadas cosmológicas segundo a fórmula $\pi = 10^\eta$, onde η é o número de décadas cosmológicas. Por exemplo, o Universo tem atualmente cerca de 10 bilhões de anos, o que corresponde a 10^{10}, sendo $\eta = 10$ décadas cosmológicas. Quando ele completar 100 bilhões de anos, o tempo será de 10^{11} ou $\eta = 11$ décadas cosmológicas.*

pesados a partir dos mais leves é denominada de **nucleossíntese**. Ela ocorreu cerca de um segundo depois do *Big Bang*, com temperaturas de fundo de dez bilhões de kelvins (K) (nesta escala, o zero corresponde a aproximadamente −273,1°C) e uma densidade 200 mil vezes superior à da água. Essa atividade nuclear prosseguiu por cerca de três minutos; porém, com as abruptas quedas de temperatura e densidade causadas pela expansão do Universo (que baixavam para, respectivamente, um bilhão de kelvins e uma densidade apenas 20 vezes maior que a da água), o fenômeno chegou ao fim.

Quase ao fim da Era Primordial (quando o Universo tinha 10 mil anos), a densidade energética da radiação tornou-se menor do que a densidade energética associada à matéria; e algum tempo depois surgiram os átomos neutros de hidrogênio, em um processo denominado de **recombinação**.

A Era Estelífera iniciou-se quando o Universo tinha um milhão de anos, a partir da formação das primeiras estrelas. Estas nasceram mais ou menos na mesma época das primeiras galáxias; o que houve foi a contração de núcleos de nuvens moleculares. À medida que os campos magnéticos abandonavam o núcleo, ele ficava cada vez mais denso e pesado, até que um colapso originava uma pequena protoestrela, cuja rotação condicionava um disco nebuloso de gás e poeira ao seu redor, que propiciava a formação dos planetas. Por outro lado, quanto mais a estrela se contraía, mais o seu núcleo central se aquecia, resultando daí a fusão nuclear do hidrogênio em hélio, completando, assim, a sua formação.

A nossa galáxia, a Via Láctea, surgiu quando o Universo contava aproximadamente com um bilhão de anos. Ela possui agora cem bilhões de estrelas e encontra-se em lenta rotação. Nosso Sol é apenas uma estrela amarela comum de tamanho médio, situada perto da borda interna de um dos seus braços espirais.

A descrição apresentada é uma versão muito simplificada de um processo enormemente complexo, tendo sido baseada em Adams e Laughlin (2001) e Hawking e Mlodinow (2005). Os referidos autores e fontes mais especializadas devem ser consultados para o exame de detalhes do fenômeno. Assim, Singh (2006) apresentou um histórico de como a hipótese do *Big Bang* foi desenvolvida, bem como as observações experimentais que serviram para contrastá-la com a hipótese rival do modelo do estado estacionário. Barkana (2006) revisou os processos de formação das primeiras estrelas no Universo, que, segundo ele o transformaram de escuro em luminoso. As primeiras estrelas incandesceram e a sua radiação transformou os átomos que as cercavam em íons. Esse processo de ionização e reionização pode ser investigado tanto a partir de observações empíricas quanto por simulações, que nos ajudam a compreender o que ocorreu naquele passado longínquo. Por sua vez, van Dishoeck (2006) revisou a química dessas protoestrelas, que incluiriam gases simples e complexos, gelo, hidrocarbonetos aromáticos e silicatos.

2.3 História da Terra

O planeta Terra nasceu há 4,6 bilhões de anos (ou antes do presente, A.P.), numa implosão gravitacional de rocha derretida e um turbilhão de metais. Gases superaquecidos, como amônia, sulfato de hidrogênio e metano espiralavam em uma atmosfera repleta de relâmpagos. Espessas camadas de vapor d'água encobriam a imagem do Sol. Abaixo desses vapores, a crosta fervilhante da Terra pululava de atividade e calor. Isso ocorreu em pleno éon hadeano (Quadro 2.2), denominação derivada de Hades, o inferno grego e a morada dos mortos. Mares primitivos teriam se formado há 4,2 bilhões de anos A.P., e o vulcanismo exuberante e a formação de crateras por meteoros teriam ocorrido até 4 bilhões de anos A.P., quando se iniciou a formação da crosta terrestre e a atividade tectônica. A radiação solar era 25% mais baixa do que a existente hoje.

Costuma-se distinguir o período seguinte, entre 3,9 e 0,6 bilhões de anos A.P., como o éon pré-Cambriano. No Arqueano inicial, surgem as primeiras formações de ferro estriado e desenvolvem-se as partes mais densas dos continentes. No Arqueano médio, a quantidade média de oxigênio na atmosfera e nos sedimentos é apenas vestigial. Ao redor de 3,2 bilhões de anos A.P., observa-se atividade tectônica continental, com muitas placas pequenas. No Arqueano tardio, há a formação de muitos continentes, a partir dos chamados escudos pré-cambrianos, e o fim do período principal de formação da crosta terrestre. O clima era geralmente ameno, com glaciações limitadas.

Na era proterozoica surge, há 2,5 bilhões de anos A.P., o primeiro supercontinente (a pré-Pangeia). Posteriormente, há o aumento da camada de ozônio na atmosfera, que absorve de maneira importante a radiação ultravioleta. Há 2,0 bilhões de anos A.P., já existe abundância de oxigênio livre na atmosfera,

Quadro 2.2 A história geológica do planeta Terra em milhões de anos antes do presente

Éon	Era	Períodos	Data na base
Fanerozoico	Terciária	do Paleoceno ao Pleistoceno	63
	Mesozoica	do Triássico ao Cretáceo	240
	Paleozoica	do Cambriano ao Permiano	570
Pré-Cambriano	Proterozoica	Tardio	900
		Médio	1.600
		Inicial	2.500
	Arqueana	Tardio	2.900
		Médio	3.300
		Inicial	3.900
Hadeano	–	–	4.500

Fonte: Mason (1991).

e há 1,1 bilhão de anos A.P., ocorre um episódio de fendilhamento global. No final da era ocorrem glaciações mais pronunciadas.

Na transição entre o pré-Cambriano e o Cambriano, a maioria da massa terrestre estava concentrada em um supercontinente, a Pangeia. À medida que progride o éon Fanerozoico, ocorre a fragmentação dessa grande massa, bem como o deslocamento das placas tectônicas para as posições hoje ocupadas. Para detalhes de todo esse processo, consultar Mason (1991) e Margulis e Sagan (2002).

Atualmente se podem distinguir três camadas no planeta (Tab. 2.1): núcleo, manto e crosta. O núcleo é constituído por uma região interna de ferro sólido, rodeada por uma camada duas vezes maior de ferro líquido, representando cerca de 55% da espessura total da Terra, 16% de seu volume e 32% da sua massa. O manto apresenta uma espessura de 2.883 km, constituindo 83% do seu volume e 67% da sua massa. A crosta é muito fina (17 km) e representa menos de 1% do volume e da massa do planeta.

Tab. 2.1 Espessura, volume, massa e densidade das camadas da Terra e seu valor total

Camadas	Espessura (km)	Volume (10^{12} km^3)	Massa (10^{24} kg)	Densidade (g cm^{-3})
Núcleo	3.471	0,175	1,936	11,0
Manto	2.883	0,899	4,016	4,5
Crosta	17[1]	0,008	0,024	2,8[1]
Todo o planeta	6.371	1,082	5,976	5,52

[1] Os valores médios para as crostas continental e oceânica são de, respectivamente, 40 e 6 km de espessura e 2,7 e 3,0 g cm^{-3} de densidade.

Fonte: Mason (1991).

As três camadas estão em um processo contínuo de diferenciação e reciclagem. Apenas uma fração da crosta continental formada originalmente no período Arqueano subsiste hoje; o restante foi reciclado para o manto. Além disso, há destruição preferencial da litosfera oceânica quando comparada à continental. Os dados sugerem que a evolução isotópica do manto terrestre reflete a erradicação progressiva de heterogeneidades primordiais vinculadas à diferenciação precoce (Bowring e Housh, 1995).

As circunstâncias especiais de formação de nosso planeta condicionaram uma constituição atmosférica e uma prevalência de temperaturas muito diferentes das observadas em nossos dois planetas vizinhos, Vênus e Marte (Tab. 2.2). Notem-se as diferenças marcantes de temperatura média à superfície e de pressão atmosférica relativa (a de Vênus é 90 vezes superior à da Terra). Observem-se, também, as extremas diferenças encontradas nos níveis de dióxido de carbono, nitrogênio e oxigênio. Com relação ao primeiro elemento (CO_2), os níveis encontrados em Vênus e Marte são mais de mil vezes maiores que os da Terra.

Tab. 2.2 Algumas características de temperatura e da atmosfera da Terra, comparadas com as de seus dois planetas vizinhos

Características	Vênus	Terra	Marte
Temperatura da emissão infravermelha (K)	240	235	210
Temperatura média à superfície (K)	745	280	225
Pressão atmosférica relativa	90	1	0,01
Dióxido de carbono (CO_2) (%)	96,5	0,08	95,3
Nitrogênio (N_2) (%)	3,5	78	2,7
Oxigênio (O_2) (%)	0,003	21	0,13
Água (H_2O) (%)	<0,05	≈0,2	≈0,03
Argônio (Ar) (%)	0,003	0,9	1,6

Fonte: Mason (1991).

2.4 A origem da vida

Por que é importante examinar a questão da origem da vida? Bem, inicialmente, porque fazemos parte dessa enorme comunidade de seres vivos que constitui a biosfera. Todos esses seres, apesar de sua diversidade estonteante, estão relacionados entre si, pois só existe um tipo de vida em nosso planeta. Além disso, os seres vivos influenciaram de maneira notável o ar, a terra e a água do planeta.

A vida começou cedo na história da Terra, talvez há quatro bilhões de anos. Como? Deixando-se de lado as versões míticas ou religiosas, bem como a crença na geração espontânea, popular até o século XIX, podem-se destacar dois pesquisadores, na segunda década do século XX, que começaram a examinar a questão de um ponto de vista científico: Alexander I. Oparin (1894-1980) e John B. S. Haldane (1892-1964). Essa primeira fase culminou com o famoso experimento de Stanley L. Miller descrito em 1953, que obteve a síntese de aminoácidos em um aparelho especificamente fabricado para esse fim. A partir daí, os estudos se multiplicaram, e hoje existe um amplo círculo de cientistas investigando a questão.

Se a vida surgiu a partir de um evento único, pode-se perguntar quais fatores condicionariam essa singularidade. Isso foi feito por Christian De Duve, que listou sete maneiras pelas quais seria possível chegar a essa situação (Boxe 2.1). Eliminando-se uma delas, não científica (o Desígnio Inteligente), fica-se com seis, que podem ser reduzidas a quatro: determinismo estrutural, seleção natural, contingências históricas e acaso. Como o fenômeno é complexo, é possível que certas fases dele tenham sido condicionadas por algum desses fatores, e outras por outro, distinto.

O Boxe 2.2 esquematiza como teria ocorrido o caminho para a vida. Podem-se visualizar sete transições fundamentais. Parte-se da química abiótica para

Boxe 2.1 Sete maneiras de alcançar singularidades

1. Determinismo estrutural
Dadas as condições físico-químicas existentes no mundo, determinados eventos simples são inevitáveis.

2. Seleção natural mediada por restrições externas
Fornecendo-se tempo suficiente, eventos extremamente raros podem ocorrer, que depois são favorecidos pela seleção natural.

3. Seleção natural mediada por restrições internas
Estruturas biológicas ou genômicas internas restringem a ação da seleção natural, conduzindo o processo para uma singularidade.

4. Contingência histórica
O progresso evolucionário conduziria naturalmente, por meio do desenvolvimento de seus diversos ramos, à singularidade.

5. Acidente e congelação
A singularidade é condicionada por puro acaso, sem retorno possível em outra direção.

6. Sorte fantástica
Há a ocorrência de um fenômeno muitíssimo improvável, simplesmente isso.

7. Desígnio inteligente
O fenômeno ocorreu por causas sobrenaturais, determinadas por alguma entidade inteligente. Essa explicação não merece exame científico.

Fonte: De Duve (2005).

um processo de protometabolismo em três etapas, a saber, antes do surgimento do ácido ribonucleico (RNA), quando de seu aparecimento, e posteriormente. As fontes de formação seriam a cósmica ou a vulcânica, e os primeiros produtos, proteinoides e microesferas. Uma questão importante surge, então: a origem da vida basear-se-ia em mecanismos quimioautotróficos (o substrato para a utilização da energia seria inorgânico) ou heterotróficos (substrato orgânico)? Ferry e House (2006) propuseram uma etapa intermediária, na qual uma rota primitiva de conservação de energia teria direcionado a evolução metabólica inicial.

O evento crucial seguinte foi a formação de protocélulas; porém independentemente dos fatos indicados neste e no parágrafo anterior, estava ocorrendo a formação de ácidos nucleicos e, mais especificamente, do RNA. A característica fundamental do RNA é a possibilidade de autorreplicação, além de seu papel

Boxe 2.2 O CAMINHO PARA A VIDA

1. Química abiótica
   1.1 Fontes de formação
      1.1.1 Cósmica
      1.1.2 Vulcânica
   1.2 Produtos
      1.2.1 Elementos simples – monômeros (tioésteres, pirofosfatos, aminoácidos, nucleotídeos)
2. Protometabolismo, pré-RNA
   2.1 Produtos e processos
      2.1.1 Proteinoides (por meio de um processo de autoinstrução que condicionaria uma polimerização termal não randômica e a aquisição de uma série de sequências e atividades estáveis).
      2.1.2 Microesferas (por autoagregação e incluindo catalisadores minerais; ligações peptídicas e internucleotídicas; haveria dependência de fontes termais e os produtos seriam de pequeno tamanho e com baixa concentração).
      2.1.3 Protocélulas (com formação de membranas lipoproteicas).
3. Surgimento do RNA
   3.1 Processo
      3.1.1 O RNA teria surgido junto com a replicação, envolvendo o pareamento de bases, o fenômeno da quiralidade, e nucleosídeos trifosfatos (NTPs). Haveria o fenômeno do aumento da cadeia, por meio da autocatálise, cada passo favorecendo um desenvolvimento posterior. O processo teria o auxílio de multímeros, com a imobilização da cadeia em expansão em uma superfície catalítica por forças que aumentariam com o tamanho da cadeia.
4. Protometabolismo pós-RNA
   4.1 Processo
      4.1.1 Alta instabilidade, baixa especificidade, ambiguidade nas relações RNA-proteínas.
      4.1.2 Segregação – início da síntese proteica através do RNA.
5. Surgimento do DNA
   5.1 Processo
      5.1.1 Apesar de o processo não ser simples, é provável que a deoxirribose tenha se formado pela desoxigenação redutiva da ribose e a timina, pela metilação da uracila. Com a disponibilidade de desoxirribonuclease trifosfatos (dNTPs), a formação do DNA poderia ser desenvolvida por meio de uma transcrição reversa.
6. A conquista do mundo pelo DNA
   6.1 Processo
      6.1.1 Por que o DNA substituiu quase completamente o RNA no comando da transferência da informação genética? Enquanto anteriormente o RNA servia tanto como repositório da informação genética quanto como agente da sua expressão, com o advento do DNA houve a possibilidade de sincronização da replicação e sua dissociação da transcrição, com o benefício adicional da possibilidade do controle seletivo da transcrição.

7. Surgimento do último ancestral comum universal
7.1 Processo
7.1.1 O aparecimento desse organismo a partir do qual desenvolveu-se todo o mundo orgânico atual ocorreu por meio de fenômenos complexos que envolveram a autotrofia (construção de macromoléculas próprias através de substâncias inorgânicas simples) e seleção rigorosa em ambientes ácidos e quentes. O processo metabólico, tal como o conhecemos hoje, já teria sido completamente estabelecido.
Fonte: Ratner et al. (1996); Lifson (1997); Fenchel (2002); Berger (2003); Martin e Russell (2003); Orgel (2004); Freeman e Herron (2004); De Duve (2005); Andras e Andras (2005); Robinson (2005); Leach, Smith e Cockell (2006).

na síntese de proteínas. Daí sua enorme importância no processo de origem e estabelecimento da vida na Terra. Trinks, Schoröder e Biebricher (2005) apresentaram um modelo experimental que sugeriu que a replicação precoce do RNA poderia ter ocorrido em gelos oceânicos, enquanto Ma e Yu (2005) sugeriram um mecanismo intramolecular na formação da primeira RNA replicase. Por sua vez, Taylor (2006) criou um modelo para o desenvolvimento de uma síntese proteica molde-dirigida a partir de uma ribopolimerase.

Outro acontecimento fundamental foi a aparição do ácido desoxirribonucleico (DNA). Sua maior estabilidade em relação ao RNA, pelo menos em meios alcalinos, e a possibilidade de separação entre os processos de replicação e de transcrição tiveram como consequência uma vantagem seletiva única, que condicionou sua expansão e a substituição do RNA, quase completamente, do papel de comando na transferência da informação genética.

O processo completou-se por meio da montagem de organismos que foram variadamente denominados de Luca (*Last Universal Common Ancestor*: Woese, 1998; De Duve, 2005), Citroens (*Complex Information Transforming Reproducing Objects that Evolve by Natural Selection*: Orgel, 1985) ou Sysers (*Universal Self-Reproducing Systems*, ou *System of Self Reproduction*: Ratner et al., 1996), capazes de vida autônoma e com um metabolismo essencialmente igual ao que conhecemos hoje. Ranea et al. (2006) identificaram 140 domínios proteicos que, em razão da sua universalidade, devem ter estado presentes no Luca, o qual deve ter sido complexo, incluindo famílias relacionadas ao metabolismo e à tradução da mensagem genética.

Naturalmente, a descrição aqui apresentada envolve simplificações e ainda há muita pesquisa a ser realizada na área. Um ponto nevrálgico é a questão da fidelidade da replicação, que foi considerada através de modelos determinísticos e simulações por Krakauer e Sasaki (2002) e Szabó et al. (2002). O dilema considerado foi o de como a seleção poderia ter agido diante de dois fenômenos aparentemente antagônicos: a necessidade de replicação eficiente e o fato de que a probabilidade de erros de replicação se amplia à medida que aumentam os genomas (Joyce, 2002). Krakauer e Sasaki (2002) demonstraram matematicamente que "ruído" no desenvolvimento e a deriva genética em pequenas populações podem, quando combinados, dar origem a condições favoráveis à replicação robusta, enquanto que Szabó et al. (2002) verificaram, por meio de simulações, que replicações mais eficientes podem se espalhar, desde que estejam adsorvidas a uma superfície mineral pré-biótica. Há, também, toda uma área de investigação que procura estabelecer como formas simples de vida podem ser sintetizadas no laboratório. No enfoque de cima para baixo, procura-se simplificar e reprogramar geneticamente células atuais com genomas simples, enquanto no enfoque alternativo, de baixo para cima, a proposta é montar células artificiais a partir do nada, pela combinação de materiais orgânicos e inorgânicos (Rasmussen et al., 2004).

2.5 Quiralidade

Desde os experimentos clássicos de Louis Pasteur (1822-1895) sabe-se que as moléculas orgânicas podem ser divididas em duas classes quando são submetidas, em solução aquosa, a um feixe de luz polarizada. A atividade ótica é dita positiva quando o plano de polarização da luz desloca-se para a direita, e negativa no caso oposto (Fig. 2.1). As duas formas são denominadas **enantiômeros** (*enantios* significa o oposto em grego). Emil Fischer (1852-1919) estendeu esse conceito à estrutura, distinguindo as duas formas como **estereoisômeros** (*stereo* quer dizer sólido em grego). Ele classificou os açúcares usando o prefixo D (dextrógiro) quando o grupo OH próximo ao terminal CH_2OH localizava-se à direita e L (levógiro) quando à esquerda. A nomenclatura foi estendida aos aminoácidos para designar a posição de H_2N quando o grupo carboxila (COOH) é representado em cima.

Surpreendentemente, nos organismos vivos, a maioria das substâncias complexas (polímeros) são **homoquirais** (do grupo *quiros*, que significa mão,

Cristais de quartzo   Tartarato de sódio e amônia

Forma levógira   Forma dextrógira   Forma (+)   Forma (-)

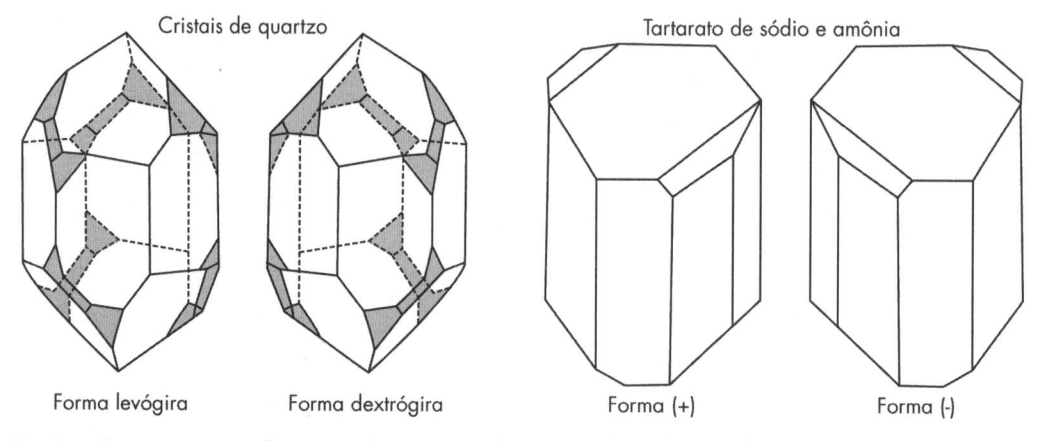

Fig. 2.1 Os enantiômeros de cristais de quartzo e do tartarato de sódio e amônia
Fonte: Mason (1991).

pois as mãos humanas também ocorrem de forma assimétrica, uma sendo o espelho da outra). As proteínas são constituídas quase exclusivamente por L-aminoácidos (a exceção é a glicina, oticamente inativa), ao passo que os açúcares (inclusive os ácidos nucleicos) ocorrem todos na forma D. Essa assimetria é essencial para: (a) a criação de padrões conformacionais; (b) o controle da orientação espacial dos radicais; e (c) o estabelecimento de padrões de dobras. Mason (1991) pode ser consultado para uma revisão histórica sobre esses conceitos.

A questão é: como surgiu essa quiralidade? A sua universalidade sugere que ela tenha aparecido concomitantemente com a vida, e dois pontos têm de ser considerados: (a) a escolha inicial; e (b) a sua uniformidade (homoquiralidade). Com relação ao primeiro aspecto, existem várias hipóteses, discutidas, por exemplo, por Vieyra, Souza-Barros e Ferreira (2003). Uma das alternativas propostas seria a de que cristais inorgânicos poderiam ter servido de molde nas condições existentes na época do surgimento da vida (Zaia e Zaia, 2005), e Hazen (2005) submeteu essa ideia a uma análise experimental. Ele verificou que a calcita, o tipo de carbonato de cálcio mais comum na crosta terrestre, adsorvia em maior quantidade a forma levógira do ácido aspártico. Martin e Russell (2003) sugeriram, por outro lado, que a peptidil transferase do ribossomo estabeleceria o ritmo para a estereoquímica dos aminoácidos, e um precursor simples da enolase como regulador da síntese dos açúcares.

A origem extraterrena da quiralidade também tem sido invocada desde os tempos de Pasteur, e De Duve (2005) afirmou que um pequeno viés cósmico em favor dos L-aminoácidos, pelo menos na proximidade do sistema solar, não poderia ser excluído. Finalmente, Popa (1997) propôs um cenário sequencial para a origem da quiralidade biológica baseado em quatro postulados: (a) o ambiente biogenético envolveria um meio subaéreo aquoso; (b) a quiralidade bioquímica moderna não seria o resultado de um só mecanismo, mas o produto de uma sucessão de eventos abióticos e protobiológicos; (c) teria ocorrido uma amplificação quiral abiótica depois da quebra da simetria natural, baseada em uma assimetria periódica no ambiente biogenético; e (d) a expansão biológica da quiralidade teria ocorrido em razão de vantagens seletivas (um ponto já levantado por Mason anos atrás; ver Mason, 1991) e seria o resultado de um processo contemporâneo e relacionado com a maturação do código genético.

2.6 Origem e evolução do código genético

Crick (1989) revisou, de maneira bem-humorada, quais teriam sido os passos que levaram à elucidação do código genético. Ele concluiu que o código foi esclarecido por meio de métodos experimentais, não pela teoria. Mas ainda existem muitos pontos interessantes a investigar, e um dos mais curiosos é a sua **universalidade** e extrema **otimização** (Vetsigian, Woese e Goldenfeld, 2006). Tal otimização significa que ele é incapaz de evoluir? Tanto os referidos autores quanto Yarus, Caporaso e Knight (2005) responderam pela negativa. Estes últimos, referindo-se a uma hipótese sobre a sua formação (a do "acidente congelado"), afirmaram que o código não está congelado; no máximo ele estaria "refrigerado", isto é, devido à seleção conservadora, haveria uma redução apreciável de desvios com relação ao código universal.

Podem-se considerar três hipóteses, não mutuamente exclusivas, para a origem e a evolução do código genético (Yarus, Caporaso e Knight, 2005): (a) o argumento estereoquímico: sequências triplas de códons e anticódons de estruturas de ligação com os aminoácidos teriam condicionado o uso de algo muito semelhante ao RNA para fabricar o código genético (a teoria do "tripleto que escapou"); (b) a concepção adaptativa: o código teria evoluído para a minimização do impacto de seus erros, ou para a probabilidade de que as proteínas mutadas fossem ativas; e (c) a ideia de coevolução: um conjunto inicial de códons, em interação com aminoácidos não biossintéticos, evoluiria para aminoácidos capazes de participar da biossíntese. Sella e Ardell (2006) exploraram detalhadamente essa última alternativa por meio de modelos matemáticos, concluindo pela sua validade com relação às outras opções.

Como foi salientado, é possível que tenha havido interação entre esses processos para se alcançar o código moderno. Em todo o caso, adotando-se os argumentos apresentados, chega-se à conclusão de que a origem do código genético teria sido um evento posterior à origem da vida, já que, para a sua montagem, seria necessária a existência do RNA e também de aminoácidos formados a partir de processos metabólicos já avançados. Isso não significa que pequenos peptídeos não tivessem sido importantes no metabolismo antes da origem do RNA; apenas que tais peptídeos não eram codificados por um mecanismo semelhante ao do atual sistema de tradução do código genético. Candidatas óbvias para as responsáveis por essas catálises primitivas seriam as ribozimas.

Yockey (2004) forneceu um tratamento matemático-estatístico detalhado para a evolução do código, inclusive sobre a possibilidade de um código binário primitivo. O processo todo foi também analisado por Ikehara (2002) e Ikehara et al. (2002), que propuseram a origem através de um código GNC (Guanina/Qualquer das quatro bases/Citosina) que codificaria quatro aminoácidos primordiais: glicina, alanina, valina e ácido aspártico.

As relações entre as posições do segundo códon e as estruturas secundárias das proteínas foram consideradas por Chiusano et al. (2000). Segundo os autores, essas relações evoluíram no sentido de otimizar as relações estrutura-função. A correspondência entre as enzimas-chave aminoacil-tRNA sintetases e os aminoácidos que elas catalisam foi investigada por Cavalcanti et al. (2004); e Ibba et al. (1999) (ver também Schimmel e Pouplana, 1999) forneceram evidências experimentais de que os tRNAs teriam precedido as suas sintetases na evolução. Finalmente, Vetsigian, Woese e Goldenfeld (2006) propuseram uma evolução essencialmente comunal (por transferência gênica horizontal) para a evolução do código, em três etapas distintas: (a) fracamente comunal, que proporcionaria a partilha de elementos de inovação e a emergência do código genético universal; (b) fortemente comunal, com o desenvolvimento de uma complexidade exponencial de genes; e (c) individual, com o estabelecimento da herança vertical e a ação orientadora da seleção natural.

2.7 Inovações evolucionárias únicas

Existem realmente inovações evolucionárias únicas? Essa pergunta foi feita por Vermeij (2006, p. 1.805), que definiu uma inovação evolucionária como "uma estrutura evoluída nova, ou condição que possibilite a seu portador filogeneticamente derivado realizar uma nova função, ou que melhore materialmente a atuação de seu portador em uma função já estabelecida". Posteriormente esse autor procurou verificar se tais inovações teriam ocorrido, na história da vida, apenas uma vez ou de maneira repetida, seja convergentemente (seguindo vias diferentes) ou por evolução paralela (pela mesma via).

O próprio Vermeij (2006) salientou que, em razão da perda de informação com o tempo (seja pela não amostragem de linhagens basais, por causa da sua extinção; ou por incapacidade de distinção de linhagens relacionadas antigas, por causa do fenômeno da saturação em nível molecular), é difícil assegurar--se de que uma determinada inovação seja realmente única. Seja como for, o Quadro 2.3 lista 23 eventos aparentemente únicos que teriam ocorrido ao longo da evolução dos seres vivos. Seu aparecimento distribuir-se-ia em um intervalo entre mais do que 3,5 milhões até um milhar de anos atrás. Alguns dos eventos são muito antigos e gerais (origem da vida, protocélulas, código genético); oito ocorreram há mais de um milhão de anos. Os mais recentes, por sua vez, envolveram grupos grandes, mas não tão extensos, de organismos: simetria bilateral (ver, por exemplo, Bottjer, 2006); sementes nas plantas terrestres; mais especializados (nematocistos nos cnidiários, asas nos artrópodos, plumas nos terópodos, junta cirtomatodonte nos braquiópodos); ou exclusivos de uma só espécie (linhagem humana).

Tudo isso se relaciona a uma questão geral muito importante: a capacidade de predizer o processo evolucionário. Se essas grandes transições não são randômicas, o número de opções evolucionárias, embora grande, não se aproxima do infinito. Por meio da auto-organização e da seleção natural, podem-se estabelecer limites ao contingenciamento da história da vida.

2.8 Multicelularidade

A distribuição dos seres vivos é estruturada, **hierarquizada** (Salthe, 1985), e os organismos multicelulares são um exemplo dessa estruturação. Eles surgiram

Quadro 2.3 Cronologia de inovações evolucionárias aparentemente únicas

Evento	Anos atrás
	Milhões
1. Origem da vida na terra	>3,5
2. Protocélulas	>3,5
3. Código genético universal	>3,5
4. Replicação cromossômica coordenada	>3,5
5. Fotossíntese	3,5
6. Surgimento dos eucariotos	2,7
7. Simbiose primária entre uma cianobactéria fotossintética e um eucarioto	2,7
8. Populações sexuadas	1,2
	Milhares
9. Sistema nervoso dos eumetazoários	600
10. Digestão extracelular nos eumetazoários	600
11. Simetria bilateral	600
12. Nematocistos nos cnidários	550
13. Três camadas germinativas primárias (endoderma, mesoderma, ectoderma)	550
14. Muda nos ecdisozoários	550
15. Sistema vascular aquático nos equinodermos	550
16. Junta cirtomatodonte dos braquiópodos	450
17. Sementes nas plantas terrestres	370
18. Âmnio nos amniotas	340
19. Asas nos artrópodos	340
20. Carapaça nos quelônios	225
21. Plumas nos terópodos	160
22. Endosperma nas angiospermas	140
23. Linguagem humana	1

Fonte: Vermeij (2006).

há cerca de 600 milhões de anos e pelo menos em três ocasiões independentes: nas algas verdes, quando são consideradas as plantas terrestres; em algumas células de leveduras primitivas, no caso dos fungos; e em protozoários móveis (coanoflagelados), nos animais.

Como surgiu a multicelularidade? O evento deve ter sido complexo, pois durante centenas de milhões de anos, o ambiente terrestre foi habitado somente por organismos unicelulares. Nesse processo de agregação celular, devem-se considerar diferentes etapas. A caracterização de organismos multicelulares sugerida por Keim et al. (2004a, p. 261) seria a daqueles que "apresentassem uma organização e formas características, com a ausência de autonomia celular e competição". Nesse caso, colônias seriam estruturas intermediárias, que apresentariam uma distribuição celular definida, interações intercelulares significantes, mas também alguma competição entre seus membros.

A característica marcante na emergência da individualidade quando da transição unicelularidade-multicelularidade seria a diferenciação das células para duas funções separadas: (a) sobrevivência somática; e (b) reprodução. Para que a multicelularidade se estabeleça, são necessárias compensações entre esses dois componentes adaptativos, que foram avaliados em termos matemáticos por Michod et al. (2006).

Organismos que, para todos os efeitos, podem ser considerados como intermediários entre a unicelularidade e a multicelularidade são os procariotos magnetotáticos. Essas bactérias gram-negativas orientam-se passivamente ao longo de campos magnéticos, pela presença, nas suas células, de cristais magnéticos de Fe_3O_4 ou Fe_3eS_4. Muitos desses organismos são unicelulares, mas outros são encontrados em conjuntos que sugerem multicelularidade pelas seguintes características (Keim et al., 2004a): (a) o organismo tem uma organização celular definida, incluindo estruturas destinadas a interações entre as células; (b) as células não são autônomas, permanecendo imóveis se desagregadas; (c) as células parecem não competir entre si, os agregados tendo um número fixo delas; e (d) as células coordenam-se em movimentos natatórios bastante complexos, agindo como uma unidade. Por outro lado, esses seres magnetotáticos não apresentam uma característica fundamental dos multicelulares, mencionada anteriormente, que é a separação em soma e germe. Aparentemente eles se reproduzem por fissão binária (Fig. 2.2), o que caracterizaria a sua posição intermediária entre unicelulares e multicelulares.

2.9 Origem dos eucariotos

Cerca de 30 anos atrás, ocorreu uma mudança dramática na visão de como se distribuem os grandes reinos dos organismos vivos, a chamada "revolução woesiana". A partir de análises de Carl R. Woese e colaboradores, ficou claro que os seres vivos deveriam ser classificados em três grandes domínios: Arquebactéria (Archaea), Eubactéria (Bacteria) e Eucariotos (Eukarya). Isso porque dois conjuntos de organismos que antes eram agrupados como bactérias em geral apresentavam diferenças tão grandes em seus processos de funcionamento gênico (transcrição e tradução, ver o capítulo seguinte), bem como em suas membranas, que mereciam um *status* completamente diverso. Em termos de estrutura, no entanto, os domínios Archaea e Bacteria são imensamente mais simples do que os Eukarya. Para começo de conversa, todos os Archaea e Bacteria são unicelulares, ao passo que, embora existam Eukarya também unicelulares, há uma imensa variedade de forma e tamanho entre os eucariotos multicelulares, colocando-os em uma categoria muito especial.

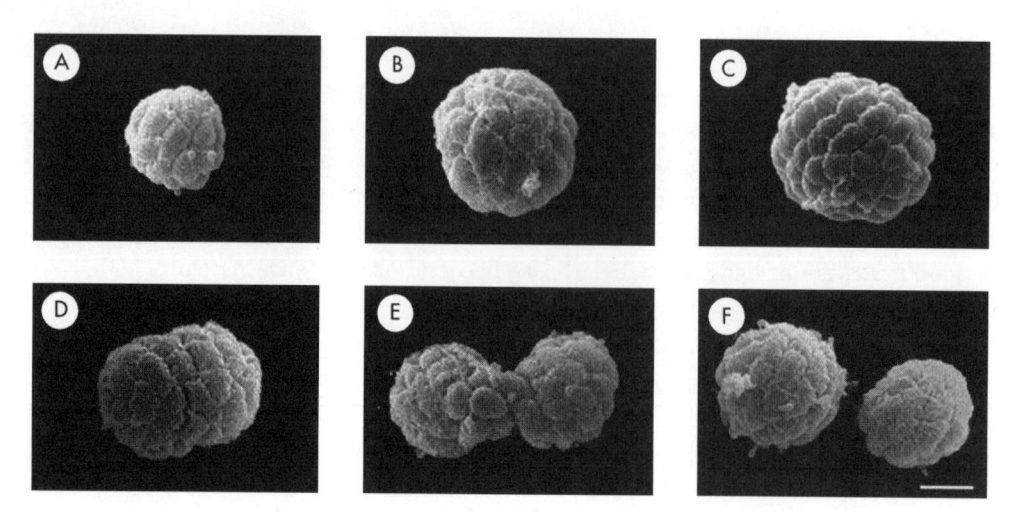

Fig. 2.2 Microscopia eletrônica de varredura de bactérias multicelulares magnetotáticas, mostrando reprodução por fissão binária: (A) o organismo é pequeno e esférico; (B) aumento do volume, mas não do número de células; (C) divisão sincrônica das células, sem separação; (D) modificação da forma, que se torna elíptica; (E) formação em oito, de dois organismos ligados; (F) separação dos dois organismos
Fonte: Keim et al. (2004b).

Mas como surgiram os eucariotos? Essa questão tem sido abordada por grande número de pesquisadores (ver, por exemplo, Doolittle, 1995; Martin e Müller, 1998; Katz, 1998; Vellai e Vida, 1999), e na sua análise é necessário explicar como surgiram as quatro características de seu último ancestral comum: (a) presença de um núcleo diferenciado, separado do citoplasma; (b) microtúbulos, estruturas cilíndricas com um diâmetro externo de cerca de 24 nanômetros e um orifício interno com cerca de 15 nanômetros de diâmetro. Formados por moléculas de tubulina, eles têm um papel fundamental em uma série de processos vitais, como a divisão celular e a moção de cílios e flagelos; (c) mitocôndria, organela citoplasmática autorreprodutora semiautônoma responsável pela respiração celular; e (d) genomas quiméricos, que possuem tanto características próprias como outras, de Archaea e Bacteria.

Katz (1998) sumariou de maneira adequada os modelos mais representativos de origem dos eucariotos. Um dos mais abrangentes, a teoria da endossimbiose serial, envolveria dois eventos de simbiose: um entre uma arquebactéria hospedeira (com uma membrana nucleoide) e uma eubactéria do tipo espiroqueta, que forneceria mobilidade à primeira; e posteriormente ocorreria uma nova simbiose, envolvendo uma bactéria respiratória que evoluiria para a atual mitocôndria. Nesse caso, o núcleo seria autógeno, da arquebactéria, enquanto os microtúbulos teriam como origem a espiroqueta endossimbionte. Esses eventos também explicariam a natureza quimérica do genoma eucariótico. Mas outras alternativas foram sugeridas, e o problema permanece sob investigação.

2.10 Vida extraterrena

Estamos sozinhos no Universo ou existe vida em outros planetas espalhados pelo enorme espaço estelar? Embora a conjunção de circunstâncias que tornou a vida possível tenha uma probabilidade de ocorrência baixíssima, a imensidão do Universo e o tempo já decorrido desde a sua formação sugerem a possibilidade de que essa conjunção tenha ocorrido mais de uma vez. Em termos cosmológicos, a questão tem sido abordada por meio do Princípio Antrópico, que pressupõe uma estreita conexão física entre a espécie humana e a natureza. Na abordagem da questão, estamos limitados, porque a existência de observadores só é possível dentro de parâmetros físicos muito estritos. E não é impossível imaginar que estejamos cercados por outros universos, em cada um dos quais a física seria diferente (Lemos e Rocha, 1997).

Para a abordagem do problema em termos científicos, devem-se procurar planetas extrassolares com condições de vida como a conhecemos, que é baseada fundamentalmente na existência de carbono, oxigênio e nitrogênio; e deve-se lembrar que os elementos primordiais do Universo são hidrogênio e hélio. Já foram levantados argumentos que o elemento-chave para a existência de vida extraterrena poderia ser diferente do carbono (por exemplo, o silício); porém, entre 112 moléculas detectadas no meio interestelar, 84 contêm carbono e apenas oito contêm silício. Existem também regiões no Universo nas quais a vida não poderia ter surgido. Os sistemas planetários de estrelas massivas (com massa 8-10 vezes maior que a de nosso Sol) têm vida demasiadamente curta para proporcionarem o surgimento da vida (Pacheco, 1997).

Na verdade, se for postulado que a vida na Terra surgiu por meio de elementos extraterrenos, simplesmente o que ocorreria seria a transferência do problema, pois persistiria a pergunta de como ela teria surgido lá fora. O fato é que meteoritos e cometas possuem uma rica variedade de moléculas orgânicas, mas resistiriam elas ao impacto causado pela colisão com o material terrestre? Experimentos simulados sugerem que tais impactos poderiam até aumentar a diversidade de substâncias químicas complexas pré-bióticas! (Hazen, 2005).

A possível ocorrência de vida em Marte foi sugerida por McKay et al. (1996) através de estudo de material obtido do meteorito marciano ALH8401, encontrado na região de Allan Hills, na Antártica. Seus argumentos, no entanto, foram fortemente criticados por J. William Schopf, que, por outro lado, teve sua interpretação sobre os microfósseis mais antigos do planeta, de material recuperado em terrenos australianos, também colocada em dúvida (Brasier et al., 2002; Schopf et al., 2002). Essas evidências, portanto, permanecem em aberto, assim como a busca de biomoléculas em Marte ou outros planetas do Universo (Hazen, 2005).

Nem os gênios estão imunes a acessos de fantasia. É nesse contexto que deve ser considerada a teoria de Panspermia Direcionada proposta por Crick (1982), segundo a qual a vida na Terra teria surgido a partir de microrganismos que aqui teriam chegado em espaçonaves não tripuladas enviadas por civilizações de alto nível, que teriam se desenvolvido em algum outro lugar do Universo há bilhões de anos. Como não há nenhuma evidência direta em favor de tal teoria, ela deve ser transferida para o terreno da ficção científica.

Evolução molecular
III

Vida é a interação entre estrutura e energia.

(Douglas C. Wallace, 2005)

3.1 O conceito de evolução

O Universo é finito, complexo e estruturado; portanto, qualquer mudança nele está sujeita a determinadas restrições. A ideia de mudança, por sua vez, está implícita no conceito de evolução orgânica; porém, evolução não é só mudança. Anteriormente, o autor da presente obra (Salzano, 1993) já havia sugerido que no processo devem estar envolvidos quatro aspectos: (a) mudança continuada; (b) divergência; (c) restrição de oportunidades; e (d) em um grande número de situações, irreversibilidade. Lewontin (2000, p. 5) definiu evolução como "a consequência da conversão da variação entre membros de um conjunto em diferenças entre conjuntos no tempo e no espaço".

No exame desse conceito, deve-se lembrar que os processos biológicos diferem fundamentalmente dos não biológicos, porque apresentam uma causalidade dupla. Além de estarem sujeitos às leis físicas e químicas de seu ambiente, eles são controlados por *programas genéticos*. Ademais, os sistemas biológicos são abertos, isto é, o princípio da entropia (o grau de desordem de um sistema fechado, que não interage com o meio externo, tende a crescer) não se aplica a eles (Mayr, 2004).

3.2 Estrutura e funcionamento do material genético

As bases moleculares do material genético só começaram a ser elucidadas na década de 1950, mas o progresso alcançado a partir daí desafia adjetivos. Os Boxes 3.1 a 3.5 procuram sintetizar brevemente as bases relacionadas, respectivamente, às estruturas e tipos do DNA; do RNA; das proteínas; às estruturas gênica e cromossômica; e ao funcionamento do material genético. Como se pode perceber, a complexidade é a regra. No Box 3.1, verifica-se ser o DNA nuclear marcadamente diferente do DNA mitocondrial. Em especial, ocorrem redundâncias no DNA nuclear que condicionam oportunidades de variação muito diversas daquelas presentes no DNA não repetitivo. Duplicações em série, adjacentes, que levam à formação de famílias gênicas, proporcionam a oportu-

Boxe 3.1 Estrutura e tipos de ácido desoxirribonucleico (DNA)

1. **Estrutura**

O *ácido desoxirribonucleico* (DNA) é um polímero formado por nucleotídeos, as bases adenina (A) e guanina (G) (purinas), e citosina (C) timina (T) (pirimidinas). Cada base é ligada por uma molécula de açúcar, a desoxirribose, e cada desoxirribose tem um grupo fosfato ligado a ela. O fosfato de um nucleotídeo está associado ao açúcar de outro, formando um arcabouço (fita) açúcar-fosfato em forma de espiral. Como a desoxirribose é assimétrica, existe uma polaridade nesse arcabouço. Os carbonos dessa molécula são numerados, de acordo com sua posição, de 1' a 5'. Os grupos fosfatos ligam-se aos carbonos 3' e 5', e isso fornece uma maneira de distinguir os finais da molécula. O final 3' tem uma hidroxila (-OH) livre, e a outra extremidade apresenta essa hidroxila livre na posição 5'. O DNA geralmente é constituído por uma estrutura de fita dupla, com pareamento que ocorre de forma estrita nas combinações A-T, C-G. A conformação mais comum é a forma B, que se estabelece em condições hidratadas, com os giros da espiral ocorrendo pela direita. A forma A também gira para a direita, mas é mais compacta e ocorre em condições menos hidratadas. Já a forma Z gira para a esquerda.

2. **Tipos**

  2.1 *DNA nuclear* (nDNA). Localizado no núcleo das células.
    2.1.1 Não repetitivo: sequências individuais.
    2.1.2 Moderadamente repetitivo (famílias multigênicas).
      2.1.2.1 Famílias gênicas clássicas (codificam RNAs ribossômicos e transportadores).
      2.1.2.2 Superfamílias gênicas (vinculadas à resposta imune, HLA, receptores de células T).
    2.1.3 Altamente repetitivo.
      2.1.3.1 Repetições em tandem (adjacentes).
        2.1.3.1.1 DNA satélite.
        2.1.3.1.2 DNA minissatélite (telomérico e hipervariável, com motivos nucleares de dezenas a centenas de nucleotídeos).
        2.1.3.1.3 DNA microssatélite ou STRs (*short tandem repeats*), com motivos nucleares de apenas um a seis nucleotídeos.
      2.1.3.2 DNA disperso (transpósons).
        2.1.3.2.1 Elementos curtos intercalados ou SINEs (*short interspersed elements*). Família de repetições *Alu*.
        2.1.3.2.2 Elementos longos intercalados ou LINEs (*long interspersed elements*). Elemento L1.
  2.2 *DNA mitocondrial* (mtDNA). Localizado na mitocôndria, uma organela citoplasmática autorreprodutora semiautônoma, onde se desenvolvem as principais reações de fosforilação oxidativa, as quais resultam na formação de ATP (adenosina trifosfato), geradora de energia para uma enorme variedade de processos biológicos.
    2.2.1 Estrutura em dupla hélice, circular, cinco a dez cópias por organela. Há pequenas diferenças entre o código genético do mtDNA e o universal. Ocorre em 500 a 1.000 cópias por célula.

Fonte: Lewin (2000); Borges-Osório e Robinson (2001); King e Stansfield (2002).

nidade do surgimento de novidades evolutivas que antes seriam proibidas pela seleção (pois, havendo mais de uma cópia do gene no genoma, as excedentes estão livres para mudar sem prejudicar a função até aquele momento condicionada pelo gene). No Boxe 3.1 também estão indicados elementos transponíveis (que passam de uma espécie para outra por transmissão horizontal, mediada por vetores infecciosos) como os SINEs e LINEs.

O Boxe 3.2 lista os diferentes tipos de RNAs indispensáveis para a síntese proteica, que ocorre no padrão denominado inicialmente de dogma central

---

Boxe 3.2 Estrutura e tipos de ácido ribonucleico (RNA)

1. Estrutura

O *ácido ribonucleico* (RNA) possui uma estrutura semelhante à do DNA (Box 3.1), com a diferença de que sua molécula é formada por ribose em vez de desoxirribose, e em sua composição de bases a uracila substitui a timina. Normalmente, também se apresenta como uma fita simples e tem pesos moleculares menores que os do DNA.

2. Tipos

2.1 *RNA heterogêneo nuclear* (*hnRNA*): encontrado apenas em eucariotos, constitui-se no transcrito primário a partir do qual será formado o RNA mensageiro (mRNA). Seu tamanho varia entre 5 e 50 mil nucleotídeos.

2.2 *RNA mensageiro* (*mRNA*): transfere a informação contida nas partes codificadoras do DNA para formar a proteína. Tamanho entre 350 e cinco mil nucleotídeos. No seu processamento ocorrem três processos fundamentais: (a) *capping*, adição de uma guanina metilada na porção 5'; (b) poliadenilação, adição de cerca de 200 adeninas à extremidade 3'; e (c) excisão dos íntrons, elementos não codificantes do DNA.

2.3 *RNA transportador* (*tRNA*): constitui-se em uma ponte entre o mRNA e o aminoácido que irá constituir a proteína. É um dos menores ácidos nucleicos biologicamente ativos (70-90 nucleotídeos). Por meio de ligações fracas das bases entre si, formam-se alças em forma de trevo, importantes para seu funcionamento. Em uma das alças, há uma sequência de três bases que é complementar a um conjunto de igual número de bases do mRNA (o códon), denominada anticódon.

2.4 *RNA ribossômico* (*rRNA*): é o RNA presente nos ribossomos, partículas ribonucleoproteicas onde ocorre, após a transcrição, a tradução da mensagem genética. Os ribossomos são constituídos por duas subunidades de tamanho diverso, ligadas entre si por íons magnésio. Cerca da metade do conteúdo ribossômico é formado pelo rRNA, que contém de cem a mil nucleotídeos. A tradução envolve a combinação de vários elementos: mRNA, tRNA, ribossomos (rRNA + proteínas), aminoácidos, moléculas de armazenamento de energia (ATP) e diversos fatores proteicos.

2.5 *RNA de interferência* (*RNAi*): são utilizados para interferir artificialmente na atividade de genes-alvo através da formação de RNAs de fita dupla senso/antissenso. Com isso, pode-se descobrir a função de genes que, posteriormente, poderiam ser alvos para a atuação de drogas farmacêuticas.

Fonte: Borges-Osório e Robinson (2001); King e Stansfield (2002); Amaral e Nakaya (2006).

da biologia molecular (DNA→RNA→proteína). Como inevitavelmente acontece com todos os dogmas, no entanto, este foi desafiado e provou-se não ser verdadeiro no caso dos retrovírus, que têm como material genético o RNA e são oncogênicos. Esses virus podem sintetizar DNA através do RNA, usado como molde devido a uma classe de enzimas especiais, as transcriptases reversas. Estas também têm sido usadas experimentalmente para se obter DNA complementar (cDNA) a partir de RNA purificado.

As proteínas são as "substâncias nossas de cada dia", servindo para uma extensa lista de funções (Boxe 3.3). Elas são indispensáveis também ao funcionamento apropriado do material genético, seja por meio das enzimas que proporcionam a divisão sem erros do DNA e do RNA, seja pela sua associação com o DNA nos cromossomos. A estrutura gênica é complexa, com regiões codificadoras (éxons) e não codificadoras (provavelmente envolvidas em atividades de regulação, íntrons). Há também regiões responsáveis pelo início da transcrição do gene e sua finalização (Boxe 3.4).

Boxe 3.3 Estrutura e tipos de proteínas

1. Estrutura

Proteínas são moléculas formadas por cadeias lineares de aminoácidos, substâncias compostas por um átomo de carbono central (alfa) ao qual estão ligados grupos amino (NH_2), carboxila (COOH) e um átomo de hidrogênio. Há também uma cadeia lateral ou resíduo, que fornece a cada aminoácido as suas propriedades características. A união (CO-NH de dois ou mais aminoácidos entre si constitui o peptídeo, e uma cadeia polipeptídica de pelo menos 50 aminoácidos (resíduos) é denominada de proteína. A extremidade da cadeia com o grupo amino livre é chamada de amino terminal, e a outra, com o grupo carboxila livre, de terminal carboxila.

   1.1 *Níveis de complexidade*

      1.1.1 *Estrutura primária*: refere-se ao número de cadeias polipeptídicas, a sequência de aminoácidos de cada uma, e a posição das cadeias dissulfeto dentro e entre as cadeias.

      1.1.2 *Estrutura secundária*: tipo de configuração em hélice apresentada por cada cadeia polipeptídica devido à formação de ligações hidrogênio. Duas estruturas periódicas podem ser distinguidas:

         1.1.2.1 *Alfa hélices*: espiral compacta com as cadeias laterais para fora. Cada volta da hélice contém 3,6 aminoácidos.

         1.1.2.2 *Fitas beta*: nesse caso, as cadeias polipeptídicas estão estendidas (a distância entre os aminoácidos adjacentes é o dobro da que ocorre nas hélices alfa). Cadeias adjacentes podem estar em posições paralelas ou antiparalelas.

      1.1.3 *Estrutura terciária*: é a maneira pela qual ocorre o dobramento de cada cadeia.

      1.1.4 *Estrutura quaternária*: refere-se ao modo como as cadeias componentes podem interagir.

   1.2 *Diferenciação longitudinal*

É possível detectar áreas específicas ao longo de uma proteína, diferenciáveis como segue:

1.2.1 *Domínio estrutural ou módulo*: uma unidade compacta, estável, distinguível das outras, que adota uma estrutura tridimensional específica.

1.2.2 *Domínio funcional*: região bem definida que realiza uma função específica; pode ou não ser contínua.

2. Tipos

Podem-se classificar as proteínas de diferentes maneiras. Em termos funcionais os tipos seriam: 1. De Depósito; 2. Enzimáticas; 3. Estruturais; 4. Ligadoras ou carregadoras de substâncias; 5. Motoras; 6. Que se ligam aos ácidos nucleicos (nucleoproteínas); 7. Transdutoras (transmissoras) de sinais; e 8. Transportadoras.

Fonte: Li (1997); King e Stansfield (2002); Vendruscolo e Dobson (2005).

Boxe 3.4 ESTRUTURAS GÊNICA E CROMOSSÔMICA

1. Estrutura gênica

A unidade funcional da herança, o gene, tem uma estrutura complexa; ela será exemplificada por meio de um gene humano, assim caracterizável, da extremidade 5' à 3': 1. Acentuador (*enhancer*); 2. Promotor; 3. Sítio de início da transcrição; 4. Região 5' não traduzida; 5. Códon de iniciação da tradução; 6. Éxon 1; 7. Íntron 1; 8. Demais éxons e íntrons do gene; 9. Códon de término da tradução; 10. Região 3' não traduzida com sinal para a poliadenilação do mRNA; 11. Região de transcrição terminal.

2. Empacotamento do DNA no cromossomo

O DNA associa-se ao cromossomo por meio de estruturas denominadas de nucleossomos. São eles constituídos por um núcleo de oito moléculas de histona, proteínas ricas em aminoácidos básicos, de quatro tipos diferentes (H2a, H2b, H3 e H4), presentes em dose dupla. Ao redor delas enrolam-se 150 pares de bases de DNA, separados da próxima unidade por DNAs de ligação, que variam em tamanho de 15 a 100 pares de bases. Além desse enrolamento primário, há outro, secundário, ao redor das histonas (formando o nucleossomo), e ainda outro, terciário, dos nucleossomos, para constituir as fibras de cromatina que formam alças em um arcabouço de proteínas ácidas não histônicas.

3. Estrutura cromossômica

Nos procariotos, os cromossomos são constituídos simplesmente por DNA de forma circular, abrangendo todo o genoma. Nos eucariotos, o DNA e a proteína, associados como indicado anteriormente, formam unidades (cromossomos) que garantem a transmissão acurada da informação genética tanto na reprodução de organismos unicelulares quanto entre células de indivíduos multicelulares (mitose); e entre gerações (meiose) em espécies sexuadas. Regiões cromossômicas especialmente importantes são os centrômeros, que asseguram a inserção do cromossomo ao fuso acromático durante essas divisões; e os telômeros, nas extremidades, que garantem a sua individualidade. Ambos possuem sequências de DNA repetidas de padrão específico, indispensáveis ao seu funcionamento correto.

Fonte: Borges-Osório e Robinson (2001); King e Stansfield (2002); Joblin, Hurles e Tyler-Smith (2004).

O funcionamento do material genético, portanto, não é simples e depende de muitos fatores (Boxe 3.5). Não é por acaso, portanto, que eventualmente ocorrem falhas no sistema, condicionando alterações (mutações) gênicas ou cromossômicas, as quais fornecem a matéria-prima para a evolução.

3.3 Variação neutra ou seleção?

Até que ponto os mecanismos de variação evolucionária efetivos em nível organísmico são válidos em nível molecular? Dois artigos publicados por pesquisadores japoneses há quase quatro décadas (Kimura, 1968; Kimura e Ohta, 1971) causaram enorme repercussão, que se estende até hoje, ao argumentarem que a seleção natural, considerada o fator principal da evolução orgânica desde a obra seminal de Darwin (1859), não seria importante no comportamento das moléculas. Versões mais recentes dos argumentos relacionados aos modelos (a) estritamente neutro; (b) ligeiramente deletério; e (c) de seleção balanceadora e episódica foram apresentadas, respectivamente, por Kimura (1983), Ohta (1992) e Gillespie (1991). Nei (2007) retornou à questão, sugerindo que a

---

Boxe 3.5 FUNCIONAMENTO DO MATERIAL GENÉTICO: GARANTINDO A CONTINUIDADE DA INFORMAÇÃO E CONSTRUINDO UM NOVO ORGANISMO

1. O DNA assegura a continuidade, através das gerações, de seu conteúdo informativo, pelo processo de replicação, que se desenvolve em íntima associação com diversos tipos de proteínas. A dupla-hélice abre-se em forquilhas de *replicação* com o auxílio de enzimas denominadas DNA-helicases e ocorre o pareamento do nucleotídeo livre com o seu complementar (A-T, G-C). Posteriormente os nucleotídeos são unidos pela ação de outra enzima, a DNA-polimerase, sendo ligados ao filamento molde por novas pontes de hidrogênio com o auxílio da DNA-ligase.

2. A síntese das proteínas para a montagem de um novo organismo ocorre por meio de dois processos consecutivos:

   2.1 *Transcrição*: novamente se rompe a fita dupla, mas agora a cadeia formada é de RNA, sob a ação de três RNA-polimerases: I, a que transcreve o RNA ribossômico; II, a que forma o RNA heterogêneo nuclear (pré-mRNA) e o RNA mensageiro; e III, a que transcreve o RNA transportador. O produto imediato da transcrição, o RNA heterogêneo nuclear ou pré-mRNA, contém todas as estruturas gênicas, incluindo éxons e íntrons. Antes da saída do núcleo, no entanto, esse RNA sofre um *processamento pós-transcricional*, com a remoção dos íntrons e a junção dos éxons não contíguos.

   2.2 *Tradução*: desenvolve-se em três etapas: 1. O mRNA leva a mensagem copiada do DNA até o ribossomo; 2. O tRNA transporta os aminoácidos ativados para essa mesma organela; e 3. As unidades ribossômicas comandam a formação da cadeia polipeptídica. Aqui também pode haver um *processamento pós-traducional*, como a adição de carboidratos, e a clivagem ou ligação com outros polipeptídeos, necessários para a montagem da estrutura secundária da proteína.

Fonte: Borges-Osório e Robinson (2001); Menck e Van Sluys (2004).

evolução fenotípica ocorreria principalmente por meio de mutações que interagem entre si no processo de desenvolvimento, uma posição também adotada por Lynch (2007). Por sua vez, Bernardi (2007) propôs uma teoria denominada por ele de neosselecionista, com papéis importantes para (a) a compartimentalização composicional; (b) processos regionais sobre o material genético; e (c) fatores epigenômicos que envolveriam mudanças na estrutura da cromatina.

Até certo ponto, essas discussões vinculam-se a posições anteriormente reunidas sob a denominação de modelos clássico e do balanço de estrutura populacional, que diferiam na importância atribuída à seleção purificadora (que elimina as variantes prejudiciais) (o primeiro) e à seleção balanceadora (que favorece o novo, fornecendo valores adaptativos mais altos aos heterozigotos) (o segundo); conferir Dobzhansky (1964, 1970).

As duas premissas básicas da teoria estritamente neutra da evolução podem ser apresentadas como segue: 1. A taxa de divergência proteica é proporcional à taxa de mutação e independente do tamanho populacional dos organismos sob consideração; e 2. Os níveis de polimorfismos intrapopulacionais seriam proporcionais ao produto do tamanho efetivo da população (N_e, um parâmetro estatístico idealizado, que calcula o número de indivíduos que irá contribuir para a próxima geração em um dado momento) pela taxa de mutação neutra.

O modelo ligeiramente deletério foi desenvolvido para interpretar evidências que não se adaptavam ao modelo estritamente neutro. Nesse caso, as contribuições relativas das forças determinísticas e estocásticas na dinâmica das mutações irão depender, de maneira crítica, do tamanho populacional. O modelo postula a existência de uma grande classe de variantes com coeficientes de seleção da ordem de $1/N_e$ (a recíproca do tamanho efetivo).

Na seleção balanceadora, os níveis de polimorfismo seriam praticamente independentes do tamanho populacional, com o processo favorecendo o aumento da variação genética intrapopulacional por meio de três mecanismos: (a) sobredominância, isto é, os indivíduos heterozigotos teriam maior valor adaptativo do que os homozigotos; (b) variações no espaço, condicionando pressões seletivas diversas; e/ou (c) variações no tempo, com alelos diferentes sendo favorecidos em épocas distintas.

Ao longo das três últimas décadas do século XX, houve intensa investigação em ampla gama de organismos, testados de diferentes maneiras, para verificar a sua adequação a essas diferentes teorias. Os modelos estritamente neutro e ligeiramente deletério foram desenvolvidos basicamente a partir de dados proteicos. A possibilidade do estudo direto do DNA trouxe uma nova dimensão à análise do problema, mostrando, por exemplo, que enquanto a taxa de mudança nas proteínas era independente do tamanho das gerações nos diferentes organismos considerados, havia efeito considerável desse tamanho na taxa de mudança em nível de DNA.

Deve ser salientado também que o papel fundamental da seleção natural em nível organísmico nunca foi posto em dúvida pelos adeptos da teoria neutralista. A discussão foi centralizada sobre o que ocorreria em nível molecular. As investigações dos últimos anos, por sua vez, mostraram a complexidade da estrutura gênica, que envolve regiões codificadoras e não codificadoras (Boxe 3.4). É óbvio que modificações nessas duas regiões terão consequências muito diferentes, pois no primeiro caso elas poderão afetar o produto gênico, enquanto no segundo elas podem passar despercebidas, embora seja possível que essas regiões não codificadoras possam desempenhar papel importante de regulação da ação gênica. Pequenas alterações em elementos regulatórios, provavelmente, não levam a mudanças importantes de funcionamento. Por outro lado, quantidade não é qualidade. O fato de que determinadas regiões do genoma podem não contribuir de maneira decisiva para a sobrevivência e a reprodução de um indivíduo e, portanto, de seus genes, não invalida a importância de outras partes do genoma para a evolução em geral. Detalhes sobre os argumentos diversamente invocados nessa controvérsia podem ser obtidos em Gillespie (1995); Kreitman e Akashi (1995); no capítulo 14 de Li (1997); e no capítulo 7 de Ridley (2006).

3.4 Em busca de evidências da seleção

Sob o termo seleção natural podem-se distinguir diferentes processos. No caso de um único loco ou região cromossômica, se houver favorecimento de um dos homozigotos, fala-se em **seleção direcional positiva**, e o outro estaria sujeito a uma **seleção direcional negativa** (ou **purificadora**). Nos dois casos, o resultado final será ou a fixação (positiva) ou a eliminação (negativa) do alelo. Portanto, os processos envolvidos tendem a **reduzir** a variabilidade genética populacional. Por sua vez, a **seleção balanceadora** ou **diversificadora**, ao contrário, favorece a variabilidade. O caso clássico é o da **sobredominância**, no qual o valor adaptativo do heterozigoto é superior ao de ambos os homozigotos. Variações ambientais ao longo da área de distribuição de uma espécie podem levar ao favorecimento alternativo de diferentes alelos de um loco, e o mesmo pode acontecer se essas variações ocorrerem ao longo do tempo. São três, portanto, os mecanismos que podem estar vinculados à seleção balanceadora.

Uma característica especial do processo seletivo que vem sendo abordada recentemente é a chamada **varredura seletiva**, que se refere ao processo através do qual uma mutação vantajosa nova elimina ou reduz a variação em sítios neutros ligados à medida que ela aumenta de frequência na população.

Como seria possível identificar esses tipos de seleção em nível molecular? Uma das possibilidades é a comparação das variabilidades intra e interespecífica (Quadro 3.1). Dependendo das alternativas possíveis, pode haver um aumento na proporção de variantes raras (que sugere seleção direcional negativa) ou na de variantes comuns (seleção direcional positiva). O aumento na proporção

Quadro 3.1 O efeito da seleção e mutação na variabilidade intra e interespecífica

Fator evolutivo	Variabilidade		Proporção (2)/(1)	Espectro de frequências
	(1) Intraespecífica	(2) Interespecífica		
Taxa de mutação aumentada	Aumentada	Aumentada	Sem efeito	Sem efeito
Seleção direcional negativa	Reduzida	Reduzida	Reduzida se a seleção não é muito forte	Aumento na proporção de variantes raras
Seleção direcional positiva	Aumentada ou diminuída	Aumentada	Aumentada	Aumento na proporção de variantes comuns
Seleção balanceadora	Aumentada	Aumentada ou diminuída	Reduzida	Aumento na proporção de variantes com frequências intermediárias
Varredura (sweep) seletiva (sítios neutros ligados)	Diminuída	Sem efeito na taxa média de substituição, mas a variância aumenta	Aumentada	Geralmente aumenta a proporção de variantes raras

Fonte: Nielsen (2005).

de variantes com frequências intermediárias sugere seleção balanceadora. Quando há uma varredura seletiva, observa-se um aumento na proporção de variantes raras.

O Quadro 3.2 fornece uma lista de alguns dos testes mais utilizados para a detecção de seleção. O D de Tajima considera em nível intrapopulacional a distribuição das mutações e sua frequência em conjuntos de sequências (espectro de frequências). Se há seleção purificadora, D é menor que zero, enquanto D maior do que zero sugeriria seleção balanceadora. O problema é que resultados equivalentes podem ser obtidos se uma população está em expansão (D<0) ou se existe subdivisão populacional (D>1). Portanto, são necessários testes ou observações adicionais para separar o que é processo seletivo de simples fatores demográficos.

Os quatro outros testes listados após o D de Tajima no Quadro 3.2 também não são imunes a fatores demográficos. Dois deles têm como base o desequilíbrio de ligação, isto é, o grau com que variantes em diferentes posições de uma sequência de DNA estão correlacionadas. Modelagens de varreduras seletivas podem estabelecer os blocos de ligação esperados e seu tamanho, e o padrão obtido testado supondo padrões evolutivos. Dois outros testes F_{ST} e similares e HKA – que são as iniciais de seus autores, R.R. Hudson, M. Kreitman e M. Aguade) comparam se a região genômica sob consideração apresenta ou não níveis de variação interpopulacional mais elevados que os do restante do genoma (F_{ST}); ou se a variação de um loco candidato difere significativamente de outro aparentemente neutro.

Finalmente, os dois últimos testes listados no Quadro 3.2 (MacDonald-Kreitman, proporção d_N/d_S) apoiam-se na análise da proporção de mutações sinônimas (que não alteram o aminoácido que será formado, pelo fato de o código genético ser **degenerado** ou **redundante**, isto é, um mesmo aminoácido pode ser codificado por até seis códons diferentes) e não sinônimas (que condicionam aminoácidos diferentes dos que seriam formados se elas não ocorressem). A grande vantagem desses testes é que seus resultados não serão afetados por fatores demográficos. Na ausência de seleção, $d_N/d_S = 1$; se houver seleção negativa, $d_N/d_S < 1$; e se houver seleção positiva, $d_N/d_S > 1$. Note-se, contudo, que se determinada porção gênica é funcional, de maneira que a maioria das mutações serão deletérias, a quantidade de seleção positiva necessária para elevar a proporção d_N/d_S terá de ser enorme. Por isso, foram desenvolvidos métodos que levam em consideração variações nessa proporção ao longo de uma sequência.

Outros métodos procuram estabelecer inferências sítio-específicas, e a disponibilidade de genomas completos para análise está condicionando novos

Quadro 3.2 Métodos para detectar seleção a partir de sequências de DNA e SNPs (*single nucleotide polymorphisms*)

Teste	Dados necessários	Padrão	Requer locos múltiplos?	Robusto a fatores demográficos?
D de Tajima e similares	Genética de populações	Espectro de frequências	Não	Não
Modelagem de varredura seletiva – padrão espacial	Genética de populações	Espectro de frequências/padrão espacial	Não	Não
Desequilíbrio de ligação (DL)	Genética de populações	DL e/ou estrutura haplotípica	Não	Não
F_{ST} e similares	Genética de populações	Grau de subdivisão populacional	Sim	Não
HKA	Genética de populações e dados comparativos	N° de polimorfismos/substituições	Sim	Não
MacDonald-Kreitman	Genética de populações e dados comparativos	N° de polimorfismos não sinônimos/sinônimos (d_N/d_S)	Não	Sim
Proporção d_N/d_S	Dados comparativos ou de genética de populações sem recombinação	Substituições d_N/d_S	Não	Sim

Fonte: Nielsen (2005); Harris e Meyer (2006). Como definidos aqui, os dados de genética de populações consideram resultados em uma única espécie; os comparativos, duas ou mais espécies. Os primeiros são especialmente apropriados para detectar seleção recente, enquanto os segundos podem obter evidências sobre processos seletivos que ocorreram no passado.

enfoques, envolvendo a totalidade do material genético de determinadas espécies. Um desses modelos denomina-se **campo aleatório de Poisson** (*Poisson random field*), que estima diretamente coeficientes seletivos para tipos particulares de mutações, avaliados a partir de hipóteses específicas, em um enfoque estatístico rigoroso. McVean e Spencer (2006) examinaram criticamente e de maneira sintética como avaliações genômicas podem levar à descoberta de sinais da ação seletiva.

3.5 Seleção "silenciosa"

Já foi salientado na seção anterior que o mesmo aminoácido pode ser formado por diferentes códons sinônimos. Verificou-se, no entanto, que há um viés na utilização desses códons. Por exemplo, 21 dos 23 resíduos de leucina na Proteína II da membrana externa da bactéria *Escherichia coli* (*ompA*) são codificados pelo códon CUG, embora cinco outros códons (UUA, UUG, CUU, CUC e CUA) também codifiquem para leucina. Estudos gerais indicaram que o uso desses códons é espécie-específico. Além disso, ele está vinculado à estrutura e abundância de tRNAs, a chamada hipótese da **oscilação** (*wobbling*), desenvolvida para explicar como um tRNA pode reconhecer dois códons diferentes. O anticódon nos tRNAs é constituído por uma trinca de bases. As duas primeiras irão parear com o mRNA de acordo com a regra básica (A-T; G-C); entretanto, a terceira base do anticódon tem uma certa liberdade de escolha. Assim, U na terceira posição reconhecerá A ou G, e tRNAs com um anticódon CUU podem ligar-se com o códon GAA ou com o códon GAG.

Genes de proteínas ribossômicas de *E. coli* usam códons sinônimos reconhecíveis pelos tRNAs mais abundantes. A explicação é de que isso resultará em um aumento na velocidade e na fidelidade da tradução genética. Na verdade, pelo menos três aspectos da tradução podem ser afetados pelo uso diferencial de códons: taxa de alongamento, custo do processamento de revisão da atividade (*proofreading*) e acurácia da tradução. Estudos sugerem que o tamanho da proteína pode ser reduzido em genes de alta expressão para maximizar a eficiência da tradução. Detalhes adicionais sobre esse importante aspecto do processo evolutivo podem ser encontrados em Li (1997) e Akashi e Eyre-Walker (1998). O certo é que a seleção em nível traducional pode ter um papel importante tanto na composição de substituições de nucleotídeos que não se expressam em nível proteico ("silenciosas") como nas que se manifestam, com reflexos no tamanho tanto de genes quanto de proteínas.

3.6 Comparações com os nossos primos

Sempre tivemos curiosidade quanto às relações entre a espécie humana e os grandes macacos (chimpanzés, gorilas e orangotangos). Depois de muita discussão e pesquisa, agora está firmemente estabelecido que, dos três, o chimpanzé, sem dúvida, é o nosso parente mais próximo. E com a finalização do mapeamento da primeira versão de todo o genoma do chimpanzé (*Pan troglodytes*), e a do genoma humano (*Homo sapiens*) muitos anos antes (2001), tem sido possível a investigação detalhada das semelhanças e dissimilaridades entre esses dois conjuntos de genes. É notável que, apesar das grandes disparidades anatômicas e de comportamento entre as duas espécies, a diferença nucleotídica entre os dois genomas é de apenas 1,2%. Esse valor médio varia porém, de maneira considerável, entre as regiões ortólogas (com origem comum) dos dois conjuntos. Verificou-se também que as diferenças no que se refere a eventos de inserções-deleções (*indels*) são maiores (3%), e que aqueles éxons afetados por *indels* humano-específicos apresentam com maior frequência atividades vinculadas aos mecanismos de transcrição, tradução e atividades regulatórias (Chen et al., 2007).

Quanto tempo atrás começou a separação humanos-chimpanzés? Kumar et al. (2005), com dados de 167 genes nucleares codificadores de proteínas, chegaram à conclusão de que as estimativas anteriores, baseadas em datações fósseis de até 12,5 milhões de anos (Ma) antes do presente (A.P.), teriam de ser revistas. Os resultados por eles obtidos indicam uma faixa de variação entre 5-7 Ma A.P.

Patterson et al. (2006), baseados em 20 milhões de pares de bases (pb) de sequências alinhadas entre humanos, chimpanzés, gorilas (*Gorilla gorilla*) e outros primatas menos relacionados, verificaram que estimativas de tempos de divergência ao longo do genoma variavam amplamente, com muito maior uniformidade sendo encontrada no Cromossomo X. A relativa antiguidade dos restos fósseis, a ampla divergência entre diferentes regiões genômicas e a relativa uniformidade do Cromossomo X poderiam ser explicadas se, após um processo inicial de especiação, ocorressem eventos de hibridação entre esses dois conjuntos. A uniformidade do Cromossomo X seria decorrente da seleção negativa, que levaria à esterilidade pelo menos parcial dos híbridos. Só posteriormente as duas linhagens evolutivas teriam se separado completamente. Nielsen et al. (2005), por sua vez, encontraram evidências de um excesso de genes sujeitos à seleção positiva no Cromossomo X.

A divergência entre as duas espécies é maior no Cromossomo Y (1,8% *vs* 1,2%), e Kuroki et al. (2006) sugeriram o relaxamento das restrições seletivas, seleção positiva, ou ambos os fenômenos, para explicar seus achados, que foram baseados em nada menos do que 13 milhões de pares de bases.

Estima-se (McVean e Spencer, 2006) que a cada ano, desde a separação entre humanos e chimpanzés, ocorreu a fixação de cerca de quatro mutações ao longo do genoma humano. Quais foram os fatores que influenciaram esse processo? Bustamante et al. (2005) verificaram que 9% de 3.377 locos informativos mostraram mudanças rápidas de aminoácidos; e que 13,5% de 6.033 apresentaram indicações de seleção negativa ou balanceadora. Na primeira categoria (processo rápido) estão bem representados os fatores de transcrição, enquanto as proteínas do citoesqueleto mostraram muita variação na linhagem humana, porém posterior à separação entre as duas espécies.

A Tab. 3.1 traz informações adicionais sobre as categorias de processos biológicos que apresentaram evidências de seleção positiva nas linhagens humanos/chimpanzés. Entre 133 categorias diferenciadas na base de dados PANTHER, foram encontrados valores estatisticamente significativos para 12. Excluindo-se uma, não específica, sobram 11, que podem ser agrupadas em quatro grandes grupos. Quase dois terços dos genes (66%) estão envolvidos com a resposta imune, 22% com a percepção sensorial, 8% com a gametogênese e 4% com interferências na divisão celular. Entre estes, destacam-se genes relacionados à olfação, interações patógeno-hospedeiro, espermatogênese e morte celular (apoptose). A alta prevalência de câncer em humanos e outros organismos pode estar relacionada à seleção para a inibição da apoptose na linhagem germinativa. Haveria um conflito evolucionário entre a necessidade

Tab. 3.1 Classificação por categorias de processos biológicos (133 no total) para 3.995 genes que apresentaram evidências de seleção positiva nas linhagens humanos/chimpanzés

Processo biológico	Número
1. Imunidade e defesa	417
2. Percepção sensorial	133
3. Imunidade mediada por células T	82
4. Imunidade mediada por células B e anticorpos	57
5. Gametogênese	51
6. Percepção químio-sensorial	45
7. Inibição da apoptose (morte celular)	40
8. Imunidade mediada por células "natural killer"	30
9. Olfação	28
10. Imunidade mediada por interferons	23
11. Espermatogênese e motilidade do espermatozoide	20
12. Sem classificação	3.069
Classificação por grandes categorias	**%**
1. Imunidade	66
2. Percepção sensorial	22
3. Gametogênese	8
4. Interferência na divisão celular	4

Fonte: Nielsen et al. (2005).

de ampla proliferação celular nos tecidos formadores de gametas e a possibilidade de crescimento celular desordenado nas áreas somáticas. Curiosamente, genes envolvidos em atividades cérebro-específicas parecem não ter evoluído mais rápido em humanos, quando comparados aos chimpanzés (Shi, Bakewell e Zhang, 2006). Note-se, porém, que Prabhakar et al. (2006) encontraram evidências de evolução acelerada independente, tanto na linhagem humana como na dos chimpanzés, em regiões não codificadoras conservadas situadas próximo a genes relacionados à adesão celular neuronal.

3.7 Relógios moleculares

A hipótese do relógio molecular estabelece que, para qualquer macromolécula, proteica ou de DNA, a taxa de evolução é aproximadamente constante ao longo do tempo em todas as linhagens evolutivas. O conceito originou controvérsias desde sua formulação, no início da década de 1960. No entanto, mostrou-se de enorme importância heurística, tendo originado uma enorme quantidade de investigações. O Quadro 3.3 resume os principais eventos relacionados a essa hipótese e indica alguns dos principais responsáveis por esses estudos.

Ao longo dessas quatro décadas de investigações, uma série de pontos tornou-se evidente, e o mais importante é que não se pode falar *no relógio molecular* e sim em diversos relógios moleculares, em razão de múltiplos fatores que influem na variação nesse nível. Entre esses fatores, destacam-se: (a) o tamanho da proteína ou sequência de DNA que está sendo considerada; (b) sua natureza (proteína ou DNA; neste último caso, região codificante ou não codificante); (c) o tempo de divergência evolucionária considerado; (d) o tempo de geração do organismo sob investigação; (e) o tamanho do corpo do organismo; e (f) sua taxa metabólica. Mas é importante salientar que foram desenvolvidos diversos métodos estatísticos para avaliar a eventual heterogeneidade nas taxas de variação em diferentes ramos evolutivos e levar tal variabilidade em consideração. Pode-se, portanto, relaxar a suposição de um relógio molecular estrito, ou estabelecer relógios moleculares locais.

Dois exemplos selecionados da aplicação do conceito a diferentes grupos de organismos podem ser mencionados. Doolittle et al. (1996) examinaram os dados de sequências de aminoácidos de 57 enzimas diferentes. Entre os animais com simetria bilateral, a separação entre protostomados e deuterostomados (que diferem entre si na maneira como a boca é formada) foi datada em 670 milhões de anos atrás, enquanto que plantas, animais e fungos devem ter compartilhado um ancestral comum há um bilhão de anos. Fungos e animais tiveram um ancestral comum mais recentemente do que na comparação de ambos com as plantas. As linhagens dos protistas desenvolveram-se mais rapidamente do que as de outros eucariotos, tendo se separado há cerca de 1,2 bilhões de anos.

Quadro 3.3 Principais eventos relacionados às investigações sobre o relógio molecular

Ano	Evento	Pesquisadores principais
1962	Calibração do primeiro relógio proteico para estimar a época de eventos de duplicação gênica e de especiação.	E. Zuckerkandl, L. Pauling
1963	Proposta de um relógio proteico entre espécies relacionadas, usando outra, mais distante, como ponto de referência.	E. Margoliash
1965	O termo "relógio molecular evolucionário" é proposto formalmente.	E. Zuckerkandl, L. Pauling
1967	A divergência humanos-chimpanzés é datada, por meio desse método, em cinco milhões de anos.	V.M. Sarich, A.C. Wilson
1969	A importância do tempo de geração é quantificada.	C.D. Laird
1971	Os primeiros testes estatísticos, baseados na distribuição de Poisson, são estabelecidos.	T. Ohta, M. Kimura
1976	Desenvolvimento do primeiro teste estatístico de taxa relativa.	W.M. Fitch
1980	Extensão do conceito em nível de DNA.	T. Miyata
1984	Introdução do conceito de autocorrelação das taxas dentro e entre as linhagens evolutivas.	J.H. Gillespie
1985	A comparação do DNA de humanos e camundongos dá suporte à importância do tempo de geração.	W-H. Li
1989	Proposta de utilização de taxas evolucionárias locais.	M. Hasegawa, H. Kishino, T. Yano
1997	Introdução de métodos para estimativas de tempos de divergência usando taxas autocorrelacionadas.	M. Sanderson
1998	Registro de concordância, em seus aspectos mais gerais, entre os relógios baseados em fósseis e moléculas proteicas para os vertebrados.	S. Kumar, S.B. Hedges
2000	Introdução de métodos bayesianos para estimar tempos de divergência sem um relógio molecular.	J.L. Thorne, H. Kishino, I.S. Painter
2003	Análises de muitos genes e muitas espécies que relaxam a suposição de um relógio molecular confirmam as principais divergências entre os mamíferos placentários atuais.	S.J. O'Brien, E. Eizirik, M. Hasegawa, J.L. Thorne, H. Kishino
2003-2005	A validez da "explosão cambriana" é debatida intensamente.	S. Aris-Brosou, Z. Yang, K.J. Patterson, J.E. Blair, S.B. Hedges

Fonte: Kumar (2005).

Por sua vez, Thomas et al. (2006) examinaram dados de sequências de DNA e tamanho do corpo em 339 espécies de cinco filos de invertebrados. Verificaram variação significativa nas taxas evolucionárias em todos os filos e, diferentemente do que fora observado nos vertebrados, ausência de correlação entre o tamanho do corpo e as taxas de substituição nucleotídica nos organismos investigados.

Com o acúmulo de dados relativos a genomas inteiros, ainda não está claro como poderão eles ser integrados em análises de relógios moleculares.

Os métodos atuais podem ser agrupados pela maneira como esses dados são considerados (genes avaliados separadamente ou combinados em um "supergene"), bem como pela maneira como taxas gene-específicas são aplicadas (relógio global ou local). Por outro lado, quando se comparam tempos de divergência entre espécies obtidos por meio de fósseis e de moléculas, verifica-se que estimativas moleculares baseadas em números grandes de genes nucleares ou proteínas (igual ou acima de dez) geralmente fornecem resultados em boa concordância com os paleontológicos (Hedges e Kumar, 2003).

3.8 Filogenética e filogenômica – reconstruindo a história evolutiva

De acordo com a teoria evolutiva, todas as formas vivas evoluíram de um ancestral comum. As relações de ancestralidade/descendência, seja de sequências de DNA ou proteínas, bem como de grupos de organismos em diferentes níveis de diferenciação (populações ou unidades taxonômicas específicas), podem ser convenientemente representadas por meio de árvores, que podem ser **enraizadas** (Fig. 3.1A) ou **não enraizadas** (Fig. 3.1B). O padrão de ramificação de uma árvore, tanto no primeiro como no segundo caso, é denominado de sua **topologia**, e à medida que aumenta o número de unidades consideradas, também aumenta consideravelmente o número de topologias possíveis. No caso de árvores bifurcadas, a Fig. 3.1A indica que, com as quatro unidades consideradas, obtêm-se 15 árvores enraizadas possíveis; porém, se o número de unidades aumenta para dez, o valor correspondente de possibilidades alcança 34,5 milhões! Destas, apenas uma é a verdadeira. Com isso, fica clara a necessidade de métodos matemático-estatísticos sofisticados para qualquer tipo de análise que se queira realizar.

Para uma avaliação correta desses padrões, é importante que sejam levados em consideração três conceitos básicos. O primeiro, **Homologia**, designa uma relação de descendência comum entre duas entidades. O termo foi criado por Richard Owen (1804-1892) em 1843 para designar "o mesmo órgão, em diferentes animais, sob

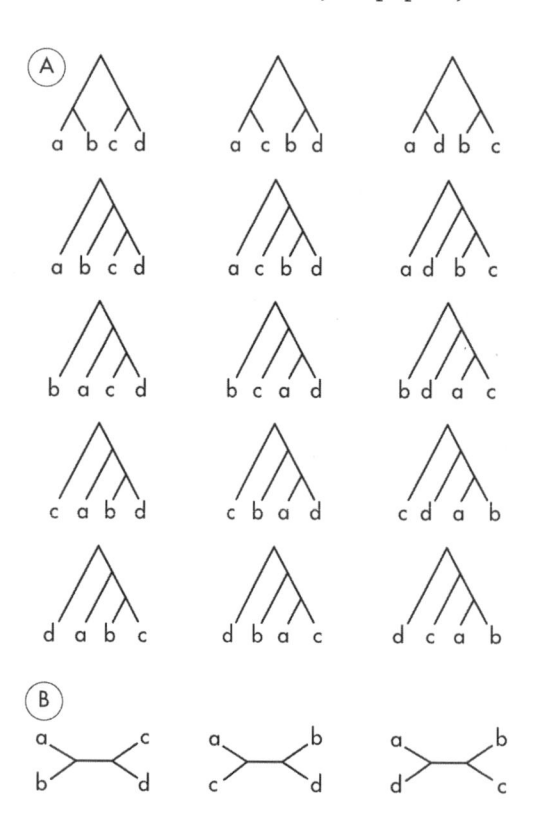

Fig. 3.1 (A) Quinze possíveis árvores filogenéticas enraizadas; (B) Três possíveis árvores filogenéticas não enraizadas, considerando-se quatro unidades taxonômicas
Fonte: Nei e Kumar (2000).

qualquer variedade de forma e função". Sua interpretação em termos evolucionários foi fornecida por T. H. Huxley (1825-1895) em 1860. Os outros dois conceitos básicos (**ortologia** e **paralogia**) só foram desenvolvidos por Walter Fitch em 1970. Ortólogos são genes derivados de um único gene existente no último ancestral comum das espécies comparadas, e parálogos são genes relacionados a partir de uma duplicação anterior. As definições são simples, mas a partir dessa caracterização pode-se distinguir uma série de situações particulares, que foram convenientemente classificadas por Koonin (2005).

Idealmente, as árvores filogenéticas moleculares devem ser baseadas em genes ou regiões genéticas ortólogas. Entretanto, às vezes é difícil estabelecer essa ortologia. Parte-se de similaridades após o alinhamento das sequências, mas à medida que as estruturas consideradas estão mais distantemente relacionadas, esse alinhamento torna-se mais difícil, necessitando-se de pacotes estatísticos que usam algoritmos particulares. Certos eventos podem também perturbar a relação linear esperada entre tempo de evolução e divergência nas sequências consideradas. Por exemplo, as regiões sob exame podem ser similares por terem funções semelhantes, sem terem origem comum (**evolução convergente** ou **paralela**). Esse efeito é denominado de **homoplasia**. O **tempo de coalescência** é aquele existente entre o presente e o último ancestral comum.

Alguns dos métodos mais utilizados para o estabelecimento de inferências quanto às topologias das árvores filogenéticas estão listados e brevemente caracterizados no Boxe 3.6. Eles podem ser subdivididos em dois grandes grupos: um que examina diretamente os estados alternativos de uma série de características (**caráter-estado**) e outro que preliminarmente converte esses padrões em **matrizes de distâncias**. A partir dessa dicotomia, podem-se distinguir diferentes metodologias, algumas com ênfase às soluções mais econômicas (máxima parcimônia) e outras que usam cálculos probabilísticos – máxima verossimilhança, bayesiano; nesse caso, derivados das formulações de Thomas Bayes (1701?-1776). Os algoritmos utilizados em cada caso diferem bastante, e ainda não foi possível estabelecer um método que seja apropriado em todas as situações. É necessário o exame preliminar cuidadoso do conjunto de dados disponíveis e de suas peculiaridades antes da decisão sobre o método a ser empregado.

A disponibilidade de genomas completos em um grande número de organismos está possibilitando novas abordagens, baseadas em características do genoma como um todo (**filogenômica**). Podem-se distinguir três variedades desses métodos; as baseadas: (a) no conteúdo ou repertório gênico; (b) na ordem dos genes nos genomas; e (c) nas frequências de combinações de pequenos conjuntos de nucleotídeos. Detalhes sobre as possibilidades e limitações desses enfoques podem ser encontrados em Delsuc, Brinkmann e Philippe (2005) e Snel, Huynen e Dutilh (2005).

Boxe 3.6 Métodos de inferência filogenética

1. **Caráter-estado**: examina estados alternativos de uma série de características (por exemplo, posição em uma sequência e o nucleotídeo que lá ocorre).
   1.1 *Pesquisa exaustiva*: verifica todas as topologias de árvores possíveis.
      1.1.1 *Máxima parcimônia*: procura a árvore explicável pelo menor número possível de mudanças de caráter.
      1.1.2 *Máxima verossimilhança*: calcula a probabilidade de que uma determinada árvore tenha produzido os dados observados, escolhendo a que apresente a maior probabilidade.
      1.1.3 *Bayesiano*: usa probabilidades *a priori* e calcula probabilidades posteriores.
2. **Matrizes de distância**: primeiro há a conversão das matrizes de características em matrizes de distâncias entre as unidades consideradas.
   2.1 *Pesquisa exaustiva*: (ver acima).
      2.1.1. *Fitch-Margoliash*: procura as árvores com menor ramo.
   2.2 *Agrupamento escalonado*: evita o problema da multiplicidade de árvores possíveis pelo exame de subárvores locais.
      2.2.1 *UPGMA (Unweighted pair group method with arithmetic means)*: provavelmente o método mais antigo e mais simples para obtenção de árvores a partir de distâncias. Usa um processo de cálculo de médias para a formação dos agrupamentos.
      2.2.2 *NJ (Neighbor-joining)*: a construção da árvore ocorre pela formação em sequência de pares de vizinhos.

Fonte: Nei e Kumar (2000); Salemi e Vandamme (2003); Delsuc, Brinkmann e Philippe (2005); Snel, Huynen e Dutilh (2005).

Rodríguez-Trelles, Tarrío e Ayala (2003) acoplaram um enfoque filogenético a análises sobre efeito da seleção natural em enzimas específicas. Eles estudaram os genes da aldeído oxidase (*Ao*) e da xantina desidrogenase (*Xdh*), dois membros da família das xantina oxidases, e verificaram que Ao evoluiu independentemente em duas ocasiões, a partir de parálogos *Xdh*. A primeira duplicação ocorreu algum tempo antes da origem da multicelularidade e a segunda, entre a origem dos protocordados e a ramificação das raias. Após ambas as duplicações, houve períodos de rápida evolução por seleção positiva. Apesar de os dois eventos estarem separados por um bilhão de anos, em quatro dos sete sítios em que se identificou a ação da seleção, ela favoreceu aminoácidos idênticos ou quimicamente similares.

Resta salientar que os fenômenos evolutivos nem sempre podem ser explicados por árvores filogenéticas estritamente bifurcadas. Nos casos de radiação evolucionária explosiva, a representação mais apropriada seria a de uma árvore com múltiplos ramos, as chamadas **politomias**. Mas é difícil distinguir esse fenômeno real de artefatos criados por topologias não resolvidas.

3.9 O universo proteico – estrutura e variação

A Tab. 3.2 fornece alguns números aproximados de unidades genéticas, tipos de proteínas e número de organismos existentes em nosso planeta. Calcula-se o número de famílias de sequências proteicas em 100 mil, mas apenas 10 mil famílias estruturais, já que muitas das primeiras têm a mesma estrutura tridimensional. Algumas das estruturas proteicas têm mais de um domínio, e o número conhecido de dobras nesses domínios é de aproximadamente mil. As dobras estão relacionadas a estruturas específicas que geram a atividade biológica. O tamanho dessas famílias de domínios proteicos varia bastante, mas o tamanho mediano é 41.

Quando se considera somente a similaridade ao longo das estruturas tridimensionais, podem-se distinguir quatro regiões alongadas, definidas pelo conteúdo dos tipos estruturais secundários e seu arranjo topológico: (a) somente alfa-hélices (2α); (b) somente fitas beta (2β); (c) misturas randômicas entre elas ($2\alpha+2\beta$); e (d) combinações das duas (α/β; α/β). Isso sugere restrições seletivas importantes na estrutura proteica. Há uma relação entre essas estruturas e a idade das proteínas. As de idade recente e que estão ainda evoluindo pertencem às classes (a) e (c), e as maduras, à classe (d). Essas conclusões foram baseadas na análise de 1898 cadeias proteicas de 65.532 organismos, realizada por Choi e Kim (2006). Além disso, as famílias assim classificadas organizam-se em grupos funcionais específicos (Hou et al., 2005; Vendruscolo e Dobson, 2005).

As diferentes classes de proteínas evoluem em taxas diferentes, que dependem não somente de sua estrutura e função, como também da posição dos genes codificadores, seus padrões de expressão, sua posição em redes metabólicas e a robustez a erros de tradução (Pál, Papp e Lercher, 2006). A matemática de alguns desses processos foi examinada por Koonin, Wolf e Karev (2002), e estão em pleno desenvolvimento modelos experimentais de montagens de proteínas que servem para compreender os fatores relacionados a essa variação (Bryson et al., 1995).

Tab. 3.2 Ordens de magnitude do número total de unidades genéticas, tipos de proteínas e número de organismos existentes no planeta

Categorias	Ordens de magnitude estimadas
Tamanho genômico (pares de bases)	10^6-10^{11} (1 milhão a 100 bilhões)
Número de genes em um organismo	10^3-10^5 (1 mil a 100 mil)
Número de organismos vivos no planeta	10^7 (10 milhões)
Tamanho do universo proteico	10^{10}-10^{12} (10 bilhões a 1 trilhão)
Número de famílias de sequências proteicas	10^5 (100 mil)
Número de famílias proteicas estruturais	10^4 (10 mil)
Número de dobras proteicas de estrutura conhecida	10^3 (1 mil)

Fonte: Choi e Kim (2006).

Trinta anos atrás, o nosso conhecimento sobre as globinas limitava-se às α- e β-globinas dos vertebrados, às mioglobinas e às hemoglobinas simbióticas das plantas leguminosas. Hoje se conhece uma série de outras globinas, de estruturas as mais variadas, que estão presentes nos três domínios básicos da vida (Archaea, Bacteria e Eukaryota). Elas podem ser classificadas em três linhagens e duas classes estruturais. Ao que parece, suas funções são enzimáticas, e o transporte do oxigênio é um desenvolvimento especializado que acompanhou a evolução dos metazoários (Vinogradov et al., 2005).

A capacidade de evoluir é, em si, um traço selecionável (Earl e Deem, 2004), e como foi salientado anteriormente, a seleção para reduzir a carga gerada por erros de dobramento favorecerá sequências proteicas com robustez aumentada a erros de tradução. A pressão para que isso ocorra aumenta com os níveis de expressão, pois quanto mais expressão, maior possibilidade de erros. Estabelece-se, então, uma relação dialética: apenas proteínas estáveis, e que, portanto, evoluem vagarosamente, irão tolerar mutações com efeito importante, capazes de gerar atividades novas (Drummond et al., 2005; Bloom et al., 2006).

3.10 O gene fragmentado – reflexos

Como evoluiu a estrutura gênica descontínua, com uma sucessão de éxons e íntrons? Basicamente são duas as teorias que procuram explicar como isso ocorreu: a dos **íntrons-cedo** e a dos **íntrons-tarde**. Como os nomes indicam, na primeira postula-se que essas estruturas surgiram já no início do processo evolutivo, seguindo-se retenções, perdas e algum ganho; já na íntrons-tarde, supõe-se que os íntrons foram inseridos em genes preexistentes. A distinção é importante, porque estaria vinculada à troca e ao rearranjo de éxons. No modelo de íntrons-tarde, sugerido inicialmente pela quase ausência de íntrons nos procariotos, não haveria relação entre essas regiões e a estrutura proteica. No modelo de íntrons-cedo, essa quase ausência seria explicada pela ação da seleção natural, vinculada à necessidade de replicação eficiente em organismos com divisão rápida.

No exame dessas questões é importante lembrar que a posição do íntron pode variar dentro de um códon, tendo sido estabelecida uma nomenclatura: fase zero se o íntron ocorre antes da primeira base; **fase 1**, depois da primeira base; e **fase 2** depois da segunda base (Long, Rosenberg e Gilbert, 1995). O excesso de éxons simétricos tem sido interpretado como evidência para o embaralhamento de éxons, já que essa troca, quando flanqueada por íntrons da mesma fase, não perturbaria a leitura da mensagem genética do gene hospedeiro. Vibranovski et al. (2005) encontraram uma relação entre essa simetria e a idade dos domínios proteicos. Domínios antigos, presentes tanto em procariotos quanto em eucariotos, estão mais frequentemente ladeados por íntrons de fase zero e ocorrem principalmente na parte central das proteínas. Domínios modernos, por sua vez, estão mais frequentemente ladeados por íntrons de fase 1 e aparecem predominantemente nas partes finais das proteínas.

Roy, Fedorov e Gilbert (2002) verificaram que os sinais indicadores dessa antiguidade são muitas vezes obscurecidos pela densidade dos íntrons ao longo dos genes. Fedorov, Merican e Gilbert (2002), a partir de extensa base de dados, verificaram que 14% dos íntrons nos animais pareiam com posições equivalentes em plantas, e que 17% a 18% dos íntrons em fungos pareiam com posições equivalentes em animais e plantas. Estes devem ser íntrons ancestrais nos eucariotos. Todos esses resultados indicam que as versões extremas das hipóteses de íntrons--cedo ou íntrons-tarde devem ser substituídas por um modelo misto.

Dwyer (1998) sugeriu que os éxons teriam sido criados a partir de módulos ainda menores, identificados como unidades de duplicação. As sequências nucleotídicas dessas unidades lembrariam as dos elementos genéticos móveis (como os transpósons). Durante a evolução, esses éxons móveis (tréxons) teriam se replicado e dispersado no genoma, promovendo a recombinação homóloga e mais duplicação, eventualmente dando origem a proteínas complexas e famílias multigênicas. A autoassociação dessas unidades também teria sido importante na evolução dos sítios ligantes-receptores das interações proteicas. Resultados semelhantes foram registrados por Zhuo et al. (2007), que salientaram a importância do processamento alternativo no desenvolvimento do processo de fixação desses íntrons.

3.11 Menos é mais

A expressão paradoxal "menos é mais" foi adotada por Olson (1999) para a sua hipótese de que a perda de uma função gênica pode representar uma resposta evolutiva comum de populações que estão sofrendo mudanças ambientais e, portanto, alterações no padrão de pressões seletivas. Com respeito à dispensabilidade de funções genéticas, a levedura *Saccharomyces cerevisae* é um dos organismos mais interessantes a considerar. Esse eucarioto unicelular possui todas as funções essenciais para um organismo nesse nível de diferenciação, mas apresenta apenas cerca de seis mil genes, o que corresponde a 0,5% do tamanho de um genoma de mamífero. Além disso, 85% de seus genes podem ser inativados sem um efeito observável na viabilidade haploide. Deve-se considerar, no entanto, que essa levedura apresenta a propriedade de autofecundação em condições naturais, que proporciona a possibilidade de formação rápida de homozigotos para uma mutação benéfica vinculada a uma perda gênica, o que não é verdadeiro para organismos de reprodução sexual cruzada.

As perguntas que podem ser feitas são, portanto: (a) quão comum é essa inativação de uma função gênica determinada (ou pseudogenização) em diferentes organismos?; e (b) em que proporção está ela ligada a fatores seletivos positivos? Wang et al. (2006) abordaram esse problema por meio de comparações entre humanos e chimpanzés. Partindo da informação existente sobre o genoma humano, eles localizaram 19.537 pseudogenes humanos, dos quais 1.781 eram não processados. Destes, 887 apresentavam pelo menos uma mutação em seu quadro aberto de leitura, e deles foram selecionados 83 que eram ortólogos aos presentes em chimpanzés. Após outros processos de seleção, chegaram ao número de 67 pseudogenes não processados especificamente humanos. A análise das funções anteriores desses pseudogenes, mais 13 identificados na literatura, indicou um excesso de representação daqueles relacionados à quimiorrecepção (olfação e gustação) e à resposta imune. Portanto, esses silenciamentos de funções não parecem ocorrer ao acaso. Os autores indicados analisaram em detalhe o alelo nulo da *CASPASE 12*, um gene relacionado ao processamento de citocinas inflamatórias, início e execução da apoptose (morte celular). O alelo nulo *T* está fixado em uma amostra de 347 não africanos e apresenta uma frequência de 89% em 776 habitantes da África, tendo sido verificado que ele está associado com uma incidência e mortalidade reduzidas à sepsia grave.

Quatro outros exemplos de que, muitas vezes, menos é mais, podem ser mencionados. Os dois primeiros referem-se aos casos bem conhecidos de: 1. a relação entre a ausência de antígenos a e b no sistema sanguíneo Duffy e a resistência ao *Plasmodium vivax* (Tournamille et al., 1995); e 2. a resistência à AIDS (síndrome da imunodeficiência adquirida) de indivíduos homozigotos para a mutação nula no gene *CCR5* (receptor da quimocina 5) (Stephens et al., 1998). Por sua vez, Stedman et al. (2004) verificaram que o gene que codifica a cadeia pesada da miosina (*MYH*), expressa nos músculos mastigatórios dos hominoides, foi inativado na linhagem humana após sua separação da linhagem dos chimpanzés. Nesse caso, a redução no aparelho mastigatório pode ter favorecido, de maneira indireta, o aumento na capacidade craniana típica de nossa espécie.

O quarto exemplo refere-se a um trabalho de nosso grupo com o gene *PAX9* (*Paired box homeotic gene 9*), que pertence a uma família gênica que codifica para fatores de transcrição importantes no desenvolvimento ontogenético de ampla gama de organismos. As proteínas PAX são definidas pela presença de um domínio de ligação ao DNA de 128 aminoácidos, o domínio pareado, que realiza contatos específicos de sequência com o DNA. Em mamíferos, o gene *PAX9* atua nas bolsas faringeais, na coluna vertebral e no mesênquima derivado da crista neural dos arcos maxilares e mandibulares, contribuindo para a formação dos dentes e do palato. Em camundongos nocaute sem o gene, o desenvolvimento dentário é interrompido no estágio de botão embrionário.

Pereira et al. (2006) sequenciaram 2,1 kb de toda a região dos quatro éxons de *PAX9* e as regiões limites éxon-íntron (1,1 kb) de 86 indivíduos asiáticos, europeus e ameríndios. Verificaram eles que a variação estava limitada ao éxon 3 e investigaram a prevalência de uma mutação lá ocorrida em 350 poloneses.

Além disso, regiões ortólogas de quatro espécies de macacos do Novo Mundo e um gorila foram também sequenciadas e comparadas com as de nove outras espécies de vertebrados disponíveis na literatura. Observou-se notável conservação nessas comparações interespecíficas (nenhuma diferença entre humanos e camundongos, separados evolucionariamente há 64-74 milhões de anos!). Entretanto, a referida mutação no éxon 3 (Alanina-240-Prolina) apresentou-se bastante polimórfica em europeus (23%). Qual seria a razão para essa alta prevalência? No estudo realizado, não foi encontrada relação entre a frequência da mutação e a hipodontia/oligodontia ou lábio leporino/palato fendido em poloneses. Porém, estudos realizados por outros autores mostraram que a homozigose para a mutação condicionava a ausência de terceiros molares. Ora, em razão das mudanças drásticas de dieta observadas nas populações humanas ao longo do tempo, está havendo redução das arcadas dentárias, condicionando o mau posicionamento ou inclusão na arcada dentária dos terceiros molares. Além disso, eles estão mais sujeitos a infecções diversas, cáries e tumores. Portanto, qualquer fator que condicione a sua supressão, como a mutação anteriormente referida, seria favoravelmente selecionada.

É óbvio que nem toda a supressão de função é benéfica. Como um contraexemplo, pode-se mencionar que mutações na proteína pressenilina, que condicionam a perda de suas funções, devem ser um fator etiológico importante na doença de Alzheimer (Shen e Kelleher, 2007).

3.12 Fartura também é bom

Como se costuma dizer, quem economiza sempre tem. Ao longo da evolução, surgiram variados mecanismos de redundância, os quais acumulam DNA do mesmo tipo ou repetitivo que contribuem para uma mesma função, especialmente quando ela é importante. O Quadro 3.4 lista 18 desses mecanismos, bem como 13 outros que exercem atividade contrária, antirredundante. Naturalmente, a ênfase em um ou outro desses fenômenos irá depender da estratégia evolutiva da espécie. Em microrganismos, nos quais é muito importante a reprodução rápida, a redundância, com o aumento do genoma, é prejudicial. Em organismos multicelulares, por sua vez, a situação é mais complexa, pois envolve dois níveis de seleção: o celular e o organísmico.

De uma maneira geral, espera-se o favorecimento da redundância, com valores seletivos baixos, em populações pequenas; e o inverso seria verdadeiro em populações grandes. Quando há conflito entre os níveis celular e organísmico, desenvolvem-se estratégias de compensação, seja através de adaptações moleculares ou ecológicas (diferentes histórias de vida). Em organismos com redundância, os elementos gênicos regulatórios são múltiplos e a expressão gênica é correlacionada. Exemplos clássicos de origem de redundância são a duplicação gênica e a poliploidia. Na estratégia antirredun-

Quadro 3.4 Mecanismos para a criação da redundância e da antirredundância em nível celular

Redundância (taxa de seleção baixa)	Antirredundância (taxa de seleção alta)
Duplicação gênica	Quadro de leitura sobreposto
Uso de códon neutro	Viés de códon não conservativo
–	Silenciamento gênico
Poliplodia	Haploidia
Elementos regulatórios múltiplos para *n* genes	Elemento regulatório simples para *n* genes
Proteínas acompanhantes ("chaperonas") e de choque térmico	–
Genes de sinalização (*checkpoint*) que promovem o reparo	Genes de sinalização (*checkpoint*) que induzem a apoptose
Indução de telomerase	Perda de telomerase
Dominância	Dominância incompleta
Autofagia	–
Controle pelo mRNA	–
Transmissão em massa	Reduções populacionais na transmissão
Controle de qualidade molecular	–
Moléculas supressoras de tRNA	–
Modularidade	–
Cópias múltiplas de organelas	Cópias simples de organelas
Rotas metabólicas paralelas	Rotas metabólicas em série
Expressão gênica correlacionada	Expressão gênica não correlacionada
Reparo de erros no DNA	Perda de reparo de erros

Fonte: Krakauer e Plotkin (2002).

dante, existem genes de sinalização (*checkpoint*) que induzem a morte celular dos eventuais mutantes.

As distribuições de repetições diméricas adjacentes (em tandem) em sequências codificadoras e não codificadoras de DNA de quatro organismos (*Saccharomyces cerevisae*, a levedura de cerveja; *Caenorhabditis elegans*, um verme; *Mus musculus*, o camundongo; e *Homo sapiens*, nós mesmos) foram analisadas por Dokholyan et al. (2000). Existem 16 possibilidades de combinações, considerando-se os quatro ácidos nucleicos que compõem o DNA (AA, TT, TA, AT etc.), e os autores notaram que, enquanto nas regiões codificadoras as distribuições desses dímeros seguiam uma função exponencial, nas não codificadoras havia caudas longas, sugerindo uma função do tipo multiplicativo. Eles concluíram haver uma pressão evolucionária forte contra a expansão dessas repetições em tandem nos éxons, possivelmente para garantir um funcionamento proteico adequado, talvez relacionado com seu dobramento. No caso dos íntrons e das sequências intergênicas, esse controle não é tão estrito, e a função multiplicativa pode ser decorrente da estrutura intrínseca do DNA. Repetições diméricas longas, contudo, podem levar a uma instabilidade genômica, de maneira que mecanismos de reparo devem agir para evitá-las. Existem também diferenças interespecíficas: enquanto nos humanos e nos camundongos o tamanho dessas repetições não passa de 40 cópias, em *C. elegans* essas regiões repetidas podem alcançar até 100 cópias.

3.13 Partindo para o novo

Não adianta nada acumular material imprestável. A evolução, porém, desenvolve-se por meio de novidades. As perguntas, portanto, são: (a) como podem ser gerados e fixados novos genes?; e (b) com que frequência esse fenômeno ocorre? O Quadro 3.5 lista sete mecanismos através dos quais podem se formar novas estruturas gênicas. O mais amplamente conhecido é o de duplicação cromossômica. Por meio de uma recombinação desigual na meiose, formam-se cromossomos-filhos com determinada região duplicada, em tandem, que ficará ausente no seu homólogo. Posteriormente, um dos segmentos poderá divergir do outro e, eventualmente, adquirir nova função. Outros mecanismos intraespecíficos de formação de novos genes, listados e caracterizados no Quadro 3.5, são o embaralhamento de éxons, a retroposição, a fissão-fusão e a origem "de novo". Por outro lado, a novidade pode ocorrer a partir de material que se deslocou entre espécies diferentes, por meio da transferência gênica lateral de elementos móveis (revisões em Bushman, 2002; Richardson e Palmer, 2007). Por exemplo, há sugestões de que a capacidade que os retrotranspósons têm de usar as extremidades livres de cromossomos lineares como substrato para a retrotransposição pode estar vinculada à origem das telomerases, enzimas relacionadas ao funcionamento dos telômeros (Curcio e Belfort, 2007).

A frequência aproximada com que esses eventos ocorrem também está indicada no Quadro 3.5. Essas avaliações só se tornaram possíveis com as modernas técnicas de estudos moleculares. Sabe-se, por exemplo, que somente 1% dos genes humanos não têm similaridades com os de outros animais, e que somente 0,4% dos genes do camundongo não têm homólogos humanos. Essa informação, no entanto, não basta, pois não se sabe se esses genes órfãos são novidades evolutivas, sobreviventes antigos, ou genes que perderam sua identidade em decorrência de transformações radicais. Torna-se necessária a comparação caso a caso para estabelecer a natureza e a extensão das diferenças e a reconstrução do processo formador. Isso foi feito com relação a pelo menos 22 genes, de espécies que incluem desde protozoários até primatas, com as prováveis idades de sua formação variando entre 100 mil (*FOXP2*) e 110 milhões (*Citocromo C1*) de anos atrás (Long et al., 2003).

Quadro 3.5 Mecanismos moleculares envolvidos na formação de novas estruturas gênicas

Mecanismos	Informação adicional, frequência
1. *Embaralhamento de éxons*: recombinação de éxons e domínios de genes diferentes.	Estima-se que cerca de 19% dos genes em eucariotos tenham se formado dessa maneira.
2. *Duplicação gênica*: após a duplicação de uma região do DNA, ocorre divergência e eventual nova função.	Este é o mecanismo reconhecido há mais tempo de formação de novos genes.
3. *Retroposição*: através da transcrição reversa, via um RNA intermediário, ocorre duplicação em novas posições do genoma.	Calcula-se que o fenômeno ocorra em 1% do DNA humano.
4. *Elementos móveis*: capazes de transposição entre espécies, seriam diretamente recrutados pelos genes do hospedeiro.	Devem gerar cerca de 4% dos novos éxons em genes codificadores de proteínas humanas.
5. *Tranferência gênica lateral*: transmissão lateral de material genético entre espécies diversas.	Especialmente importante em microrganismos, mas existem também registros recentes em plantas.
6. *Fissão-fusão gênica*: dois genes adjacentes fusionam-se, ou um único gene divide-se em dois.	Fenômeno envolvido em aproximadamente 0,5% dos genes de procariotos.
7. *Origem de novo*: formação de uma região codificadora a partir de uma não codificadora.	Fenômeno provavelmente raro para a origem de um gene completo, mas que pode não ser raro para a formação de partes de um gene.

Fonte: Long et al. (2003).

3.14 Famílias multigênicas

Todos os genes que pertencem a um determinado grupo de sequências repetidas descendentes de um ancestral comum são denominados de **família multigênica**, as quais podem ocorrer em proximidade umas das outras no mesmo cromossomo ou em cromossomos diferentes. Para exemplificar os processos evolucionários em tais regiões genômicas, será considerada aqui a superfamília das desidrogenases de cadeia média/redutases (MDR), constituída por quase mil membros, e, mais especificamente, as desidrogenases alcoólicas (ADH), que foram descritas em todos os grandes grupos de organismos vivos, desde as bactérias até uma grande variedade de plantas e animais.

Todos os resultados indicam ser a ADH3 a forma original. Os genes *Adh3* são constituídos basicamente por 11 éxons e 10-12 íntrons, os quais codificam para uma enzima NAD^+ (dinucleotídeo de nicotinamida-adenina)-dependente dimérica de 40 kDa (quilodáltons). O número de resíduos de aminoácidos em cada subunidade varia de 373 a 383, e a forma ativa é estruturada em dois domínios: um de ligação à coenzima na interface do dímero e o outro, catalítico, distal a ela. O sítio ativo está localizado na fenda entre os dois domínios.

A partir de ADH3 surgiram sete outras formas (ADH1, ADH2, ADH4-8). Nos invertebrados só se encontra ADH3, mas, a partir da duplicação em tandem que originou a ADH1 (a desidrogenase hepática do etanol clássica), foram surgindo as outras. Calcula-se que esse evento de duplicação tenha ocorrido há 500 milhões de anos (Gonzàlez-Duarte e Albalat, 2005).

Nosso grupo (Thompson et al., 2007) está particularmente interessado nas ADHs de plantas, tendo sido investigados 1.155 sítios de DNA de 176 sequências obtidas de plantas classificadas, 94 como monocotiledôneas, 75 como dicotiledôneas e sete como gimnospermas. Uma filogenia simplificada das relações obtidas com o método de "neighbor-joining" é apresentada na Fig. 3.2. Duplicações recentes foram detectadas nas famílias Paeoniaceae e Cyperaceae, indicando que as sequências de *Adh1* e *Adh2* de ambas são mais relacionadas entre si do que com as de outras espécies. Essas duplicações devem ter ocorrido após a diversificação dessas duas famílias botânicas. Outra duplicação, responsável pela separação entre *Adh1a* e *Adh1b*, está representada na base do clado das Paeoniaceae. As taxas de mutações não sinônimas/sinônimas não mostraram sinais de seleção positiva. No entanto, os coeficientes de divergência funcional entre os conjuntos gênicos *Adh1* e *Adh2* indicaram mudanças sítio-específicas de taxas evolucionárias entre eles, bem como entre diferentes famílias botânicas, sugerindo que restrições funcionais alteradas podem ter ocorrido com relação a determinados resíduos de aminoácidos após a sua diversificação. Representações tridimensionais da molécula com a indicação da posição de alguns desses resíduos são apresentadas nas Figs. 3.3A e 3.3B.

Esses estudos foram continuados por Thompson et al. (2010) por meio da correlação entre a diversificação funcional das ADHs e as estruturas tridimensionais obtidas para 17 ADHs de espécies das famílias Poaceae, Brassicaceae, Fabaceae e Pinaceae. O volume, o peso molecular e as áreas de superfície não são marcantemente diferentes entre elas. Porém, foram observadas diferenças importantes eletrostáticas e de ponto isoelétrico,

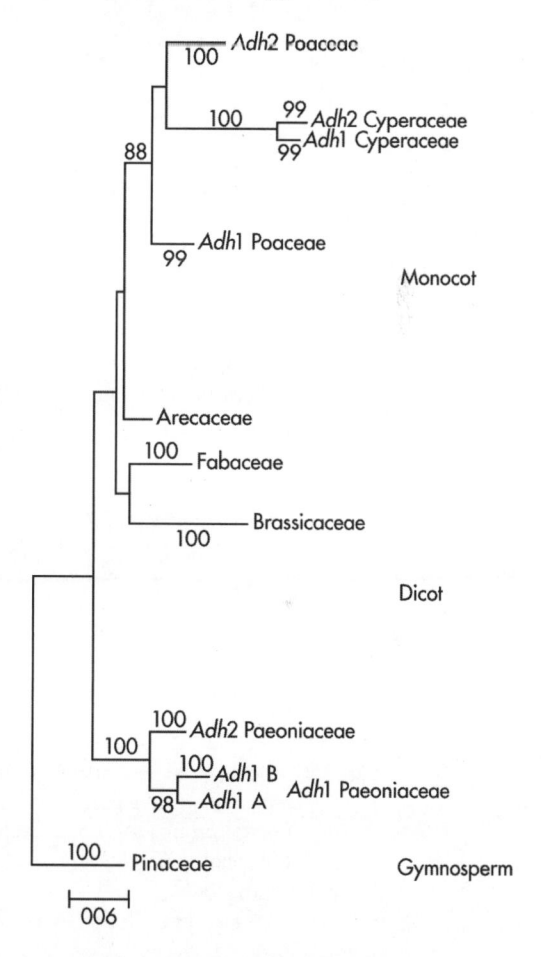

Fig. 3.2 Árvore filogenética simplificada das sequências de DNA das álcool-desidrogenases. Os números indicam valores de *bootstrap*, que fornecem o grau de confiabilidade das relações apresentadas em percentagens

Fonte: Thompson et al. (2007).

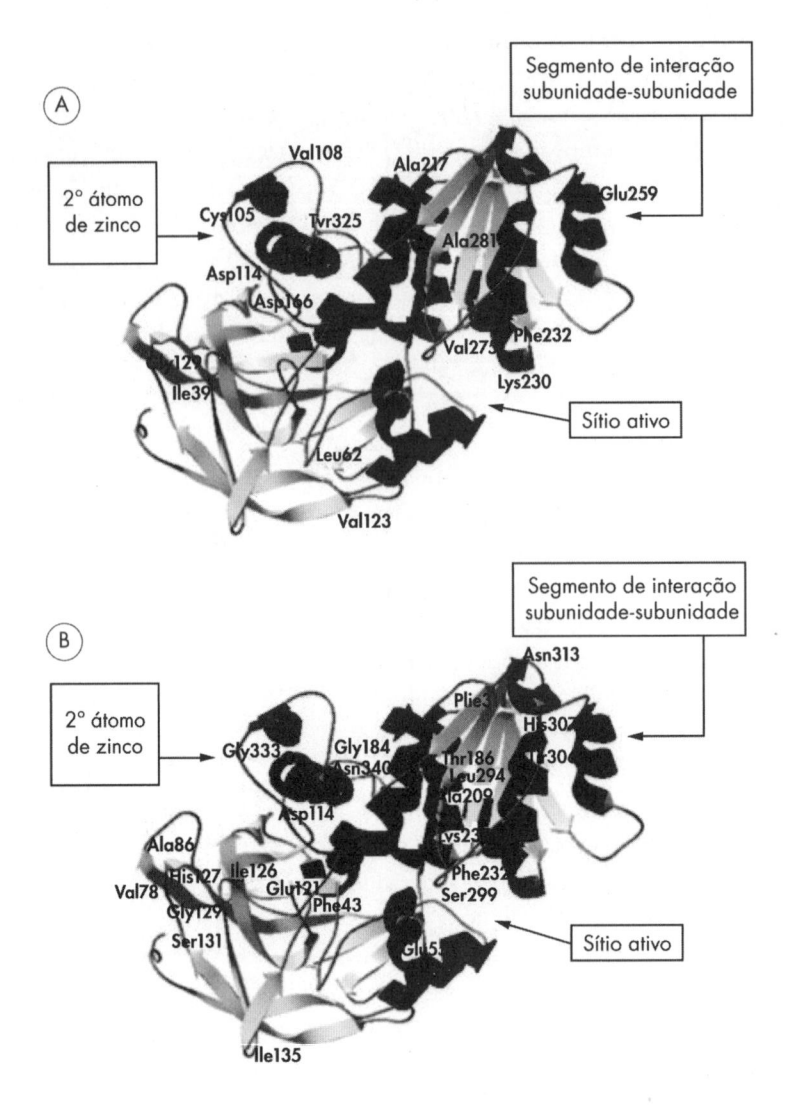

Fig. 3.3 Modelos tridimensionais das álcool-desidrogenases mostrando os resíduos de aminoácidos que presumivelmente estão submetidos a restrições funcionais alteradas após (A) a duplicação *Adh1/Adh2* e (B) a diversificação das famílias botânicas indicadas na Fig. 3.2
Fonte: Thompson et al. (2007).

tendo sido identificados os resíduos responsáveis por algumas delas, o que corroborou a hipótese de que elas são funcionalmente diversificadas.

3.15 Nós e os outros

Análises sobre os mecanismos de defesa que os organismos possuem para evitar agressões externas geralmente se concentram no sistema imune dos vertebrados. Com a descoberta da quase universalidade da transferência gênica horizontal, possibilitada pela revolução molecular (para exemplos nos genomas mitocondriais de plantas, ver Richardson e Palmer, 2007), tais análises têm de ser ampliadas para incluir, além de proteínas e outros elementos insultantes, o DNA. É fato bem conhecido, também, que existe uma corrida armamentista entre hospedeiros e agentes infecciosos no desenvolvimento de mecanismos de ataque e defesa, e as mudanças em um deles são geralmente respondidas por alterações no outro.

O Boxe 3.7 apresenta os tipos de mecanismos de defesa que podem ocorrer em procariotos e eucariotos, bem como as respostas que surgem nos agentes agressores, seja para facilitar a infecção ou para evitar a ocorrência de competidores. Como se pode avaliar, há ampla variabilidade, que, em geral, está condicionada pela natureza organizacional tanto dos hospedeiros quanto dos organismos infectantes.

Boxe 3.7 RELAÇÕES PARASITA-HOSPEDEIRO – AGRESSÃO E DEFESA (DNA E PROTEÍNA)

1. **Mecanismos de defesa**
    1.1 Procariotos
        1.1.1 Enzimas de restrição, que são sempre pareadas com enzimas de metilação do DNA para evitar a autodestruição.
        1.1.2 Sistemas de reparo de pareamento errado.
    1.2 Eucariotos
        1.2.1 Regulação da recombinação homóloga (como em 1.1.2).
        1.2.2 RNA de interferência, cossupressão.
        1.2.3 Mutações de ponto induzidas por repetições (especialmente importantes em fungos).
        1.2.4 Metilação do DNA.
        1.2.5 Sistema adaptativo imune dos vertebrados (humoral, celular). Receptores Toll-like (primeiramente identificados em *Drosophila*).
        1.2.6 O sistema de interferons (alfa, beta, gama).
        1.2.7 Outros, ativos contra retrovírus e retrotranspósons (sistemas Fv1 e Fv4; proteína do fator de infecciosidade viral, Vif, sistema proteossômico).

2. **Respostas nos agentes agressores**
    2.1 Controle transcricional.
    2.2 Regulação por montagem ordenada.
    2.3 Sistemas de exclusão heteroimune de fagos para bloquear o crescimento de outros fagos.
    2.4 Regulação da transformação (capacidade de assimilar DNA do meio ambiente).
    2.5 Proteínas transposase negativas dominantes.
    2.6 Controle traducional da síntese de transposase.

Fonte: Bushman (2002).

3.16 Resistência a patógenos em plantas

As plantas não têm um sistema circulatório e, portanto, não podem depender de um sistema imune especializado proliferativo especificamente localizado. Cada célula deve ser capaz de se defender, mas existem rotas transdutoras de sinais que são importantes na montagem da resposta.

Há dois tipos de mecanismos envolvidos na resistência: os induzidos e os constitutivos (que existem independentemente de qualquer estímulo externo). Uma rápida reação ao ataque realiza-se por meio da **resposta hipersensível**, que resulta na morte celular ou tecidual no sítio da infecção, evitando a sua expansão. Essa resposta local muitas vezes aciona uma resistência não específica por toda a planta, um fenômeno conhecido como **resistência sistêmica adquirida**. Há um aumento brusco nas espécies reativas de oxigênio, que podem matar o patógeno invasor ou agir de várias outras maneiras, como fortalecer a membrana celular, ativar fluxos de íons, de proteínas G ou proteínas quinases, das fitoalexinas e das proteínas relacionadas à patogênese (PRs). Inicia-se também aí a biossíntese de ácido salicílico, que tem um papel fundamental no desencadeamento de todos esses processos (Baker et al., 1997; Dempsey, Shah e Klessig, 1999). O sistema de reconhecimento da planta é mediado por receptores. Aqueles que respondem a infecções por fungos parecem residir preferencialmente na membrana plasmática, enquanto os que reagem a infecções virais e bacterianas estão no interior das células (Nürnberger, 1999).

A arquitetura genética responsável por essa resistência envolve basicamente duas categorias: (a) os genes R dominantes, geralmente dirigidos a um alvo específico, o produto dos genes Avr (avirulentos) dos patógenos, moléculas antigênicas denominadas provocadoras (*elicitors*); ocorre aí, portanto, um sistema de interação gene a gene; e (b) poligenes, genes que individualmente apresentam efeito pequeno, mas que, interagindo com outros e com o meio ambiente, condicionam resistência. Dezenas de genes R e Avr já foram clonados, possibilitando um exame detalhado de sua função. Os genes R ocorrem frequentemente agrupados no genoma e codificam proteínas com motivos em comum, em especial regiões repetidas ricas em leucina (LRR). Tem sido proposto que a evolução desses genes envolve seleção divergente de resíduos expostos por solventes nessas regiões LRR (De Witt, 1997; Cook, 1998; Michelmore e Meyers, 1998; Kover e Caicedo, 2001).

3.17 Proteínas relacionadas à patogênese

As proteínas relacionadas à patogênese, já mencionadas na seção anterior, constituem-se em um tipo especial de substâncias que se desenvolveram como um mecanismo de defesa das plantas e outros organismos contra uma série de fatores bióticos e abióticos. Suas propriedades físico-químicas incluem:

(a) grande estabilidade em pHs muito baixos (ao redor de 3,0); (b) resistência relativa à ação de enzimas proteolíticas endógenas e exógenas; (c) estrutura geralmente monomérica de baixo peso molecular (8-100 kDa); e (d) localização preferencial em espaços intercelulares. Embora geralmente não sejam detectadas em plantas sadias, nas infectadas ou submetidas a tratamento químico alcançam 10% das proteínas solúveis nas folhas. Levando em consideração uma série de características físicas, estruturais, funcionais e moleculares, elas foram divididas, até agora, em 17 famílias (PRs 1 a 17; http://www.bio.uu.n1/~fitopath/PR-families.htm).

As PRs apresentam ampla gama de funções. Elas podem ser hidrolases, fatores de transcrição, inibidoras de proteases, enzimas associadas com várias rotas metabólicas e produtos alergênicos. Seus motivos funcionais estão envolvidos com a maturação do esperma em roedores, proteínas de armazenamento nas sementes, desenvolvimento e diferenciação floral em plantas, e crescimento tumoral em humanos. É possível, portanto, que as suas funções defensivas tenham evoluído após a sua emergência como famílias gênicas.

Os estudos do grupo de Porto Alegre com essas proteínas envolveram: (a) sua indução em 14 genótipos de trigo, com a identificação das PRs 1, 3 e 5 (Freitas, Koehler-Santos e Salzano, 2003a); (b) as relações filogenéticas em sete PRs. Comparações dentro das famílias envolveram 79 espécies, 166 sequências de aminoácidos e 1.791 sítios. Foram encontradas 124 isoformas em 37 espécies, uma média de 3,3 por espécie. Trinta e uma das 37 (84%) tenderam a se agrupar. Dos 17 agrupamentos distinguidos nas sete árvores filogenéticas, 10 (59%) mostraram concordância com o seu *status* taxonômico, avaliado em nível familial. As fortes similaridades entre as formas intraespecíficas quando comparadas às interespecíficas sugeriam algum tipo de conversão gênica, mas a ocorrência rara de isoformas drasticamente diferentes também apontava para a ação da seleção diversificadora. As PRs 1, 6 e 4 mostraram-se menos diferenciadas entre si do que as PRs 3, 2, 10 e 5 (Freitas, Bonatto e Salzano, 2003b); (c) a questão da ocorrência ou não de seleção positiva entre elas. Treze classes de PRs foram investigadas, envolvendo 194 sequências de 54 espécies classificadas em 37 gêneros. Métodos estatísticos sofisticados indicaram a ocorrência de tal tipo de seleção em sítios específicos das PRs 4, 6, 8, 9 e 15 (Scherer et al., 2005); (d) a investigação de um tipo específico de PR10, as Bet v 1 – homólogas em *Passiflora* (Finkler et al., 2005); e (e) a modelagem molecular de quatro isoformas da PR5 (Fig. 3.4). Podem-se distinguir três domínios distintos: o nuclear; um segundo com a alfa-hélice principal; e o terceiro, constituído por fitas beta ligadas por uma alça. Os domínios I e II, juntos, formam uma grande fenda central que, provavelmente, envolve o sítio ativo, e as principais diferenças estruturais entre as quatro PR5 localizam-se na vizinhança da fenda (Thompson et al., 2006).

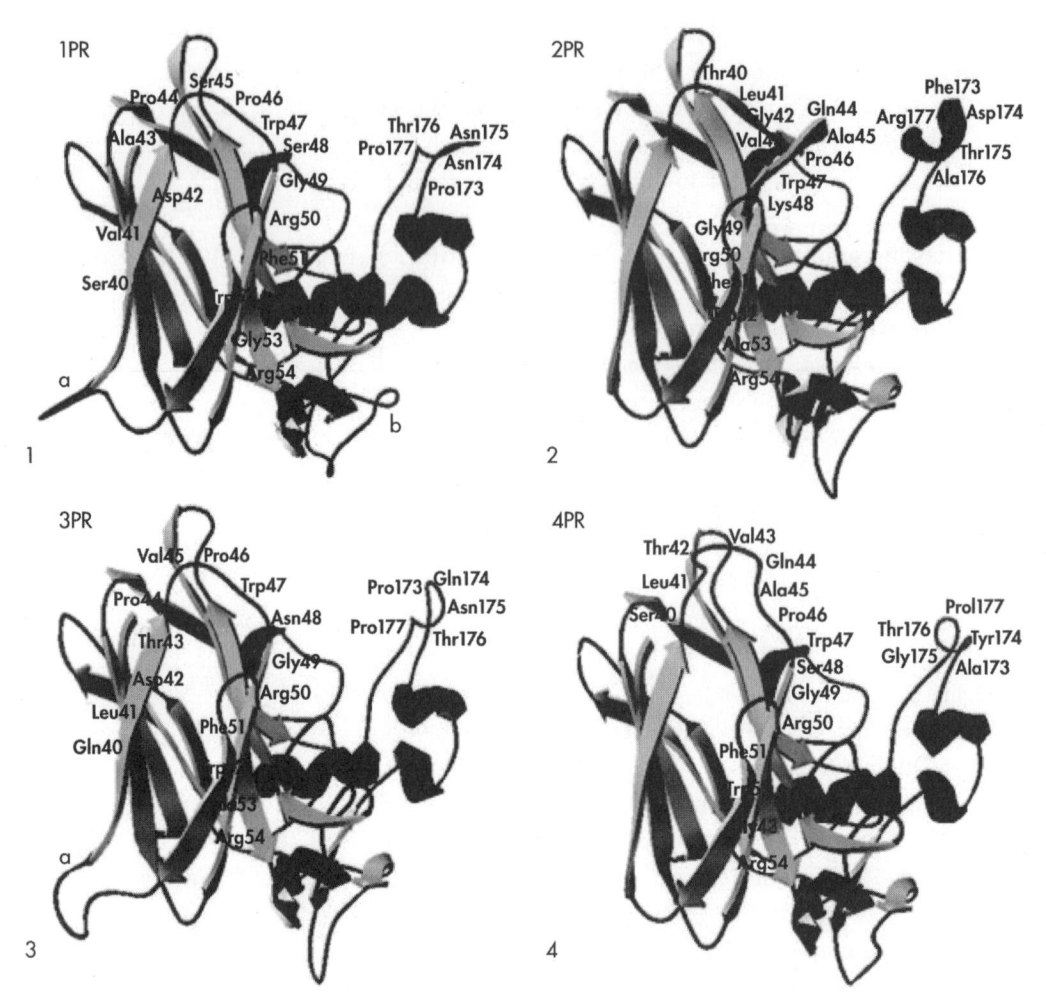

Fig. 3.4 Modelos tridimensionais de quatro isoformas de proteínas relacionadas à patogênese da Família 5. As posições dos aminoácidos 40-54 e 173-177 estão indicadas. As estruturas secundárias estão representadas por diferentes gradações de cor, cinza-claro: fitas beta; preto: alfa-hélices; cinza-escuro: alças. A letra *a* indica a presença de uma alça extensa em 1PR e 3PR ausente nas outras duas isoformas; e *b*, a ausência de uma fita beta em 1PR
Fonte: Thompson et al. (2006).

3.18 As imunoglobulinas dos vertebrados

As imunoglobulinas (ou anticorpos) têm um papel fundamental no sistema imune dos vertebrados. Elas se formam nos linfócitos B, que nos mamíferos amadurecem na medula óssea, e são secretadas pelas chamadas células plasmáticas. Funcionam reconhecendo e ligando-se a antígenos não próprios, presentes em vírus, bactérias e outros parasitas. Com isso, inicia-se uma série de respostas imunológicas, vinculadas à eliminação desses agentes estranhos. Estruturalmente elas apresentam dois domínios funcionalmente distintos: um variável (V) e o outro constante (C). A molécula é tetramérica em forma de Y, e composta por duas cadeias pesadas (Ig H) e duas leves (Ig L), ambas contribuindo para a formação desses domínios V e C.

A diversidade necessária para o reconhecimento da grande variedade de antígenos existente nesses agentes infecciosos é gerada em domínios V presentes em famílias multigênicas, por meio de mecanismos somáticos e germinativos que incluem recombinação, ligação variável dos segmentos gênicos, hipermutação e conversão gênica. Mas os sistemas para a geração dessa diversidade são diferentes dentro do subfilo dos vertebrados. Nos **peixes cartilaginosos**, grupos de segmentos gênicos são repetidos muitas vezes e dispersos em diferentes cromossomos do genoma, cada grupo produzindo ou Ig H ou Ig L. Em **camundongos** e **humanos**, por sua vez, duas ou três famílias multigênicas de segmentos gênicos estão presentes em conjuntos separados, e um membro de cada família é selecionado para unir-se com os outros, para produzir um domínio Ig V funcional. Nas **galinhas**, somente um segmento gênico V "funcional" está presente no genoma, mas é modificado somaticamente por conversão gênica após rearranjos dos segmentos gênicos funcionais.

A geração da diversidade Ig ao longo da evolução dos vertebrados é decorrente de três eventos principais: (a) uma organização gênica que possibilita a combinação de segmentos gênicos de origem cromossômica diversa; (b) um sistema eficiente de seleção clonal dos produtos assim formados; e (c) conversões gênicas e altas taxas de mutação somática. De uma maneira geral, considera-se que essa evolução ocorreu envolvendo: (a) o processo denominado de nascimento-e-morte, no qual novos genes são criados por duplicações gênicas repetidas, e enquanto alguns deles são mantidos no genoma por um longo tempo, outros ou são deletados ou tornam-se não funcionais por mutações deletérias; e (b) seleção diversificadora. Para detalhes dos diversos pontos apresentados nessa seção, o leitor deve consultar Ota, Sitnikova e Nei (2000) e Nei e Kumar (2000).

3.19 O complexo maior de histocompatibilidade

Em razão do seu envolvimento crítico na resposta imune, o complexo maior de histocompatibilidade (*major histocompatibility complex*, MHC) tem sido estudado de maneira bastante ampla. Trata-se também, nesse caso, de uma família multigênica, cujos produtos codificam glicoproteínas da superfície celular, os quais funcionam na apresentação de peptídeos para as células T. Tais células estão vinculadas aos linfócitos T, que amadurecem no timo. O complexo constitui-se de três classes principais, I, II e III, que diferem entre si estrutural e funcionalmente. Em humanos, nos quais a região é conhecida como HLA (*Human Leukocyte Antigen*), os genes da Classe I são os mais próximos do telômero; os da Classe II, os mais próximos do centrômero; e os de Classe III localizam-se em região intermediária às dos outros dois.

Os locos MHC são os mais polimórficos do reino animal. Em humanos, a região é a mais densa em genes do genoma, com 224 genes conhecidos. A parte mais variável é a de ligação aos peptídeos, o que é explicável por seleção diversificadora. A heterozigosidade aumenta o espectro de peptídeos que podem ser ligados por um determinado indivíduo. O loco HLA-B do *H. sapiens* possui nada menos do que 499 alelos; além disso, as proteínas especificadas por esses e outros alelos diferem entre si às vezes em até 50 ou mais pontos diferentes. Isso ocorre porque o polimorfismo é transespecífico, determinados alelos passando de uma espécie a outra ao longo de uma linhagem filogenética. Como essa situação não ocorre com todos, o resultado é que às vezes certos alelos da espécie A são mais semelhantes aos da espécie B do que a outros, de sua própria espécie.

A arquitetura genômica do MHC apresenta ampla variação em diferentes classes de vertebrados. Nos peixes cartilaginosos, os genes de Classe I e II localizam-se em regiões distintas, não ligadas, e nas galinhas houve uma redução drástica, com a região correspondente apresentando apenas 19 genes, espalhados por 92 kb de um microcromossomo.

Uma visão sintética sobre a estrutura e a variação do MHC, relacionando-as com problemas evolutivos, pode ser encontrada em Klein e Takahata (2002). Salzano (2002) revisou aspectos da variação nesse sistema em ameríndios, especialmente a notável variação de HLA-B nesse grupo étnico. Hughes e Hughes (1995), Kupfermann et al. (1999) e Garrigan e Hedrick (2003) analisaram com detalhe os processos seletivos que ocorrem em diferentes regiões desse complexo e suas implicações evolutivas; e Lima-Rosa et al. (2004) investigaram a variabilidade molecular em galinhas da raça caipira do Brasil.

3.20 Grupos sanguíneos

Os grupos sanguíneos eritrocitários humanos constituem-se em uma área de estudos paradigmática, em especial por sua importância para as transfusões e sua ampla variedade antigênica populacional. Estudos a respeito foram realizados durante todo o século XX, e com a chegada da revolução molecular, as pesquisas têm derivado também para aspectos evolucionários e de relação estrutura-função. A área é vasta e apenas alguns pontos considerados importantes serão tratados aqui, vinculados a três sistemas. Boa revisão geral pode ser encontrada em Reid e Mohandas (2004).

ABO – Existem três séries alélicas bem conhecidas nesse sistema: A, B e O, e há extensa variabilidade alélica dentro de cada uma delas. A diversidade encontrada em primatas indica que o gene ancestral comum seria do tipo A, tendo ocorrido pelo menos três aparecimentos independentes de alelos B a partir dele. A taxa de variação sugere a influência de algum tipo de seleção balanceadora. A comparação entre esse loco e o gene relacionado *GAL* (envolvido na síntese de α-1, 3 – galactosiltransferase) deve ter ocorrido há 400 milhões de anos (Saitou e Yamamoto, 1997). Alelos O são espécie-específicos entre os primatas examinados e devem ter resultado de mutações silenciosas independentes (Kermarrec et al., 1999). A organização genômica do loco ABO humano, localizado no cromossomo 9, é constituída por sete éxons que variam entre 28 e 688 pb, e seis íntrons, com 554 a 12.982 pb. Existe ampla variabilidade tanto na região codificadora quanto nos íntrons, em razão de mutações recorrentes e eventos de recombinação genética, isto é, trocas entre regiões e conversão gênica (Seltsam et al., 2003).

Duffy – Os antígenos desse sistema são constituídos por sete glicoproteínas transmembrana que funcionam como receptoras para as quimocinas, substâncias envolvidas no movimento das células, bem como receptoras para o parasita da malária *Plasmodium vivax*. A maioria da variação antigênica é determinada por três alelos comuns, *FY*A*, *FY*B* e *FY*O*, de um gene localizado no cromossomo 1q21-q22. Estudos em primatas não humanos indicaram ser *FY*B* o alelo ancestral (Seixas, Ferrand e Rocha, 2002). A ação da seleção natural sobre essa região gênica é complexa. Pode-se identificar uma pressão interna, relacionada com a ligação às quimocinas, de natureza purificadora, para a manutenção da propriedade; e outra, externa, vinculada à ação do parasita, que seleciona proteínas que impedem a ligação de *P. vivax* ao eritrócito, presentes em homozigotos para o alelo *FY*O* (Tournamille et al., 2004). Hamblin, Thompson e Di Rienzo (2002) detectaram evidências de seleção positiva para *FY*O* na África, entre os Hausa, através de duas propriedades independentes de seus dados: o nível de variação nas sequências e o espectro de frequências alélicas.

Rh – Esse sistema forma, com o ABO, a dupla mais importante de grupos sanguíneos no que se refere a aspectos práticos, transfusionais. Logo após a sua descoberta, em 1940, ficou claro que a relação diádica positivo/negativo, fundamental para as transfusões e vinculada ao antígeno D ou Rho, devia ser considerada em um aspecto mais amplo, com reações antigênicas complexas e de difícil interpretação. Estas envolviam especialmente dois outros grupos de antígenos, batizados como C ou rh' e E ou rh". Foram estabelecidas, então, duas hipóteses alternativas: (a) Alexander S. Wiener afirmava que toda a complexidade poderia ser explicada por um único gene, com alelos múltiplos; (b) Ronald Fisher e R. R. Race, por outro lado, postulavam a existência de três genes intimamente ligados, e de que sua ordem de localização no cromossomo não obedecia à sequência alfabética (seria DCE, não CDE). A controvérsia estendeu-se por quase todo o século XX, até que, com o advento da genética molecular, foi possível, na década de 1990, esclarecer a questão.

Os antígenos Rh localizam-se em três proteínas transmembrana não glicosiladas, codificadas por apenas dois genes, *RH*D* e *RH*CE*. Deve haver processamento alternativo do RNA mensageiro para condicionar dois polipeptídeos distintos (C, E) a partir de um só gene. A ordem das diferentes regiões gênicas também se mostrou diferente das duas anteriormente propostas: seria CED (Carritt, Kemp e Poulter, 1997)! É fantástico como a dura realidade pode neutralizar discussões ferozes!

Verificou-se também a existência de outras proteínas Rh em mamíferos, além das já citadas (que são agora identificadas como Rh30 por estarem vinculadas a uma glicoproteína de 30 kDa). Nas células sanguíneas ocorre também RhAG, uma glicoproteína importante na expressão dos antígenos Rh30; e em outros tecidos, RhBG e RhCG. Em organismos mais simples existem proteínas relacionadas às anteriores, denominadas de Amt (relacionadas ao transporte de amônia através de canais). Conroy et al. (2005), usando a estrutura do canal de amônia AmtB de *Escherichia coli* como molde, construíram modelos homólogos de RhD e RhAG. Esses modelos sugeriram que RhAG e as glicoproteínas RhBG e RhCG têm uma estrutura muito similar a Amt, podendo, portanto, ter funções semelhantes, mas RhD e RhCE têm um arranjo diferente de resíduos de aminoácidos, e assim, devem ter funções distintas (talvez relacionadas à estrutura da membrana do eritrócito ou ao transporte de CO_2). Como Amt é um homotrímero, é possível que o complexo eritrocitário Rh também seja trimérico.

A evolução desses complexos foi examinada por Huang e Peng (2005) por meio das relações entre 111 genes *Rh* e 260 genes *Amt*. Como os genes Rh são muito comuns em vertebrados, mas raros em procariotos, ocorrendo uma distribuição inversa com relação aos genes *Amt*, é provável que a sua ordem de surgimento tenha sido *Amt→Rh*. O nascimento da proteína Rh pode ter ocorrido em bactérias, mas como sua distribuição é muito ampla, tanto em procariotos como eucariotos, esse ponto ainda está por esclarecer. Por outro lado, enquanto Rh30 como um todo seja muito conservado (sugerindo seleção purificadora) em vertebrados, ele mostra evolução relativamente rápida em mamíferos. É possível que esse contraste esteja vinculado a modificações específicas, como, por exemplo, a passagem do eliptócito nucleado em peixes para o disco bicôncavo enucleado dos mamíferos.

Os genes Rh foram duplicados em um ancestral comum à tríade humanos-chimpanzés-gorilas. A comparação com orangotangos, gibões e outros macacos do Velho Mundo, que possuem um único loco Rh, revelou que as taxas evolucionárias de substituições não sinônimas no éxon 7 estavam aceleradas na linhagem humana; mas há sugestões de que mesmo antes da duplicação, esse éxon apresentasse uma estrutura favorável a mudanças (Kitano et al., 2007). Por outro lado, RhAG (ou Rh50, por estar relacionado a uma glicoproteína de 50 kDa) parece ter evoluído duas vezes mais lentamente do que os genes Rh, e a época de duplicação entre Rh e Rh50 foi datada entre 240 e 310 milhões de anos atrás, por Kitano et al. (1998).

Genômica comparada
IV

Estamos convencidos de que a genômica evolucionária comparativa é a chave para decifrar as mensagens ocultas da matéria viva.

(Cecilia Saccone e Graziano Pesole, 2003)

4.1 Genoma, genômica e outras "ômicas"

A palavra **genoma** foi sugerida por Hans Winkler, um professor de Botânica da Universidade de Hamburgo, Alemanha, em 1920, para caracterizar a quantidade total de material genético de um organismo. Por sua vez, o termo **genômica** tornou-se de uso mais generalizado após o lançamento, em 1987, de uma revista com esse nome, por Victor McKusick e Frank Ruddle. Há indicações, no entanto, de que ele havia sido criado antes por T. H. Roderick, do Laboratório Jackson, Bar Harbor (EUA). Atualmente, genoma é usado para descrever todo o DNA presente em um conjunto haploide de cromossomos em eucariotos, ou um único cromossomo em uma bactéria, ou ainda, o DNA ou RNA de vírus. O sufixo *oma* é derivado do grego para designar "todo" ou "cada". Em analogia com o termo genômica, foram criados outros, relacionados com o funcionamento do material genético: (a) **proteoma**: a quantidade total de proteína de um organismo, tecido ou tipo celular, sendo **proteômica** o seu campo de estudo; (b) **transcritoma (transcritômica)**: o conjunto de RNA dessas estruturas ou seu estudo; (c) **metaboloma (metabolômica)**: o equivalente para o complemento de substâncias metabólicas (por exemplo, Kreimer et al., 2008, examinaram a organização modular de redes metabólicas de 325 espécies de bactérias); e (d) **interatoma (interatômica)**: o relacionado com as respectivas interações moleculares. Para se ter uma ideia da complexidade dessas interações, basta examinar as estimativas de Stumpf et al. (2008), de que o interatoma humano envolveria cerca de 25 mil proteínas e 650 mil interações, dez vezes mais que o de *Drosophila melanogaster* e três vezes maior que o de *Caenorhabditis elegans*. Na **genômica comparada**, por outro lado, o que se busca é a comparação dos genomas completos de diferentes organismos, para interpretações relacionadas ao seu passado evolucionário, incluindo aí as relações estrutura-função. Ellegren (2008) examinou essa área de estudo em detalhe, especialmente no que se refere à seleção natural. Segundo ele, esse enfoque está indicando a ação da seleção positiva em 10% a 40% de todos os genes nas diferentes linhagens.

Os especialmente envolvidos nesse processo são os que influem na reprodução, resposta imune, percepção sensorial e morte celular.

Desenvolvimentos recentes em nível de microrganismos estão sendo englobados sob o termo de **metagenômica**. *Meta* em grego significa transcender, e o objetivo dessa nova área da ciência seria, então, transcender o nível organísmico, partindo para o estudo de comunidades inteiras. Com isso, procura-se também resolver um problema sério na microbiologia, que é o da impossibilidade de cultivo de muitos desses seres microscópicos. Naturalmente, o novo enfoque implica desafios logísticos adicionais, que foram adequadamente considerados em uma publicação das Academias Nacionais dos Estados Unidos (Committee on Metagenomics, 2007). DeLong e Karl (2005) examinaram especificamente as perspectivas desse enfoque na oceanografia microbiana, e Gianoulis et al. (2009), também considerando comunidades aquáticas, desenvolveram uma metodologia para definir conjuntos de vias metabólicas que covariavam com fatores ambientais, denominados por eles de "pegadas metabólicas", as quais poderiam servir como biossensores.

4.2 Dados disponíveis e métodos de análise

O progresso no desenvolvimento de técnicas de laboratório e de análises informáticas desafia adjetivos. A informação disponível aumenta em progressão logarítmica, de maneira que avaliações em um dado momento podem se tornar rapidamente obsoletas. Por exemplo, o Instituto Welcome Trust Sanger, no Reino Unido, anunciou em 1º/7/2008 ter sequenciado o equivalente a 300 genomas humanos em apenas seis meses, dentro do Projeto 1.000 Genomas, lançado no início de 2008. Em todo o caso, inspeção a um dos bancos de dados mais conceituados fornece os números indicados na Tab. 4.1. A quantidade de informação, naturalmente, depende do tamanho do genoma a ser considerado, e os menores têm sido investigados com maior frequência. Por exemplo, na data indicada na tabela, havia cerca de 1,5 milhar de genomas de vírus e organelas totalmente sequenciados. O número de genomas bacterianos disponíveis para análise, porém, era de apenas meio milhar, e os relativos a Archaea (nesse caso, pela dificuldade de sua obtenção) e a Eukaryota eram uma ordem de magnitude menores.

Saccone e Pesole (2003), Brown (2008) e Pagel e Pomiankowski (2009) fornecem

Tab. 4.1 Lista de genomas completos determinados por grupos de organismos ou estruturas

Classificação	Número de genomas completos em 31/3/2008
1. Vírus	1.466
2. Viroides	44
3. Plasmídeos	568
4. Fagos	419
5. Organelas	1.337
6. Archaea	53
7. Bacteria	580
8. Eukaryota	74

Fonte: <http://www.ebi.ac.uk> (European Bioinformatics Institute).

grande quantidade de informações sobre as ferramentas analíticas necessárias à interpretação desses resultados, sobre os bancos de dados disponíveis na internet para acesso imediato, e sobre aplicações desses conhecimentos. Outras referências relevantes estão indicadas em Salzano (2005).

Uma questão metodológica específica refere-se à construção de árvores relacionando genomas inteiros. Como partes diferentes de um dado genoma não têm necessariamente a mesma história evolucionária, os agrupamentos obtidos entre espécies devem ser considerados como uma árvore genômica em vez de uma filogenia genômica. Snel, Huynen e Dutilh (2005) classificam as árvores genômicas em cinco tipos: (a) as baseadas nas propriedades estatísticas dos genomas e livres de alinhamento; (b) as que contemplam o conteúdo gênico, considerando a presença/ausência de genes; (c) as que levam em consideração a ordem gênica cromossômica; (d) as baseadas na similaridade média das sequências; e (e) as filogenômicas. Nesse último caso, podem-se concatenar todas as sequências representadas nos diferentes genomas ou calculá-las separadamente em uma árvore consenso. Nos dois casos, no entanto, é preciso existir a relação um gene por genoma por família gênica. O relaxamento desse critério leva ao método da superárvore. Cria-se um novo alinhamento de co-ocorrência das espécies nas partições de todas as árvores, aplicando-se então uma matriz de distância que é, depois, introduzida em um algoritmo como o "neighbor-joining".

Se eliminarmos o requerimento da homologia, podem-se criar filogenias separadas de todos os genes de um genoma composto, constituindo o **filoma**. Esse enfoque pode ser útil para predizer relações funcionais entre genes ou para reconstruir o metabolismo de organismos ancestrais. Rannala e Yang (2008) consideraram de maneira crítica os diferentes métodos, e Ma et al. (2008) formalizaram um modelo de sítios infinitos para encontrar a história evolucionária mais parcimoniosa para qualquer conjunto de genomas atuais.

4.3 Tamanho do genoma e complexidade organísmica

O tamanho do genoma não se correlaciona de maneira estrita com a complexidade do organismo que o contém, embora haja uma relação positiva entre essas duas variáveis. Muitos fatores influem na quantidade de material genético em um organismo, entre os quais: (a) a natureza do DNA em si (se codificante ou não codificante); (b) o tamanho do núcleo da célula; (c) a introdução ou não de elementos transponíveis; (d) eventos de duplicação (de todo o genoma ou parte dele) e deleção; (e) restrições seletivas em diferentes níveis; e (f) o tamanho populacional.

Quanto ao primeiro ponto, a evolução do tamanho do genoma em eucariotos está basicamente relacionada à quantidade de DNA não codificante. O genoma da levedura é quatro ordens de magnitude menor que o de algumas plantas, anfíbios e peixes, mas apenas uma ordem de magnitude pode ser explicada por diferenças no número de genes. A evolução dos organismos multicelulares, por outro lado, foi acompanhada por um grande aumento na complexidade da regulação transcricional, havendo uma relação entre o grau de expressão de determinado gene e o tamanho de suas sequências intrônicas e codificadoras (Vinogradov, 2004).

O aumento no tamanho do núcleo e da célula está geralmente associado a um retardo no ritmo do ciclo celular e do desenvolvimento. Essa redução no nível metabólico possibilitaria a uma espécie ocupar um nicho ecológico com um suprimento de energia menor e/ou longevidade aumentada (Vinogradov, 2004).

A absorção ou rejeição de elementos transponíveis é também importante, mas essa importância difere bastante entre os diferentes domínios da vida. Choi e Kim (2007) calcularam que mais de 50% dos Archaea têm um ou mais domínios proteicos adquiridos por transferência horizontal, mas os respectivos valores para Bacteria e Eukarya são 30%-50% e menos de 10%. A taxa entre os procariotos foi calculada por Dagan e Martin (2007) com base em 190 genomas e 562.321 genes codificadores de proteínas, em 1,1 evento por família gênica e seu tempo de vida.

O grau de suscetibilidade dos genes a eventos de duplicação foi estudado por Yang, Lusk e Li (2003). Eles verificaram que a complexidade proteica é um determinante importante, pois a proporção de genes não duplicados aumenta com o número de subunidades de uma proteína. Entretanto, a comparação entre humanos e leveduras indica que a complexidade organísmica é ainda mais importante. A nossa espécie seria mais robusta contra efeitos prejudiciais da duplicação e/ou necessitaria de maiores doses do evento para a diversificação de funções e seu favorecimento por meio da seleção natural.

Restrições seletivas em diferentes níveis também são importantes. Sanjuán e Elena (2006) compilaram resultados sobre o efeito da epistasia na adaptação e verificaram que genomas mais simples, como os dos vírus de RNA, mostram epistasia antagonística (as mutações têm efeitos menores quando juntas do que quando separadas), enquanto em eucariotos foi observada epistasia sinergística (as mutações têm mais efeito juntas do que quando separadas). A epistasia antagonística seria uma propriedade dos genomas compactos, e nos complexos o sinergismo ocorreria por robustez quanto ao dano mutacional.

Lynch (2007), por sua vez, faz toda uma apologia da influência do tamanho populacional e do dano mutacional causado pelo excesso de DNA como os mais importantes fatores determinantes do tamanho do genoma.

4.4 Genômica estrutural

O objetivo da genômica estrutural é determinar as formas tridimensionais de todas as macromoléculas biológicas importantes, com um foco primário nas proteínas. Nos Estados Unidos está em desenvolvimento, desde 2000, a denominada *Protein Structure Initiative*, patrocinada por seus Institutos Nacionais de Saúde, que em 2006 fornecia 60 milhões de dólares a quatro centros principais e seis especializados na área. Detalhes sobre o funcionamento desses centros até aquela época podem ser encontrados em Chandonia e Brenner (2006), com comparações a centros equivalentes existentes no Japão, Canadá, Israel e na Europa. Como indicado lá, o custo médio para a identificação de uma estrutura proteica tridimensional estava, na época, orçado entre 250 e 300 mil dólares, sem dúvida não desprezível, mas estavam sendo buscadas formas de barateá-lo.

No Brasil, existem duas redes dedicadas a esses estudos: a *Structural Molecular Biology Network*, coordenada pelo Centro de Biologia Molecular Estrutural do Laboratório Nacional de Luz Síncroton, localizado em Petrópolis, RJ (Barbosa et al., 2006); e a Rede Nacional de Proteoma, coordenada por quatro Laboratórios Centrais localizados no Rio de Janeiro, São Paulo, Minas Gerais e Goiás, e que possui oito Laboratórios Associados distribuídos por sete outros estados brasileiros e Distrito Federal (Anônimo, 2005).

Um exemplo de aplicação desses estudos é fornecido por Yang, Doolittle e Bourne (2005), que, partindo de um esquema de classificação que utilizou somente a presença/ausência da arquitetura de domínios proteicos, determinaram a filogenia de 174 genomas completos. O método forneceu resultados em geral satisfatórios, embora entre as bactérias tenha havido a necessidade de considerar os tamanhos dos genomas. Esses autores verificaram a existência de um conjunto nuclear de 50 dobras em todos os genomas considerados, e uma única que poderia ser utilizada como diagnóstica para os Archaea.

4.5 Evolução de redes biológicas

Não basta, naturalmente, conhecer a estrutura de um organismo. É necessário saber como ela funciona, e o primeiro passo nessa direção é investigar a expressão gênica em nível transcricional. Técnicas como o sequenciamento de etiquetas expressas (*expressed sequence tags* ou ESTs) e microarranjos (com os quais pode-se examinar a expressão de milhares de genes em uma só pequena lâmina) são agora utilizadas em larga escala para esses estudos. A hibridização heteróloga a uma única espécie de cDNA nesses microarranjos está sugerindo considerável conservação mesmo em organismos muito diversos.

A caracterização do transcritoma, todavia, também não basta, pois a expressão gênica é influenciada pela localização espaço-temporal de redes regulatórias e detalhes de interações proteína-DNA e proteína-proteína. Os fatores de transcrição ligam-se a pequenos elementos cis-regulatórios no processo de ativar ou reprimir a expressão gênica. Esses elementos, constituídos por sequências não codificantes conservadas, podem ser identificados por um método denominado "pegada filogenética" (*phylogenetic footprint*). A regulação também pode ser em outros níveis por meio da edição do RNA, seja ao longo de seu transporte, seja na tradução. Vetsigian e Goldenfeld (2009) examinaram como esses processos podem levar ao aumento na eficiência da comunicação do genoma com a célula sem modificar a mensagem, no que eles denominam de retórica.

Por último, a resposta funcional a esses estímulos forma um conjunto de moléculas de baixo peso molecular, os metabólitos, que estão sendo agora estudados por meio de métodos como a espectrometria de massa e a ressonância magnética nuclear (Medina, 2005).

Ueda et al. (2004), após analisarem a expressão gênica em muitas condições experimentais em *Escherichia coli*, *Saccharomyces cerevisae*, *Arabidopsis thaliana*, *Drosophila melanogaster*, *Mus musculus* e *Homo sapiens*, concluíram pela universalidade e flexibilidade dessa expressão nesses organismos. Basicamente, nesses organismos, as mudanças nessa característica seriam sempre proporcionais aos seus níveis iniciais de expressão.

4.6 Relações em procariotos

As investigações evolucionárias em procariotos são especialmente difíceis em razão do seu pequeno tamanho, do número elevado de organismos e do tipo de reprodução (predominantemente assexuada). Doolittle e Zhaxybayeva (2009) salientaram que é praticamente impossível estabelecer um conceito correto de espécie para esses organismos, e que talvez fosse melhor abandoná-lo, partindo diretamente para um enfoque metagenômico. Cohan e Koeppel (2008) também consideraram essa questão. Segundo eles, apesar de terem sido descritas até agora apenas cerca de nove mil espécies de procariotos, enfoques moleculares indiretos sugerem a existência de pelo menos um bilhão delas e dez milhões em um determinado hábitat. A especiação por divergência ecológica é muito rápida, e o foco de investigação deveria partir de ecotipos formados por divergência adaptativa.

As relações entre 144 procariotos, distribuídos por 23 filos ou divisões (seis de Archaea, 17 de Bacteria) e envolvendo mais de 220 mil proteínas, foram examinadas por Beiko, Harlow e Ragan (2005), considerando especialmente o grau de transferência genética lateral entre eles. Esses pesquisadores concluíram pela presença de um padrão de herança basicamente vertical, mas com exceções notáveis. Genes com funções metabólicas parecem transferir-se preferencialmente, talvez porque eles representariam novas fontes de energia e nutrição, aumentando a capacidade dos organismos que os recebem para explorar e colonizar novos ambientes. Ao contrário, genes informacionais como o *16SrDNA* seriam particularmente resistentes à transferência lateral, o mesmo sendo verdadeiro para os relacionados às proteínas de membrana e à divisão celular. Esse aspecto foi considerado também por Dagan, Artzy-Randrup e Martin (2008), por meio de 539.723 genes distribuídos por 181 genomas de procariotos. Eles calcularam que nada menos que 81% dos genes estariam envolvidos com a transferência lateral em algum ponto de sua história.

Pelo fato de o código genético ser degenerado (um aminoácido pode ser sintetizado por mais de uma trinca de ácidos nucleicos), o custo biológico de síntese de um determinado aminoácido, dependendo do trio utilizado, pode variar em até sete vezes, do mais baixo para o mais alto. Heizer et al. (2006) investigaram essa questão do uso preferencial de códons em seis organismos procarióticos e verificaram a sua ocorrência na formação de aminoácidos energeticamente menos custosos, em genes com expressão alta, em todos eles. Essa aderência a viezes no uso de códons ocorria independentemente se o modo de vida desses organismos era quimioheterotrófico, fotoautotrófico ou termofílico, indicando a importância da seleção natural na sua evolução.

Cordero, Snel e Hogeweg (2008), por outro lado, consideraram as relações entre 163 espécies procarióticas ao longo de uma árvore de vida, para verificar a coevolução de famílias gênicas. Eles identificaram e analisaram especialmente o maior grupo de parálogos que ocorre em Bacteria e em Archaea, os transportadores dos cassetes de ligação ao ATP. A coevolução ocorreria de acordo com o tipo de substrato transportado.

4.7 Genômica de Archaea

Este grupo de organismos parece ter sido dominante no início da vida na Terra, pois na época a atmosfera era rica em dióxido de carbono e hidrogênio, e praticamente não possuía oxigênio. Um grupo deles (os Euryarchaeota) são organismos **metanógenos** (isto é, podem viver sem oxigênio e geram metano pela redução do dióxido de carbono) e **halófilos** (necessitam de altas concentrações de sal para sobreviver). Muitos são também **hipertermófilos**, vivendo em temperaturas tão altas como 113°C, nas profundezas do oceano, e dependem de enxofre para gerar energia (Crenarchaeota). Eles diferem das Bacteria em uma série de características bioquímicas que envolvem as paredes celulares e membranas, bases raras encontradas em seus tRNAs e estruturas distintivas de suas subunidades de RNA-polimerases.

O Boxe 4.1 fornece informações sobre a classificação taxonômica dos Archaea e alguns dados sobre os seus genomas. Em um total de 53 organismos cujo DNA foi totalmente sequenciado, a distribuição quanto ao tamanho total variou de 0,5 a 5,7 Mb, 83% com genomas de 1,0 a 2,9 Mb. A média no tamanho dos genomas de espécies classificadas respectivamente como Crenarchaeota ou Euryarchaeota foi exatamente igual: 2,4 Mb. A Fig. 4.1 mostra as relações filogenéticas entre 42 espécies. Pode-se verificar que *Candidatus Korarcheum cryptofilum* está indicado em negrito; a razão para isso é que esse organismo apresenta uma série de características especiais, as quais sugerem que, apesar de ele compartilhar traços com os Crenarchaeota, ele poderia ser um híbrido

Boxe 4.1 CLASSIFICAÇÃO DOS ARCHAEA, COM INFORMAÇÕES SOBRE SEUS GENOMAS

1. **Classificação**
    1.1 Euryarchaeota
        Metanógenos e halófilos
        1.1.1 Halobacteriales
        1.1.2 Methanosarcinales
        1.1.3 Thermoplasmatales
        1.1.4 Archaeoglobales
        1.1.5 Methanococcales
        1.1.6 Thermococcales

    1.2 Crenarchaeota
        Termófilos dependentes de enxofre
        1.2.1 Thermoproteales
        1.2.2 Desulfurococcales
        1.2.3 Sulfolobales

2. **Informação genômica**
    2.1 Número de organismos completamente sequenciados em 31/3/2008: 53
    2.2 Tamanhos dos genomas: 0,5 Mb (*Nanoarcheum equitans*) a 5,7 Mb (*Methanosarcina acetivorans*). A maioria (44/53 ou 83%) ocorre no intervalo de 1,0-2,9 Mb. A média no tamanho do genoma em cinco espécies de Crenarchaeota e 22 de Euryarchaeota forneceu exatamente o mesmo valor: 2,4 Mb.

    Fonte: King e Stansfield (2002); <http://www.ebi.ac.uk> (European Bioinformatics Institute; acesso em 31/3/2008).

entre estes e os Euryarchaeota. Seu metabolismo parece também ser enigmaticamente "moderno", segundo Nealson (2008).

Tocchini-Valentini, Fruscoloni e Tocchini-Valentini (2005) examinaram a estrutura, a função e a evolução das endonucleases de tRNA de 22 espécies de Archaea e verificaram que essas endonucleases dividiam-se em três formas: homotetrâmeras, homodiméricas ou heterotetraméricas. A forma ancestral era, provavelmente, um homotetrâmero de constituição $\alpha 4$ capaz de realizar papéis catalíticos e estruturais de maneira intercambiável. Após um processo de duplicação e fusão, formou-se um homodímero $\alpha'2$ com domínios que realizavam essas funções de maneira distinta, e outro evento de duplicação independente resultou na constituição $\alpha 2\beta 2$, na qual essas funções também estavam separadas. Quando uma proteína que exerce função dupla (digamos, A e B) duplica-se, pode ocorrer um processo de inativação seletiva diferencial nos dois produtos (em um, inativação de A; no outro, inativação de B), um fenômeno denominado de subfuncionalização. Foi isso que ocorreu com essas endonucleases. Esse fenômeno foi examinado por Hughes (2005), que concluiu que, como nesse caso a subfuncionalização ocorreu de maneira independente, duas vezes na mesma família gênica, haveria fortes indicações da ação de seleção positiva no desenvolvimento posterior dos seus produtos.

Sulfolobus islandicus, com um tamanho genômico de 2,7 a 2,9 Mb, foi estudado em três regiões isoladas: dois Parques Nacionais dos Estados Unidos e um vulcão de Kamchatka, Rússia. A análise de sete genomas completos dessas três localidades possibilitou a comparação de mudanças ocorridas nos últimos 910 mil anos, as quais devem ter acontecido basicamente pela integração de elementos móveis (Reno et al., 2009).

O genoma do hipertermófilo *Nanoarchaeum equitans*, o menor encontrado em Archaea, levantou o problema de se ele representaria um ancestral "primitivo" desse domínio de vida ou se seria apenas um genoma notavelmente reduzido. *N. equitans* não possui genes para a biossíntese de lipídeos, aminoácidos, cofatores ou nucleotídeos. Seu genoma é muito compacto, com 95% do DNA codificado para proteínas ou RNAs estáveis; e sua relação simbiótica com *Ignococcus* sp. faz dele o único parasita arqueano. A ausência de pseudogenes e outro material não codificante sugere ser ele um parasita derivado mas genomicamente estável, que divergiu cedo da linhagem arqueana (Waters et al., 2003). Suas peculiaridades fazem alguns pesquisadores considerá-lo parte de uma linhagem independente, Nanoarchaea.

Outros genomas interessantes são os de *Thermoplasma volcanium* (1,6 Mb), este porque membros desse gênero são candidatos à origem do núcleo dos eucariotos na hipótese simbiótica de formação desses organismos (Kawashima et al., 2000); e o de *Cenarchaeum symbiosum* (2,0 Mb), simbionte da esponja marinha *Axinella mexicana*, que não apresenta qualquer parentesco próximo com outros Archaea (Hallam et al., 2006; Fig. 4.1).

4.8 Genômica de Bacteria

Dos três domínios em que se classificam atualmente os organismos (Archaea, Bacteria e Eukaryota), o que tem o maior número de genomas completos investigados é o das bactérias (Tab. 4.1). O estabelecimento de uma classificação apropriada desses organismos é difícil não apenas porque seu tamanho é microscópico, mas também por seu modo de reprodução (principalmente assexuado), pela adaptação extrema ao ambiente em que vivem e pela ocorrência de transferência gênica horizontal. Algumas das subdivisões utilizadas estão indicadas no Boxe 4.2. São ao todo 19, envolvendo espécies das mais variadas, patogênicas ou não patogênicas, parasitárias ou de vida livre, que habitam ambientes muito diversos.

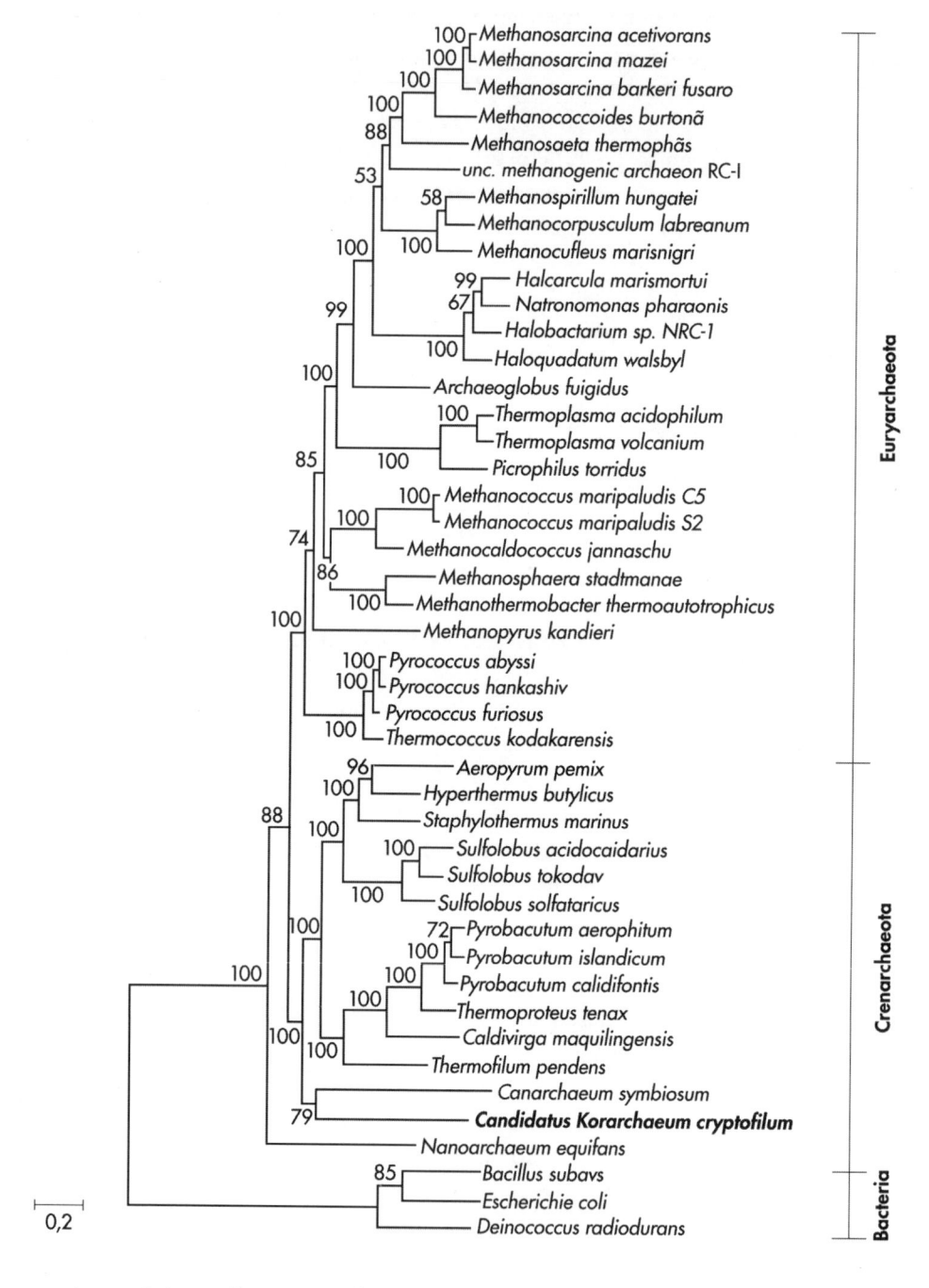

Fig. 4.1 Relações filogenéticas obtidas pelo método de máxima verossimilhança entre 42 espécies de Archaea, levando em consideração 33 proteínas ribossômicas universalmente conservadas e as três maiores subunidades de polimerases de RNA: RpoA, RpoB e RpoD
Fonte: Elkins et al. (2008).

Boxe 4.2 Subdivisões do domínio das Bacteria

1. Phyla, de acordo com King e Stansfield (2002)
   1.1 Proteobacteria (α, β, δ, ε, γ)
   1.2 Spirochaetae
   1.3 Cyanobacteria
   1.4 Saprospirae
   1.5 Chloroflexa
   1.6 Chlorobia (Bacteroidetes)
   1.7 Afragmabacteria
   1.8 Endospora (Bacilli)
   1.9 Pirellulae (Chlamydiales)
   1.10 Actinobacteria
   1.11 Deinococci
   1.12 Thermotogae

2. Outras subdivisões (Beiko, Harlow e Ragan, 2005; Delsuc, Brinkmann e Philippe, 2005)
   2.1 Rickettsiales
   2.2 Lactobacillales (Firmicutes)
   2.3 Planctomycetales
   2.4 Listeria
   2.5 Mollicutes
   2.6 Staphylococci (Firmicutes)
   2.7 Aquificales

Os tamanhos dos genomas de 633 espécies de bactérias estão listados na Tab. 4.2. O menor é o de *Carsonella ruddii* (159,7 mil pares de bases) e o maior é o de *Sorangium cellulosum* (13 milhões de pares de bases), 81 vezes maior que o primeiro. A maioria dos genomas (86%), no entanto, situa-se no intervalo entre 1,0 e 5,9 milhões de bases (Mb).

Tab. 4.2 Características dos genomas bacterianos

Tamanhos do genoma em megabases (Mb)										
0,1-09	1,0-1,9	2,0-2,9	3,0-3,9	4,0-4,9	5,0-5,9	6,0-6,9	7,0-7,9	8,0-8,9	9,0-9,9	10 e mais
28	118	128	97	111	90	29	20	5	5	2
									Total:	633

Informações adicionais
1. **Menores genomas**: *Carsonella ruddii* (159.662 pb) e *Sulcia muelleri* (245.530 pb).
2. **Maiores genomas**: *Sorangium cellulosum* (13.033.779 pb) e *Solibacter usitatus* (9.965.640 pb).
3. **Maioria**: 1,0-5,9 Mb (544/633 = 85,9%)

Fonte: <http://www.ebi.ac.uk> (European Bioinformatics Institute; acesso em 31/3/2008).

4.9 Proteobactérias – variabilidade e adaptação

As proteobactérias constituem-se em ampla gama de organismos, que têm sido classificados em subcategorias como alfa, beta, delta e gama. Alguns exemplos de estudos genômicos realizados nesses organismos estão indicados na Tab. 4.3. Como se pode verificar, seus genomas variam bastante em tamanho e composição. Mesmo em um conjunto que poderia ser considerado mais homogêneo (patógenos de plantas), o tamanho variou de 2,7 Mb a 6,5 Mb; o conteúdo de G+C, de 51% a 65%; e o número de genes, de 2,8 a 5,2 mil. O endossimbionte de formigas, *Blochmannia floridanus*, é o que tem menor genoma (0,7 Mb). Os outros mostram adaptações a condições ambientais extremas, como as das fendas hidrotermais oceânicas profundas (*Thiomicrospira crunogena*), ou ao frio (*Colwellia psychrerythraea*). Saliente-se a contribuição brasileira aos estudos genômicos de patógenos vegetais e de *Chromobacterium violaceum*, bactéria de vida livre.

4.10 Espiroquetas – ancestral eucariótico e zoonoses

Margulis et al. (2006) sugeriram que o último ancestral comum eucariótico (*last eukaryotic common ancestor*, LECA) teria surgido pela combinação simbiótica entre formas antigas do tipo *Spirochaeta* e *Thermoplasma*. O LECA teria evoluído a partir de sintrofias (associações metabólicas entre espécies microbianas), combinando espiroquetas que oxidam sulfetos, as quais ligavam-se a termoplasmas sulfidogênicos. A evolução desse primeiro protista teria ocorrido em hábitats proterozoicos anóxicos e micro-óxicos. O núcleo teria se estabilizado por meio da recombinação dessas eu e archaebactérias, com a associação de estruturas de motilidade eubacterianas, e por meio do desenvolvimento de um citoesqueleto que, eventualmente, daria origem ao aparelho mitótico.

Espiroquetas do gênero *Leptospira* ocasionam a doença zoonótica mais comum atualmente em todo o mundo. Estudos de Nascimento et al. (2004a, 2004b) verificaram um genoma de 4,6 Mb entre os serovars Copenhageni e Lai, e Bulach et al. (2006) verificaram que *L. borgpetersenii* estaria em um processo de redução genômica que já teria ocasionado uma diminuição de 700 kb no seu DNA. Concluíram eles que a bactéria estaria evoluindo para uma dependência a um ciclo de transmissão estrito hospedeiro-hospedeiro, sem vida livre.

Por sua vez, *Treponema denticola* é um patógeno oral com um genoma de 2,8 Mb, mais de duas vezes maior que o agente causador da sífilis (*T. pallidum*), cujo genoma é de 1,1 Mb. O conteúdo de G+C é também marcantemente diferente nas duas espécies: 37,9% na primeira e 52,8% na segunda. Reduções e expansões específicas, bem como a transferência genética horizontal, podem explicar essas diferenças (Seshadri et al., 2004).

Tab. 4.3 Exemplos selecionados de estudos genômicos em proteobactérias

Classificação e espécie	Genoma total (Mb)	% G+C	N° ORFs (x 1.000)	Característica	Refer.
Alfa					
Wolbachia pipientis	1,4	ND	1,1	Parasita de *Drosophila simulans*	1
Silicibacter pomeroyi	4,6	64,2	4,3	Adaptação à vida marinha	2
Beta					
Laribacter hongkongensis	3,2	62,3	3,2	Patógeno diarreico	3
Chromobacterium violaceum	4,7	64,8	4,4	Vida livre, solo e água, propriedades antimicrobianas	4
Delta					
Synthrophus aciditrophicus	3,2	51,5	3,2	Reciclagem anaeróbica de matéria orgânica para metano	5
Gama					
Colwellia psychrerythraea	5,4	37,9	4,9	Adaptação ao frio	6
Thiomicrospira crunogena	2,4	43,1	1,9	Adaptação a fendas hidrotermais oceânicas profundas	7
Pseudomonas syringae	6,1-6,5	58,4-59,2	5,2	Patógeno de plantas	8, 9
Xylella fastidiosa	2,7	52,7	2,8	Patógeno de plantas	10-12
Xanthomonas axonopodis	5,1	65,0	4,2	Patógeno de plantas	13
Erwinia carotovora	5,1	51,0	4,5	Patógeno de plantas	14
Helicobacter pylori	1,6	ND	1,5	Parasita gastrointestinal	15
Helicobacter hepaticus	1,8	35,9	1,9	Parasita gastrointestinal	16
Campylobacter jejuni	1,6-1,8	ND	1,6	Parasita gastrointestinal	17
Francisela tularensis	1,9	32,9	1,8	Patógeno humano e de animais	18
Haemophilus influenzae	1,8	38,0	1,7	Patógeno humano, conduto respiratório	19
Blochmannia floridanus	0,7	27,4	0,6	Endossimbionte de formigas	20
Burkholderia pseudomallei	7,2	67,6	5,8	Causador de melioidose	21
Burkholderia mallei	5,8	68,0	5,5	Patógeno de animais e humanos	22
Shewanella oneidensis	5,0	ND	4,9	Redutora de metais	23

ND: Não disponível, pelo menos na publicação referida.

Referências: 1. Klasson et al. (2009); 2. Moran et al. (2004); 3. Woo et al. (2009); 4. Vasconcelos et al. (2003); 5. McInerney et al. (2007); 6. Methé et al. (2005); 7. Scott et al. (2006); 8. Feil et al. (2005); 9. Buell et al. (2003); 10. Simpson et al. (2000); 11. Van Sluys et al. (2003); 12. Oliveira et al. (2006); 13. Silva et al. (2002); 14. Bell et al. (2004); 15. Oh et al. (2006); 16. Suerbaum et al. (2003); 17. Champion et al. (2005); 18. Larsson et al. (2005); 19. Fleischmann et al. (1995); 20. Gil et al. (2003); 21. Holden et al. (2004a); 22. Nierman et al. (2004); 23. Kolker et al. (2005).

4.11 Cianobactérias – origem da fotossíntese e quimera bacteriana artificial

As cianobactérias são procariotos fotossintéticos oxigênicos que exploram uma enorme variedade de ambientes iluminados, de águas termais quentes a camadas de gelo, de florestas tropicais à tundra polar, e de superfícies desérticas ao oceano aberto. Elas têm um papel importante nos ciclos de carbono e nitrogênio em cada um desses ambientes, modificando sua morfologia, seu metabolismo e seus sistemas de captação da luz para a sobrevivência em seus respectivos nichos. Em fevereiro de 2008, haviam sido total ou parcialmente sequenciadas 55 linhagens de cianobactérias, incluindo 21 gêneros, mostrando ampla variação no tamanho genômico, de 1,7 Mb a 9,1 Mb (Swingley et al., 2008).

A análise comparativa de 15 genomas possibilitou a Mulkidjanian et al. (2006) a identificação de um conjunto de 1.054 famílias proteicas codificadas por pelo menos 14 desses genomas. A maioria está envolvida em funções celulares centrais comuns a outras bactérias, mas 50 são específicas para as cianobactérias. Pelo menos 84 relacionam-se à fotossíntese, que deve ter se originado em uma linhagem de cianobactérias sob pressões seletivas de luz ultravioleta e depleção de doadores de elétrons. Desses organismos primitivos, a fotossíntese foi incorporada a outros filos por transferência gênica lateral. Shi e Falkowski (2008) também identificaram, em 13 genomas, um núcleo central de 323 genes comum às cianobactérias. A comparação desses resultados com outros levou à sugestão de que a cianobactéria ancestral não fixava nitrogênio e era, provavelmente, um organismo termofílico.

Itaya et al. (2005) clonaram o genoma total de *Synechocystic* PCC6803, com um total de 3,5 Mb, em *Bacillus subtilis*, que possui um genoma de 4,2 Mb. O processo foi desenvolvido pela reunião e edição de regiões de DNA contíguos. Todo o processo foi realizado em meio de cultura apropriado para *B. subtilis*, e a quimera, que se mostrou estável, só crescia nesse meio. O experimento, além de sua importância intrínseca, abre perspectivas de megaclonagem do maior interesse médico e biotecnológico.

Outros estudos em cianobactérias estabeleceram: (a) a extrema redução genômica em *Prochlorococans marinus* (1,7 Mb). A compactação de seu material genético sugere que este deve ser o complemento gênico mínimo para um organismo fotossintético (Dufresne et al., 2003); e (b) o tipo de adaptação específica que *Synechococcus* CC9311 desenvolveu para ambientes costeiros, quando comparado à linhagem WH8102, que vive em mar aberto (Palenik et al., 2006).

4.12 Genomas mínimos e a montagem de um sintético

Micoplasmas são membros da classe Mollicutes, um grupo grande de bactérias que não possui parede celular e tem um número caracteristicamente baixo de percentagem de G+C. Eles são parasitas de uma ampla variedade de hospedeiros, que incluem humanos, outros animais, insetos, plantas e células em cultivo de tecidos. Além de seu papel como patógenos potenciais, os micoplasmas são de interesse em razão do tamanho reduzido de seu genoma.

Mycoplasma genitalium, isolado de paciente com uretrite não gonocócica, foi o segundo organismo a ter o seu genoma totalmente sequenciado (Fraser et al., 1995). O seu DNA, com apenas 580.076 pares de bases (0,6 Mb), presta-se bem ao exame do problema de qual seria o número mínimo de genes necessário para o funcionamento de um organismo. Essa questão foi considerada por Glass et al. (2006) através de método de mutagênese mediada por transpósons, tendo sido identificados 387 dos 482 genes codificadores de proteínas, mais 43 codificadores de RNA, como sendo os essenciais para a manutenção viável de uma célula sintética.

Um total de 17 contribuições à genômica comparada dos micoplasmas foi coordenado por Vasconcelos, Zaha e Almeida (2007), como resultado de um esforço de 25 laboratórios de pesquisa brasileiros. Abordaram-se, entre outros itens: (a) os genes envolvidos em sua divisão celular; (b) aspectos diversos de seu metabolismo; (c) os determinantes de sua patogenicidade; (d) fatores importantes na transferência gênica lateral; (d) regulação da expressão gênica; e (f) análises filogenômicas.

Como um desenvolvimento natural às investigações de Fraser et al. (1995) e Glass et al. (2006), Gibson et al. (2008) montaram sinteticamente todo o genoma de *M. genitalium*. Isso foi obtido por meio de conjuntos de 5 a 7 kb reunidos a partir de oligonucleotídeos sintetizados quimicamente que foram recombinados *in vitro* para produzir agrupamentos de 24 kb, 72 kb (1/8 do genoma) e 144 kb (1/4 do genoma), os quais foram clonados em cromossomos artificiais de *Escherichia coli*. Depois de apropriada verificação de seu conteúdo, os quatro segmentos de 1/4 do genoma foram reunidos por clonagem de recombinação associada à transformação em *Saccharomyces cerevisae*. A investigação abre caminho para a criação de organismos sintéticos que poderão ser usados para a produção de biocombustíveis, para a limpeza de lixo tóxico ou no sequestro de carbono.

4.13 Simbioses e convergências adaptativas

O canal alimentar humano contém grande quantidade de microrganismos (10^{11} organismos por mililitro de conteúdo colônico proximal), e o microbioma de uma comunidade intestinal de 500 a 1.000 espécies de bactérias pode contar de 2 a 4 milhões de genes. Todo esse material é muito importante para a espécie humana, sendo, por exemplo, um regulador-chave de nosso sistema imune. *Bacteroides thetaiotaomicron* é um membro dominante dessa microbiota, e teve seu genoma sequenciado por Xu et al. (2003). Seu DNA possui 6,3

Mb, que codificam 4.779 proteínas. A simbiose bem-sucedida entre essa bactéria e o *Homo sapiens* decorre de uma estratégia que inclui no microrganismo: (a) sensibilidade adequada ao seu meio ambiente; (b) a aquisição de polissacarídios na sua dieta; e (c) a manipulação da expressão gênica em seu hospedeiro. Um exemplo extremo de simbiose é o de um bacteroidete, filotipo CfPt1-2, que vive nas células do protozoário *Pseudotriconympha grassii*, o qual, por sua vez, parasita o canal alimentar do cupim *Coptotermes formosanus*. O seu genoma é de 1,1 Mb, com 758 sequências codificadoras de proteínas, e é a associação dessas três entidades que possibilita ao cupim alimentar-se apenas de madeira (Hongoh et al., 2008).

Outro membro do filo Chlorobia-Bacteroidetes, *Salinibacter ruber*, notabiliza-se pela capacidade de sobreviver a ambientes hipersalinos. Esse organismo representa 10-20% das células em comunidades salinas em seu clímax. Seu genoma contém 3,5 Mb e um conteúdo de G+C de 66% (Mongodin et al., 2005). Como os ambientes hipersalinos são geralmente habitados por haloarcheas, a pergunta é como se desenvolveu tal capacidade na bactéria. Ela seria, provavelmente, resultado de uma convergência em nível fisiológico (genes diferentes produzindo fenótipos similares) e molecular (mutações independentes dando origem a sequências e estruturas similares). Alternativamente, poder-se-iam imaginar transferências gênicas laterais entre os ancestrais desses organismos. Essa questão foi investigada por Mongodin et al. (2005), que compararam os genomas de *Salinibacter* com os de dez outras espécies. Eles concluíram que as transferências entre *Salinibacter* e haloarchaea teriam sido modestas; portanto, a causa principal entre as semelhanças é a convergência adaptativa.

Outro bacteroidete marinho é o *Polaribacter* sp. linhagem MED 152, que apresenta um genoma de 3,0 Mb, 2,7 mil genes, é portador do gene da proteorrodopsina e parece especialmente adaptado para sentir e responder à luz (González et al., 2008).

4.14 Bacilos, estreptococos e tétano

O gênero *Bacillus* constitui-se em um grupo diversificado de espécies. As relações entre algumas delas e formas afins, tomando como base 20 conjuntos de grupos ortólogos (CoGs: *Clusters of Orthologous Groups*), foram examinadas por Alcaraz et al. (2008). *Bacillus anthracis*, *B. cereus* e *B. thuringiensis* agrupam-se em um clado; o primeiro tornou-se notório como uma possível bioarma; o segundo, por causar envenenamento alimentar; e o terceiro, como pesticida. *B. anthracis* e *B. thuringiensis* distinguem-se de *B. cereus* pela presença de toxinas específicas formadas por plasmídeos e pela formação de uma cápsula (*B. anthracis*); mas suas similaridades genômicas (5,2-5,4 Mb; 35% de G+C) levantam a questão se seriam espécies diferentes ou variedades da mesma espécie (Read et al., 2003; Ivanova et al., 2003). *B. subtilis* (4,2 Mb, 4.100 genes) posiciona-se em clado separado (Kobayashi et al., 2003) e *B. coahuilensis*, em outro. Com relação a este último, Alcaraz et al. (2008) isolaram exemplares de um lago do deserto de Chihuahua, México. Seu genoma, de 3,3 Mb, é o menor encontrado até agora em uma espécie de *Bacillus*, e o microrganismo parece ser uma bactéria marinha que se adaptou às novas condições do meio ambiente.

Tettelin et al. (2005) sequenciaram seis linhagens de serotipos de *Streptococcus agalactiae* (2,2 Mb), uma das principais causas de infecção em neonatos e agente emergente de doença em idosos. A partir dessa informação, e de mais duas sequências disponíveis em bancos de dados, estabeleceram um núcleo (o pan-genoma) capaz de caracterizar 80% de qualquer uma das sequências. Apesar disso, os autores verificaram a ocorrência de genes linhagem específicos e, por extrapolação matemática, concluíram que, mesmo após o sequenciamento de centenas de linhagens de *S. agalactiae*, seriam encontrados genes únicos.

O tétano é uma das doenças mais dramáticas e prevalentes em humanos e animais, tendo sido registrado historicamente há pelo menos 24 séculos. A paralisia espasmódica por ele causada é decorrente de uma toxina que mata em dose de apenas um nanograma por quilo corporal. O tétano neonatal ainda ocorre em cerca de meio milhão de recém-nascidos em todo o mundo. O agente patogênico, *Clostridium tetani*, tem um genoma de 3,0 Mb que codifica 2.372 genes. A toxina é codificada por um plasmídeo de 74 kb, mas existem pelo menos 35 genes responsáveis pela virulência do patógeno. Análises genômicas comparativas com duas outras espécies do gênero, uma patogênica (*C. perfringens*) e outra não patogênica (*C. acetobutylicum*), revelaram particularidades em *C. tetani* especialmente relacionadas à bioenergética dos íons de sódio (Brüggemann et al., 2003).

4.15 A doença dos poetas, seus agentes e afins, e genomas exagerados

Ela afligia poetas e outros intelectuais. Manuel Bandeira (1886-1968), atacado por ela aos 18 anos de idade, previa uma vida breve, lamentada em versos. Felizmente estava enganado e morreu por outras causas aos 82 anos de idade. Ela também inspirou obras-primas como *A Montanha Mágica*, de Thomas Mann (1875-1955), ou *O Dilema do Médico*, de Georges Bernard Shaw (1856-1950). Estamos nos referindo à tuberculose. Apesar da vacina BCG (Bacille Calmette--Guérin) e das terapias desenvolvidas, o *Mycobacterium tuberculosis* continua matando mais que qualquer outro agente infeccioso, favorecido pelas linhagens resistentes a drogas e por sua sinergia com o vírus da imunodeficiência adquirida (HIV). O seu genoma compreende 4,4 Mb, com um conteúdo de G+C de 66% que codifica 3,959 genes (Cole et al., 1998). A comparação com outro microrganismo causador de doença humana também historicamente muito referida, a lepra ou hanseníase, indica diferenças acentuadas. *M. leprae* tem apenas 3,3 Mb de DNA, conteúdo de G+C de 58% e apenas 1.604 ORFs.

A tuberculose não é uma doença importante apenas para a espécie humana; é uma das enfermidades infecciosas mais importantes em bovinos. *M. bovis* teve seu DNA sequenciado por Garnier et al. (2003). Ele apresenta notável similaridade com *M. tuberculosis*, e a deleção de informação genética foi a força dominante na sua diferenciação. Não foram encontrados genes específicos, e suas peculiaridades decorrem de alterações na expressão gênica e em componentes do envelope celular. Essa similaridade foi que condicionou sua escolha para a elaboração da vacina BCG, uma cepa das quais foi sequenciada por pesquisadores da Fundação Oswaldo Cruz em 2006.

Li et al. (2005) determinaram o genoma de *Mycobacterium avium paratuberculosis*, patógeno causador de uma enterite granulomatosa crônica no gado e em outros ruminantes domésticos: a doença de Johne. Seu DNA é um pouco maior que os genomas de *M. bovis* e *M. tuberculosis* (4,8 Mb), com um conteúdo maior de G+C (69%) e mais ORFs (4.350).

Mycobacterium marinum, patógeno comum a peixes e anfíbios, mas que também pode infectar seres humanos, possui um genoma de 6,6 Mb e 5,4 mil genes. A conservação dessa grande quantidade de material genético possibilita-lhe sobrevivência ambiental e adaptação a ampla gama de hospedeiros (Stinear et al., 2008).

Também do filo Actinobacteria como os organismos anteriores, *Rhodococcus* sp. RHA1, ao contrário, beneficia a nossa espécie por seu uso industrial na produção de esteroides bioativos, biodessulfurização de combustível fóssil e produção de acrilamida e ácido acrílico. Ele tem um dos maiores genomas bacterianos sequenciados até agora (9,7 Mb), com 67% de G+C e 9.145 genes codificadores de proteínas (McLeod et al., 2006). Os referidos autores compararam o seu genoma com os de dez outros actinomicetos e bactérias ecologicamente relacionadas. Verificaram que os cinco genomas por eles considerados com tamanho acima de 9,0 Mb são todos heterotróficos e habitantes de solos.

4.16 Sobre ácaros e baixas de guerra

A ordem Rickettsiales de bactérias inclui agentes de moléstias humanas como a anaplasmose granulocítica (causador: *Anaplasma phagocytophilum*), a ehrlichionose monocítica (causa: *Ehrlichia chafeensis*) e outras doenças, como a causada em animais por *Rickettsia conorii*. Em geral, os organismos são pequenos, de vida intracelular obrigatória, e possuem genomas também pequenos. *Anaplasma marginale*, transmitido por ácaros da família ixodidae, é o patógeno transmitido por ácaros mais comum em todo o mundo. Seu genoma foi sequenciado por Brayton et al. (2005) e possui 1,2 Mb, conteúdo de G+C de 49% e 949 genes codificadores de proteínas. *Ehrlichia ruminantium*, transmitida por ácaros do gênero *Amblyoma*, causa uma doença fatal e economicamente importante em ruminantes domésticos e selvagens. Seu genoma é constituído por 1,5 Mb, o conteúdo de G+C é de 27%, e tem 920 ORFs. Sua característica mais interessante é o grande número de repetições adjacentes e sequências duplicadas que apresenta (Collins et al., 2005).

Existe uma forma de tifo restrita a uma área geográfica bem definida, delineada pelo leste da Rússia, norte do Japão, norte da Austrália, Paquistão e Afeganistão, que foi responsável por mais baixas nas forças aliadas na Segunda Guerra Mundial do que as mortes em combate na área. A doença é causada por *Orientia tsutsugamushi*, que possui um genoma de 2,1 Mb, conteúdo de G+C de 30% e 2.179 ORFs. Como em *E. ruminantium*, o referido genoma apresenta muitas sequências repetidas, na verdade 200 vezes mais do que as que ocorrem no genoma de *Rickettsia prowazckii*. São 37% de repetições idênticas na forma de elementos genéticos móveis e genes acessórios, que devem estar envolvidos em interações hospedeiro-parasita (Cho et al., 2007).

4.17 Iogurte e outros laticínios

Os Lactobacillales constituem-se em um grupo de organismos gram-positivos e microaerofílicos que fermentam os açúcares de seis átomos de oxigênio (hexoses) para a produção de ácido lático. Eles incluem gêneros industrialmente importantes como *Lactococcus*, *Enterococcus*, *Oenococcus*, *Pediococcus*, *Streptococcus*, *Leuconostoc* e *Lactobacillus*, e o seu metabolismo simples tem sido explorado ao longo da história para preservação de alimentos e bebidas desde as origens da agricultura. Esses organismos podem ser encontrados em plantas, no leite e nas superfícies das mucosas de animais. Makarova et al. (2006) construíram uma rede filogenética deles utilizando alinhamentos concatenados de proteínas ribossômicas, a qual é reproduzida na Fig. 4.2. Como indicado na figura, as Streptococcaceae situam-se em um ramo basal, próximo ao grupo externo. As Lactobacillaceae formam dois grupos distintos, e o da esquerda inclui como agrupamento irmão as Leuconostocaceae. *Lactobacillus casei* situa-se em posição basal com relação a *L. delbrueckii* e *L. gasseri*/*L. johnsonii*.

Lactobacillus bulgaricus é importante especialmente pela produção de iogurte, de uso generalizado como um componente nutritivo, natural e seguro para uma dieta sadia. Na fermentação do iogurte, ele funciona em íntima colaboração com *Streptococcus thermophilus*, o que proporciona uma acidificação acelerada. O genoma de *L. bulgaricus* foi sequenciado por van de Guchte et al. (2006), sendo constituído por 1,8 Mb, 50% de conteúdo G+C e 1.562 ORFs. Algumas de suas características únicas são: (a) número alto de genes de rRNA e tRNA; (b) alto conteúdo de G+C na posição 3 dos códons; e (c) presença de uma repetição invertida de 47,5 kb na região terminal de replicação. Os referidos autores sugerem que o genoma está em processo de redução de tamanho e aumento do conteúdo de G+C, talvez como uma mudança adaptativa relacionada com a troca de um hábitat associado a plantas para outro, rico em lactose.

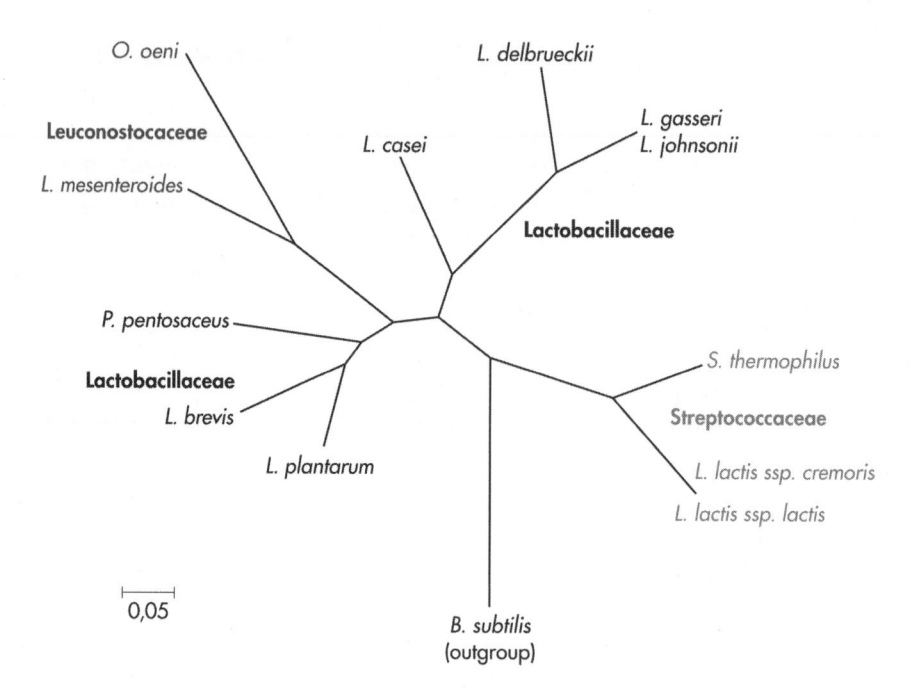

Fig. 4.2 Relações filogenéticas entre as Lactobacillaceae e formas afins obtidas através de alinhamentos concatenados de suas proteínas ribossômicas
Fonte: Makarova et al. (2006).

Lactobacillus acidophilus tem um genoma de 2,0 Mb, com 35% de G+C e 1.864 ORFs, não possuindo plasmídeos. Um espaçador de trinta e duas repetições quase perfeitas de 29 pb fornece uma assinatura molecular única para esse organismo (Altermann et al., 2005). Por sua vez, *Lactobacillus plantarum*, que ecologicamente é muito flexível, possui um dos maiores genomas já estudados entre as bactérias produtoras de ácido lático: 3,3 Mb; 44% de G+C; 3.052 ORFs (Kleerebezem et al., 2003).

4.18 O fantasma da infecção hospitalar

Staphylococcus aureus tem sido um problema recorrente em ambientes hospitalares por sua capacidade de desenvolver resistência a antibióticos utilizados no processo de esterilização desses locais (por exemplo, penicilina, meticilina ou vancomicina). Como consequência, podem surgir nos pacientes sintomas clínicos como bacteremia, pneumonia necrosante e endocardite. Holden et al. (2004b) sequenciaram uma cepa resistente à meticilina, isolada em ambiente hospitalar, e outra suscetível, em ambiente não hospitalar (2,9 Mb e 2,8 Mb de tamanho, respectivamente), e compararam essas sequências com as registradas em outros estudos. A resistência aos antibióticos decorre principalmente de elementos genéticos móveis; porém, cerca de 6% do DNA da linhagem sensível também era nova, o que indica o potencial de variação desse patógeno, naturalmente dificultando muito as medidas destinadas à sua erradicação.

Por sua vez, *Staphylococcus saprophyticus* causa frequentemente uma infecção benigna do conduto urinário, especialmente em mulheres jovens e de meia-idade, adquirida em ambiente não hospitalar. Seu genoma possui 2,5 Mb, 33% de G+C e 2.446 ORFs. Comparação com os genomas de *S. aureus* e *S. epidermidis* evidenciou a ausência dos fatores virulentos encontrados em *S. aureus* (coagulase, enterotoxinas, exoenzimas e proteínas de ligação à matriz extracelular). Por outro lado, a codificação de uma adesina nova ancorada à parede celular e aspectos diversos de seu metabolismo indicam adaptação notável para a aderência e crescimento rápido no conduto urinário (Kuroda et al., 2005).

Outro representante dos Firmicutes, *Candidatus desulforudis audaxviator*, vive a 2,8 quilômetros de profundidade, no solo de uma mina de ouro na África do Sul. O seu genoma é constituído por 2,3 Mb, com um conteúdo de G+C de 60,9% e 2,2 mil genes. Esse quimioautotrófico termófilo pode sintetizar o seu nitrogênio e carbono por meio de material compartilhado com os Archaea (Chivian et al., 2008).

4.19 Conteúdo de G+C e pan-genomas

O que determina o conteúdo de G+C de um organismo? Lind e Andersson (2008) consideraram essa questão experimentalmente por meio de uma linhagem de *Salmonella typhimurium* sob condições de seleção relaxada e ausência de sistemas de reparo de DNA. Os resultados sugeriram que genomas bacterianos que não tenham esses sistemas de reparo podem sofrer vieses mutacionais que rapidamente reduzirão o seu conteúdo de G+C.

A dificuldade de delimitação de espécies em procariotos já foi salientada anteriormente. Tettelin et al. (2008) sugeriram investigações de várias linhagens de uma determinada unidade taxonômica para verificar o seu genoma básico, a parte dispensável presente em algumas, mas não em todas as linhagens, assim como genes linhagem-específicos, um enfoque que eles denominaram de pan-genômico. Eles mesmos fizeram análises desse tipo em *Streptococcus agalactiae* e *Haemophilus influenzae*, aplicando também uma lei geral para a interpretação dos dados de diferentes pan-genomas.

4.20 Vírus

Os vírus são partículas ultramicroscópicas que entram em certas células e têm a capacidade de proliferar dentro delas; eles, entretanto, são incapazes de replicação autônoma e geralmente causam doenças. Sua origem envolve, provavelmente, genes que "escaparam" de outras células por mecanismos ainda não esclarecidos (ver adiante). Basicamente os vírus são constituídos por um envelope proteico, o capsídio, e por um genoma de proporções variadas. Às vezes também existem enzimas ou outras substâncias necessárias para a sua reprodução. São eles os parasitas por excelência, pois utilizam de seus hospedeiros, praticamente tudo de que necessitam para a sua reprodução, limitando-se a carregar aquilo que os hospedeiros não podem fornecer (De Duve, 2005).

Os vírus são entidades vivas ou mortas? Essa questão tem sido debatida há muito tempo. Como eles não podem ter vida autônoma, muitos negam a sua capacidade vital, o que é um engano. Uma vez que eles são partes integrantes de organismos vivos, são tão vivos como, por exemplo, os espermatozoides de um ser humano.

A estrutura genômica viral está longe de ser simples. Assim, os vírus podem ter uma única fita, seja de DNA ou RNA, ou duas; o sentido da leitura pode variar (positivo ou negativo); a molécula pode ser linear, linear segmentada ou circular; os genes podem estar em apenas uma das fitas ou em ambas; e os retrovírus necessitam de um DNA intermediário para a replicação. Quando os hospedeiros são bactérias, os vírus são chamados de **fagos**, abreviatura para bacteriófagos, literalmente comedores de bactérias, pela propriedade que muitos deles têm de lisar a célula durante o período de replicação. Fagos que não lisam células são denominados de **temperados**. **Viroides** são agentes causadores de doenças em plantas que apresentam uma molécula de fita simples de RNA circular contendo somente de 270 a 380 nucleotídeos. Os **plasmídeos**, por sua vez, são moléculas circulares de DNA de fita dupla, com tamanhos que variam de um a 200 kb, os quais geralmente conferem alguma vantagem à bactéria em que estão localizados (King e Stansfield, 2002).

Existe um comitê internacional responsável pela taxonomia dos vírus (International Committee on Taxonomy of Vírus, ICTV), e a Universal Virus Database (http://www.ncbi.nlm.nih.gov/ICTVdb) está autorizada a fornecer listas dos nomes aprovados e sua descrição. Em época recente, estavam lá listados 269 gêneros e 3.701 espécies (Upton e Lefkowitz, 2008). Esses autores fornecem informações detalhadas sobre as ferramentas de bioinformática necessárias para a análise da genômica comparativa de sequências virais; e Salminen (2003) ensina como detectar recombinação nestas últimas, um processo de variabilidade que tem importância tanto teórica quanto aplicada (exemplo: fabricação de vacinas).

A Tab. 4.1 fornece números quanto ao total de vírus, viroides e plasmídeos cujos genomas foram inteiramente sequenciados. As faixas de variação no tamanho genômico de viroides e plasmídeos já foram indicadas nos parágrafos anteriores. Quanto aos vírus, os de RNA geralmente variam de 3 a 20 kb, com os coronavírus apresentando cerca de 30 kb. Os de DNA variam mais, ocorrendo genomas de menos de 10 kb (exemplo: parvovírus), outros de tamanho médio (adnovírus, cerca de 35 kb), e ainda outros maiores (poxvírus, 145-350 kb; mimivírus, 1,2 Mb) (Upton e Lefkowitz, 2008).

Exemplos selecionados de estudos com ampla gama de famílias de vírus são apresentados na Tab. 4.4. Os genomas listados variam de 6,8 kb a 1.181,4 kb; o maior, portanto, sendo 174 vezes o tamanho do menor. O número de genes identificados varia de 14 a 1.262, mas não há uma relação estrita entre esse número e o comprimento do genoma. O conteúdo de G+C também se mostrou variável: de 26% a 40%. Em um estudo foram investigados 20 membros da família Poxviridae. A análise filogenética mostrou que tanto os que infectam insetos (entomopox) como os que atacam os vertebrados (chordopox) constituem-se em clados monofiléticos. Das 49 famílias gênicas identificadas, 42 mostraram evidências de seleção negativa, conservadora, e devem estar vinculadas a processos básicos nesses organismos. Por outro lado, as perdas e ganhos em outras regiões, importantes para a adaptação a diferentes hospedeiros, e fatores de virulência mostraram evidências de seleção positiva (adaptativa).

O CSDaV (*Citrus sudden death-associated virus*), estudado por um grupo de pesquisadores brasileiros (Maccherone et al., 2005), como o nome indica está associado a uma nova doença de frutas cítricas que infectou pelo menos um milhão de plantas em 2003, em Minas Gerais e São Paulo: a doença da morte

Tab. 4.4 Exemplos selecionados de estudos genômicos em vírus

Vírus	Família	Hospedeiro	Tam. do genoma (kb)	% G+C	N° genes	Refer.
CSDaV (*Citrus sudden death-associated virus*)	Tymoviridae	Frutas cítricas	6,8	ND	ND	1
STIV (*Sulfolobus turreted icosahedral virus*)	ND	Sulfolobus solfataricus (Archaea)	17,7	36,0	50	2
SARS-CoV (*Severe acute respiratory syndrome-coronavirus*)	Coronaviridae	Homo sapiens	29,7	ND	14	3
Vinte diferentes	Poxviridae	Diversos	144,5-288,5	ND	ND	4
c-st Bo NTX/C1 (fago conversor de neurotoxinas botulínicas C1)	Bacteriófagos	Clostridium botulinum (Bacteria)	185,7	26,2	198	5
EhV-86 (*Emiliana huxleyi virus*, Coccolithovirus	Phycodnaviridae	Emiliana huxleyi (Alga)	407,3	40,2	472	6
CcBV (*Cotesia congregata bracovirus*)	Polydnaviridae	Manduca sexta (Lepidoptera)	567,7	34,0	156	7
Mimivírus	Mimiviridae	Acanthamoeba polyphaga	1.181,4	28,0	1.262	8

ND: Não disponível, pelo menos na publicação referida.
Referências: 1. Maccheroni et al. (2005); 2. Rice et al. (2004); 3. Marra et al. (2003); 4. McLysaght, Baldi e Gaut (2003); 5. Sakaguchi et al. (2005); 6. Wilson et al. (2005); 7. Espagne et al. (2004); 8. Raoult et al. (2004).

súbita. O vírus é um novo membro do gênero *Marafivirus*, e na análise filogenética mostrou-se mais próximo de GAMav (*Grapevine asteroid mosaic associated virus*; Fig. 4.3).

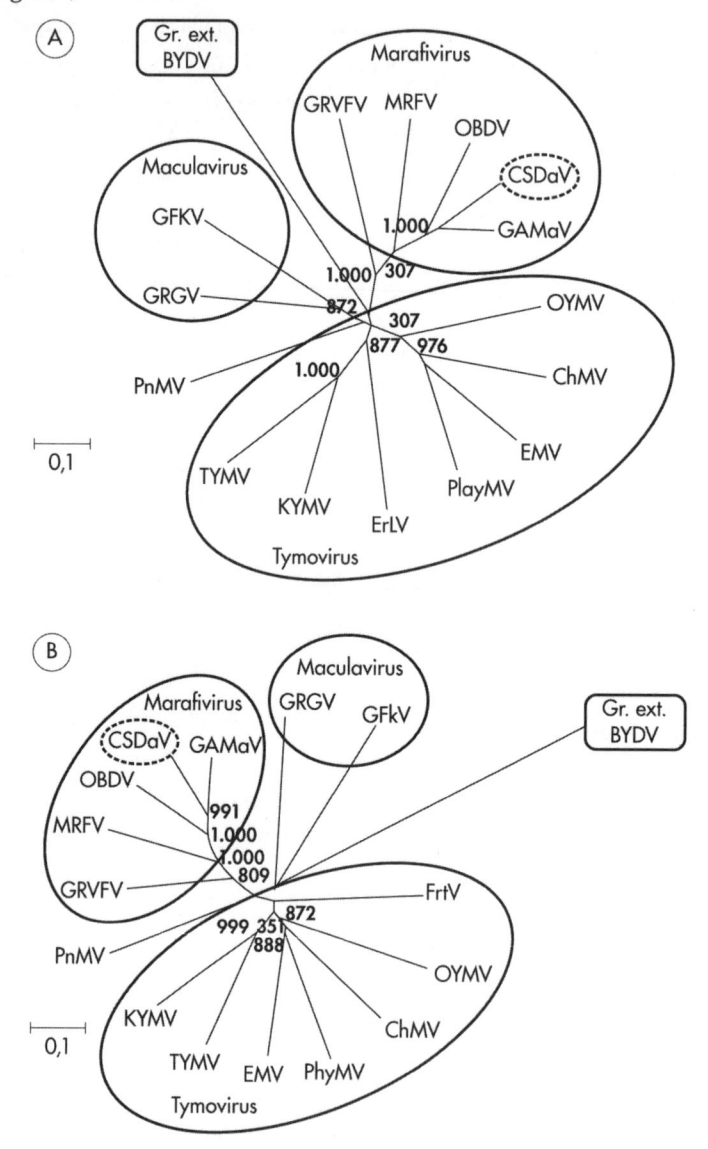

Fig. 4.3 Relações filogenéticas considerando as sequências do envelope proteico (A) e da RNA polimerase dependente (B) entre membros da família Poxviridae. BYDV: *Barley yellow dwarf virus*; ChMV: *Chayote mosaic virus*; CSDaV: *Citrus sudden death-associated virus*; EMV: *Eggplant mosaic virus*; ErLV: *Erysimum latent virus*; GAMAaV: *Grapevine asteroid mosaic-associated virus*; GFkV: *Grapevine fleck virus*; GRGV: *Grapevine red globe virus*; GRVFV: *Grapevine rupestris vein feathering virus*; KYMV: *Kennedya yellow mosaic virus*; MRFV: *Maize rayado fino virus*; OBDV: *Vat blue dwarf virus*; OYMV: *Ononis yellow mosaic virus*; PhyMV: *Physalis mottle virus* (Maccherone et al., 2005).

Estudos relativamente recentes estão proporcionando uma nova visão sobre a origem dos vírus. O grande tamanho do genoma dos Mimivírus, que sobrepõe-se ao de muitas bactérias, e sua posição filogenética separada com relação aos três domínios básicos da vida (Raoult et al., 2004) sugerem que os vírus podem ter tido um ancestral comum surgido antes da emergência desses três domínios. Na mesma direção aponta a presença de um motivo AAAATTGA em cerca da metade dos genes dos Mimivírus, que parece ser o equivalente à sequência TATA do elemento promotor nuclear de eucariotos (Suhre, Audic e Claverie, 2005). Por outro lado, a estrutura do envelope proteico de um vírus termofílico de Archaea (STIV: *Sulfolobus turreted icosahedral virus*) foi encontrada também em vírus de bactérias e de eucariotos (Khayat et al., 2005; Burnett, 2006), o que sugere uma origem comum anterior à separação Archaea/Bacteria/Eukarya.

Wu et al. (2009) desenvolveram um método livre de alinhamento para construir uma filogenia com base no proteoma total de 11 famílias virais, compreendendo 142 vírus grandes de dupla fita de DNA de eucariotos. Os resultados indicaram boa concordância com classificações anteriores, mas também sugeriram posições taxonômicas para vírus até então "não classificados" e candidatos para a transferência gênica horizontal entre as famílias.

Um consórcio brasileiro, em colaboração com cientistas dos Estados Unidos (Ramsden et al., 2008), verificou que, contrariamente ao que se acreditava, os hantavírus apresentam taxas de substituições nucleotídicas da mesma ordem de magnitude das de outros vírus de RNA, e não valores baixos. Outros estudos evolucionários nesses tipos de vírus foram: (a) a identificação de um lentivírus endógeno parasita de *Microcebus murinus* (um lêmure de Madagascar), que aparentemente é uma forma transicional entre os que ocorrem em primatas e os de felinos ou outros animais (Gifford et al., 2008); (b) a determinação da arquitetura e da estrutura secundária de outro lentivírus, o HIV-1 humano (Watts et al., 2009); e (c) o sequenciamento e análise de 99 sorotipos de rinovírus humanos, agentes etiológicos do resfriado comum, que puderam ser classificados em três grandes grupos, HRV-A, HRV-B e HRV-C, o último de descrição mais recente (Palmenberg et al., 2009).

4.21 Organelas – DNA mitocondrial (mtDNA)

A mitocôndria é uma organela citoplasmática encontrada em quase todos os organismos eucarióticos. Seu número varia de célula para célula, e isso parece estar correlacionado com as suas necessidades energéticas, pois a mitocôndria pode ser considerada uma verdadeira usina de produção de energia. Essas organelas são basicamente compostas por duas membranas: uma externa, que a delimita, e outra interna, com muitas dobras (as cristas), de maneira a aumentar a superfície onde ocorre a síntese de energia, por meio do processo da fosforilação oxidativa. Além da produção de energia, a mitocôndria está relacionada a vários outros processos fundamentais para a célula eucariótica, como a morte celular programada, através de uma maquinária de síntese proteica. Por outro lado, as espécies reativas de oxigênio por ela geradas parecem ser importantes para a formação de lesões que se acumulam com a idade, acarretando o processo de envelhecimento.

Há consenso de que a mitocôndria surgiu por um processo de simbiose entre uma arquebactéria e uma alfa-proteobactéria, embora haja diferentes versões sobre como ocorreu o processo. Posteriormente, boa parte dos genes da organela migrou para o DNA nuclear de seu hospedeiro.

Uma das características mais curiosas do mtDNA é que seu código genético pode diferir do código universal. Esses desvios são de diferentes tipos nos mtDNAs de hospedeiros diversos, distribuídos por todos os eucariotos. Bender, Hajiewa e Moosmann (2008) analisaram em detalhe uma dessas alterações que deve ter ocorrido bem cedo na evolução da mitocôndria: a trinca AUA codificar para metionina em vez de isoleucina. Eles demonstraram que essa mudança leva a uma acumulação maciça de metionina na membrana interna da mitocôndria, e que esse aminoácido tem propriedades antioxidantes e citoprotetoras que o tornam alvo de seleção positiva. Segundo esses autores, a referida mudança no código genético foi uma adaptação única da mitocôndria ao estresse oxidativo. Outra característica curiosa do funcionamento do mtDNA é a presença de um mecanismo muito simplificado de descodificação. Em vertebrados, existem somente 22 tRNAs para traduzir os códigos com sentido para os 20 aminoácidos.

A estrutura do mtDNA varia marcantemente de acordo com os seus hospedeiros, e a Tab. 4.5 fornece uma visão panorâmica dessa variabilidade. Os maiores genomas ocorrem em plantas; assim, o mtDNA de *Cucumis melo* tem nada menos que 2.000 kb (2 milhões de pb); e os nove genomas de vegetais listados na tabela não se sobrepõem em tamanho aos de outros organismos. Apenas o mtDNA do fungo *Podospora anserina*, com 100,3 kb, aproxima-se do menor das plantas incluído na tabela (186,6 kb, *Marchantia polymorpha*). O intervalo mais frequente de tamanho dos mtDNAs de fungos, no entanto, é de 40-49 kb, o mesmo ocorrendo para os protozoários. Em invertebrados, o intervalo de variação mais frequente é o de 15,0-15,9 kb, enquanto em vertebrados é um pouco maior (16,0-16,9 kb). No *Homo sapiens*, o mtDNA tem 16,6 kb.

O mtDNA dos protozoários geralmente se parece mais com os de plantas do que com os de animais ou fungos. Nos metazoários, o que se observa é o seu arranjo compacto, constância de conteúdo gênico e só uma região não codificadora de cerca de 1,0 kb de tamanho. Há uniformidade de conteúdo gênico, mas os vertebrados mostram uma distribuição diferente de genes tRNA com relação aos outros grupos, e há, também, notável heterogeneidade em composição de

Tab. 4.5 Tamanhos dos genomas do DNA mitocondrial de diferentes organismos

Organismo	Tamanhos dos genomas mitocondriais (kb)							
Plantas	100-199 1	300-399 2	400-499 3	500-599 2	2000 1			
Fungos	10-19 1	20-29 3	30-39 1	40-49 4	50-59 2	60-69 1	80-89 1	100-109 1
Protozoários	1-9 3	10-19 1	20-29 4	30-39 4	40-49 11	50-59 3	60-69 2	
Artrópodos	14,0-14,9 7	15,0-15,9 15	16,0-16,9 5	17,0-17,9 2	19,0-19,9 1			
Outros invertebrados	11,0-11,9 1	13,0-13,9 9	14,0-14,9 10	15,0-15,9 11	16,0-16,9 3	17,0-17,9 3	18,0-18,9 3	22,0-22,9 1
Peixes	15,0-15,9 6	16,0-16,9 56	17,0-17,9 4	18,0-18,9 1				
Anfíbios	16,0-16,9 1	17,0-17,9 3						
Répteis	16,0-16,9 5	17,0-17,9 4						
Aves	15,0-15,9 1	16,0-16,9 15	17,0-17,9 5	18,0-18,9 2				
Mamíferos	15,0-15,9 1	16,0-16,9 50	17,0-17,9 15					
Outros vertebrados	16,0-16,9 7	18,0-18,9 1						

Fonte: Saccone e Pesole (2003); Helfenbein et al. (2004); Kubo e Mikami (2007).

bases: o conteúdo de GC varia de 15% na abelha a 52,3% em *Diplophos tenia*, um peixe. Em invertebrados, há considerável variação no tamanho da região não codificadora principal: de 121 pb no ouriço-do-mar a 4.601 bp em *Drosophila*.

Silvestre, Dowton e Arias (2008), duas brasileiras e um norte-americano, sequenciaram 78% do genoma mitocondrial da abelha sem ferrão *Melipona bicolor*, tendo também identificado um evento de translocação de tRNA entre 14 espécies de Meliponini distribuídas pelo Brasil, Austrália, Gana, Índia e Tailândia.

4.22 mtDNA – de plantas a mamutes extintos e uma pergunta

A organização e a variação no mtDNA de sete espécies de angiospermas foram examinadas por Kubo e Mikami (2007). O número de genes identificados (50-60) é maior que os de um mtDNA típico de vertebrados (37), porém menor que os da hepática *Marchantia* (72). Todos seguem o código genético universal e foi possível rastrear a perda de cinco íntrons e duas mudanças de *cis* para *trans* no processamento entre os diferentes mtDNAs. Sequências denominadas promíscuas (homólogas a plastídeos ou DNA nuclear) foram encontradas em 19,6% no mtDNA do arroz, mas em proporção muito menor nos outros (2,5% a 5,4%).

Sickmann et al. (2003) fizeram o levantamento completo das 750 diferentes proteínas encontradas na levedura *Saccharomyces cerevisae* (classificada como um fungo); e Helfenbein et al. (2004) verificaram que o genoma do mtDNA de *Paraspadella gotoi*, um invertebrado marinho, é muito reduzido (apenas 11,4 kb e 14 genes). Gilbert et al. (2008) realizaram a façanha de determinar 300 mil nucleotídeos do DNA de 18 mamutes lanosos da Sibéria, já extintos, por meio de seus pelos, preservados no ambiente gelado da região. Wallace (2007), por sua vez, perguntou por que nós ainda temos um mtDNA em nossas células. A resposta é que ele, com seus genes controladores de energia, seria vital para permitir uma adaptação rápida a novos ambientes. Para os argumentos apresentados, consulte o artigo.

4.23 Organelas – cloroplastos

Plastídeos são organelas celulares limitadas por uma membrana dupla, sendo caracterizados por um DNA circular (plastoma), que codifica proteínas envolvidas na fotossíntese e na expressão gênica, por meio do seu controle e do genoma nuclear. A unidade funcional do plastoma é o **nucleoide**, um complexo que contém DNA plastidial, diversas proteínas e RNAs. As proteínas podem ser de origem procariótica ou eucariótica.

Entre os plastídeos, o cloroplasto, sem dúvida, é o mais bem caracterizado (Saccone e Pesole, 2003). Essa organela, responsável pelo processo fotossintético, é geralmente achatada e em forma de lente, possuindo três sistemas de membranas: as duas externas já mencionadas, e uma terceira, estruturada em pequenos sacos, os **tilacoides**. Estes agrupam-se em fileiras denominadas de **grana**, interconectados entre si, e é nessas estruturas que ocorrem as reações fotossintéticas desencadeadas pela luz. O material amorfo que as rodeia é o **estroma**, onde se localiza o **nucleoide**, constituído pelo DNA cloroplasmático (cpDNA) e ribossomos 70S, podendo ocorrer de 20 a 200 cópias do genoma em cada organela (Chies, 2003). É no estroma que se localizam as reações independentes da luz necessárias à fotossíntese. A herança dos cloroplastos ocorre predominantemente por via materna, mas pode também existir herança paterna (por exemplo, nas gimnospermas), ou biparental. No gênero *Passiflora*, as espécies do subgênero Decaloba apresentam herança materna, mas as do subgênero Passiflora, herança paterna (Muschner et al., 2006).

O cpDNA é circular e divide-se em quatro segmentos: duas sequências idênticas duplicadas e invertidas, as quais separam o genoma em duas regiões de DNA de cópia simples, uma grande e outra pequena. Os genes geralmente estão próximos uns dos outros, e os espaçadores são pequenos. A taxa de substituição nucleotídica é menor que no DNA nuclear, porém maior que no mtDNA.

A Tab. 4.6 fornece os tamanhos dos cpDNAs de diferentes organismos, separando-os em intervalos homogêneos de 10 kb. Como se pode verificar, a variação é ampla entre os 133 genomas sequenciados: de 70,0 kb (presente em *Epifagus virginiana*, uma Orobanchaceae parasita que não fabrica clorofila) até 223,9 kb, em *Stigeoclonium helveticum* (uma alga verde). Porém, a moda da distribuição situa-se nos invervalos de 150,0-159,9 e de 160,0-169,9 – mais especificamente de 150,0 kb (no cpDNA de *Cyanidioschyzon merolae*, uma alga vermelha que habita águas quentes, ricas em sulfatos) a 165,9 kb (no de *Lemna minor*, uma Araceae aquática). Os 77 genomas incluídos nos dois intervalos correspondem a 58% dos investigados. Guisinger et al. (2008) verificaram um aumento sem precedentes de substituições nucleotídicas em cloroplastos da família Geraniaceae.

Um caso espetacular de transgenia foi estudado por Rumpho et al. (2008) na alga *Vaucheria litorea* e no molusco *Elysia chlorotica*. Este último utiliza-se da alga como alimento, cujos cloroplastos (de 115,3 kb) são sequestrados para o epitélio digestivo do molusco, onde eles realizam a fotossíntese por meses, dando a ele a aparência de uma folha verde. Isso ocorre independentemente do núcleo e do citoplasma da alga, uma observação surpreendente, já que a fotossíntese depende não só de fatores cloroplasmáticos, mas também nucleares. Os referidos autores, então, investigaram o genoma do molusco e verificaram a presença do gene *psbO*, fundamental para a fotossíntese, que deve ter se inserido em *E. chlorotica* por transferência gênica horizontal a partir de *V. litorea*. É ele que possibilita o funcionamento da fotossíntese por meio dos cloroplastos obtidos pela alimentação.

Tab. 4.6 Tamanhos dos genomas do DNA do cloroplasto de diferentes organismos

Tamanhos dos genomas (kb)	N° de organismos	Tamanhos dos genomas (kb)	N° de organismos
70,0-79,9	3	150,0-159,9	52
80,0-89,9	2	160,0-169,9	25
100,0-109,9	3	180,0-189,9	2
110,0-119,9	13	190,0-199,9	5
120,0-129,9	8	200,0-209,9	1
130,0-139,9	11	210,0-219,9	1
140,0-149,9	6	220,0-229,9	1
Total			133

Fonte: <http://www.ebi.ac.uk> (European Bioinformatics Institute; acesso em 15/1/2009).

4.24 Organelas – apicoplastos e nucleomorfos

Apicoplastos são plastídeos não fotossintéticos que contêm um DNA circular herdado da linha materna. Eles ocorrem no filo Apicomplexa de protozoários, composto por organismos de extrema importância médico-sanitária. O apicoplasto de *Toxoplasma gondii*, agente etiológico da toxoplasmose, doença grave que causa hidrocefalia ou microcefalia em recém-nascidos, bem como sintomas diversos na infância e na vida adulta, é extremamente reduzido (apenas 35,0 kb), muito similar aos genomas cloroplasmáticos. O de *Eimeria tenella*, que causa doença hemorrágica em aves, também é pequeno (34,7 kb). O de *Plasmodium falciparum*, causador de malária grave, tem tamanho similar (35,0 kb), apresenta baixa complexidade, e seu conteúdo gênico e sua organização são claramente de um genoma plastidial de algas (Saccone e Pesole, 2003).

Nucleomorfos são núcleos vestigiais resultantes de dois processos de endossimbiose. Na **endossimbiose primária**, um procarioto semelhante a uma cianobactéria é englobado por um hospedeiro eucarioto, cujo núcleo (Nu1) recebe pelo menos 1.000 genes de origem bacteriana ao longo do tempo. Posteriormente ocorre uma **endossimbiose secundária**, que envolve a captura e retenção do eucarioto fotossintético primário por outro eucarioto. Há, então, a passagem de genes do núcleo do endossimbionte primário (Nu1) para o núcleo do segundo hospedeiro eucarioto (Nu2). Há transferência maciça, de maneira que o que sobra de Nu1 são apenas vestígios de seu conteúdo anterior, sendo ele então denominado de nucleomorfo (Gilson et al., 2006).

O processo indicado ocorreu independentemente em duas classes de algas: as criptofitas e as cloraracnofitas. Os nucleomorfos de duas criptofitas, *Guillardia theta* e *Hemiselmis andersenii*, e de uma cloraracnofita, *Bigelowiella natans*, foram totalmente sequenciados (Douglas et al., 2001; Gilson et al., 2006; Lane et al., 2007), fornecendo importante informação sobre o que ocorre quando há perda acentuada e compactação em um determinado genoma.

O nucleomorfo de *B. nathans* apresenta apenas 373 kb, sendo o menor genoma nuclear conhecido até o momento. Seguem-se, em ordem de tamanho, o de *G. theta* (551 kb) e o de *H. andersenii* (572 kb). Há notável similaridade entre os nucleomorfos de *B. nathans* e *G. theta*, ambos constituídos por três cromossomos com DNA ribossomal subtelomérico. Como suas histórias evolucionárias foram distintas, este é um exemplo marcante de evolução convergente.

Por que esses nucleomorfos ainda persistem? Em *B. nathans*, apenas 17 genes que condicionam proteínas plastidiais não foram transferidos para o núcleo do segundo hospedeiro eucariótico. Gilson et al. (2006) examinaram essa questão em detalhe, eliminando hipóteses previamente levantadas, e concluíram que simplesmente o que falta é tempo para a transferência, estando essas estruturas em vias de extinção. Mas o fato de que as cloraracnofitas possivelmente são, em termos evolucionários, muito mais jovens que as criptofitas e, no entanto, apresentam um grau de compactação muito maior em seu nucleomorfo, indica que esse fenômeno não é simplesmente tempo-dependente (Cavalier-Smith, 2006).

Williams et al. (2005) perguntaram por que ocorre compactação em determinados genomas. Uma explicação óbvia seria a economia de energia de funcionamento. No entanto, a perda de íntrons pode levar a distúrbios no controle da expressão gênica e à ocorrência de produtos transcritos multigênicos. Uma das consequências da transcrição compartilhada é a ocorrência de longas regiões não traduzidas, e esses organismos devem ter montado sistemas adaptativos diversos para tornar o sistema viável.

4.25 Explosão da biodiversidade – eucariotos

Já se fez menção, no Cap. 2, às diferenças entre procariotos e eucariotos. Esta última palavra deriva do grego *eu-karyon*, que significa verdadeira noz ou verdadeiro núcleo, alusão à sua presença diferenciada em eucariotos, mas não em procariotos. Existe uma enorme diferença de diversidade entre esses dois grupos de organismos. Entre os procariotos, o número de espécies descritas situa-se ao redor de dez mil, enquanto nos eucariotos esse número alcança um milhão e quinhentos mil, a metade constituindo-se de insetos. Adicionalmente, é possível que a maioria das principais linhagens eucarióticas tenha se formado em um período relativamente curto de 10-100 milhões de anos, embora haja controvérsias sobre a exata datação desse evento (Lynch, 2007). Há também muitas diferenças entre a maquinária biológica de procariotos e eucariotos; algumas já foram mencionadas no Cap. 2, e o Quadro 4.1 indica outras. Em boa parte, elas relacionam-se com a presença de íntrons em eucariotos e sua ausên-

Quadro 4.1 Algumas diferenças no funcionamento biológico de eucariotos e procariotos

Eucariotos	Procariotos
1. Presença dos íntrons nos genes codificadores de proteínas e mecanismos complexos de processamento para separá-los	Íntrons raros e autoprocessáveis
2. Transcritos com regiões não traduzidas grandes	Regiões não traduzidas curtas
3. Adição de caudas poli-A em todos os RNAs mensageiros	Poliadenilação rara e não essencial
4. Início da tradução através de busca para o códon de iniciação	Ligação direta do ribossomo a uma sequência pequena a montante do ponto de início da tradução, complementar à sequência do ribossomo
5. Monitoramento do RNA-mensageiro	Ausente
6. Cromossomos lineares múltiplos protegidos por telômeros	Cromossomos lineares simples
7. Mitose e meiose	Ausente

Fonte: Lynch (2007).

cia em procariotos. Mas a associação DNA-proteína que condicionou a formação de cromossomos em um nível acima do existente em procariotos e que levou ao surgimento da mitose e da meiose deve ser enfatizada.

O Quadro 4.2 apresenta uma classificação simplificada dos eucariotos, divididos em quatro reinos: Protoctista, Plantae, Fungi e Animalia. Mesmo um exame superficial do quadro mostra a enorme diversidade desse grupo de organismos, e a validação da classificação morfofisiológica em nível molecular ainda terá de aguardar um bom tempo. Cavalier-Smith (1998) abordou essa questão de maneira detalhada, e aspectos importantes foram revisados por Medina (2005); Steenkamp, Wright e Baldauf (2006), Lynch (2007) e Sanderson (2008).

A maioria dos eucariotos pode ser subdividida em duas grandes unidades evolutivas ou clados: os **unikontes** e os **bikontes**. Os unikontes caracterizam-se pela presença de células com um único flagelo em pelo menos um estágio de seu ciclo vital, enquanto os bikontes parecem ter tido todos um ancestral biflagelado. O apoio molecular a essa divisão, no entanto, apresenta exceções (Steenkamp, Wright e Baldauf, 2006), o que é natural, em razão do amplo conjunto de organismos considerados. Outra subdivisão muito citada é constituída pelos Opisthokonta, que reuniria animais, fungos e alguns Protoctistas. A base para combinação tão diversa seria a inserção de 12 aminoácidos no gene do Fator de Alongamento 1-alfa ($EF-1\alpha$), que ocorre apenas nesses organismos. Outras análises sobre as posições relativas desses supergrupos podem ser encontradas em Hampl et al. (2009).

Assis et al. (2008) identificaram um fenômeno que deve contribuir para a complexidade organizacional dos genomas dos metazoários. Trata-se da inserção de um gene no íntron de outro gene. O estudo envolveu 428 dessas estruturas no *Homo sapiens*, 815 em *Drosophila melanogaster*, 440 em *Caenorhabiditis elegans* e 608 em *C. briggsae*. Os autores verificaram taxas substancialmente mais altas de inserções quando comparadas às deleções. Análises dessas taxas em escala temporal sugerem que a complexidade organizacional dos metazoários deverá continuar a aumentar por muitos milhões de anos através desse processo.

Outro aspecto importante a considerar com relação a essa complexidade é a existência de domínios apelidados de "promíscuos". Eles tipicamente estão envolvidos em interações proteína-proteína e têm papel fundamental em redes de interação, especialmente naquelas que condicionam transdução de sinal (fenômeno caracterizado por vias através das quais as células recebem sinais externos e os transmitem, amplificam e direcionam internamente). A partir de 28 genomas de eucariotos, foram identificados 215 desses domínios. Eles parecem ser mais frequentes em animais do que em fungos ou plantas, complementando estudos anteriores que os vinculam à criação e modulação da funcionalidade molecular, à medida que aumenta a complexidade do organismo (Basu et al., 2008).

Quadro 4.2 Classificação simplificada dos eucariotos

Reinos	Filo ou Superclasse	Subfilo e Classes
Protoctista	29 reconhecidos	Grande número
Plantae	Bryophita	Três subfilos, várias classes
	Tracheophyta, Filicinae, Gymnospermae	Quatro subfilos, cinco classes
	Angiospermae	Dicotyledoneae (25 ordens), Monocotyledoneae (8 ordens)
Fungi	Zygomycota	Diversos(as)
	Basidiomycota	Diversos(as)
	Ascomycota	Diversos(as)
Animalia	Placozoa	Diversos(as)
	Porifera	Diversos(as)
	Mesozoa	Diversos(as)
	Cnidaria	Hydrozoa, Scyphozoa, Anthozoa
	Ctenophora	Diversos(as)
	Platyhelminthes	Turbellaria, Trematoda, Cestoda
	Nemertina	Diversos(as)
	Gnathostomulida	Diversos(as)
	Acanthocephala	Deversos(as)
	Entoprocta	Diversos(as)
	Aschelminthes	Rotifera, Gastrotricha
	Loricifera	Cinco subphyla
	Phoronida	Diversos(as)
	Ectoprocta	Diversos(as)
	Brachiopoda	Diversos(as)
	Sipunculoidea	Diversos(as)
	Mollusca	Amphineura, Scaphopoda, Gastropoda, Pelecypoda, Cephalopoda
	Echiuroidea	Diversos(as)
	Annelida	Polychaeta, Oligochaeta, Hirudinea
	Tardigrada	Diversos(as)
	Onychophora	Diversos(as)
	Pentastomida	Diversos(as)
	Arthropoda	Chelicerata: Merostomata, Pycnogonida, Arachnida. Mandibulata: Crustacea, Myriapoda, Hexapoda (subclasse Insecta com 25 Ordens).
	Echinodermata	Cinco classes
	Chaetognatha	Diversos(as)
	Pogonophora	Diversos(as)
	Chordata	Acraniata: Hemichordata, Urochordata, Cephalochordata. Craniata: Agnatha (Cyclostomata), Gnathostoma: Chondrichthyes, Osteichthyes (com 14 ordens), Amphibia (com 3 ordens), Reptilia (Chelonia, Rhynchocephalia, Squamata, Loricata), Aves (com 6 ordens), Mammalia (com 12 ordens).

Fonte: King e Stansfield (2002).

Padrões conservados de interação proteica foram identificados por Sharan et al. (2005), por meio dos genomas de *C. elegans*, *D. melanogaster* e *S. cerevisae*. Partindo do exame de 71 redes conservadas nas três espécies, foi possível encontrar suporte estatisticamente significante para 4.645 funções e 2.609 interações proteicas ainda não descritas. O método foi preconizado para obter informações que transcendam a simples comparação entre genomas.

Existem diferenças entre o cromossomo X e os autossomos no que se refere a taxas de divergência, a padrões de expressão gênica e à taxa de movimento dos genes entre cromossomos? Vicoso e Charlesworth (2006) responderam afirmativamente após exame dos genomas de *D. melanogaster*, *C. elegans*, *Gallus domesticus*, *Mus musculus* e *H. sapiens*. Segundo eles, a análise pode explicar o excesso de genes do cromossomo X que se expressam no cérebro e nos testículos, bem como o maior nível de expressão de genes desse cromossomo no cérebro, quando comparado ao dos autossomos.

Em que época surgiram os genes responsáveis pelo sistema nervoso central? Para responder a essa pergunta, Mineta et al. (2003) estudaram as sequências nucleotídicas de genes que se expressam na porção cefálica de planárias (Platielmintos) e obtiveram 116 clones que tinham similaridade significativa com genes conhecidos, relacionados ao sistema nervoso central. A seguir, eles compararam essas sequências com as existentes nos genomas completos da espécie humana, *D. melanogaster* e *C. elegans*, mostrando que mais de 95% delas eram compartilhadas entre esses organismos, indicando uma base comum. Mais surpreendente, no entanto, foi o fato de que 30% deles tinham sequências homólogas em *Arabidopsis thaliana* (uma planta) e na levedura (*S. cerevisae*). Isso indica que a origem dos genes relacionados ao sistema nervoso é muito anterior à presença desse sistema, e que tais genes devem ter sido cooptados para formá-lo.

4.26 O reino Protoctista – heterogeneidade e importância

A palavra Protoctista deriva do grego *protos* (primeiro) e *ktistos* (estabelecer). Reunidos nessa classificação estão os eucariotos unicelulares, como a maioria das algas, e os protozoários e seus descendentes mais imediatos. Entre estes existem os organismos que formam colônias e algas pluricelulares. Esse reino pode ser caracterizado como de transição, incluindo formas que não podem ser classificadas como pertencentes aos três outros reinos. Algumas espécies assemelham-se a plantas (algas verdes, pardas, vermelhas); outras, aos animais (mesozoários, placozoários, esponjas); e ainda outras, aos fungos (mofos plasmodiais). São basicamente aquáticos (marinhos, estuarinos, límnicos), mas também vivem em solos úmidos e em associações com outros seres. Muitos deles são exclusivamente parasitas. A importância ecológica e médica de muitas dessas espécies é enorme. Só as algas diatomáceas são responsáveis por cerca de

20% dos 100 bilhões de toneladas de carbono orgânico produzidas por fotossíntese no planeta a cada ano; enquanto os tripanossomatídeos causam doença e morte em milhões de seres humanos e infecções em outros animais. Membros dos Apicomplexa são responsáveis pela morte de mais de um milhão de bovinos a cada ano na África ao sul do Saara. Devem eles, portanto, ser estudados e apropriadamente manejados para o bem-estar da nossa e de outras formas de vida. Além disso, o estudo da expressão gênica de diatomáceas pode auxiliar no planejamento e na montagem de estruturas delicadas de sílica, importantes na nanotecnologia (Mock et al., 2008).

A Tab. 4.7 fornece exemplos selecionados de estudos genômicos nesses organismos, em seis categorias taxonômicas. Os menores genomas ocorrem entre os Apicomplexa (8,3-9,2 Mb), mas o gênero *Plasmodium* constitui exceção, com genomas muito maiores (23,1-26,8 Mb). É na faixa de 23,1 a 27,4 Mb que se situa a moda da distribuição (7/17 = 41%). A espécie com o maior genoma é *Trypanosoma cruzi*, que possui perto do dobro dos genomas de dois outros tripanosomatídeos (*T. brucei*, 26,1 Mb; *Leishmania major*, 32,8 Mb). Esse acúmulo tem sido explicado pela grande quantidade de retroelementos e sequências repetidas (cerca de 50%) que existe em *T. cruzi*, parte originada recentemente. Do outro lado da distribuição, os genomas pequenos de *Cryptosporidium parvum*, *C. hominis*, *Theileria annulata* e *T. parva* devem ser atribuídos a adaptações à sua vida parasitária.

O número de genes que esses organismos possuem é mais ou menos proporcional aos tamanhos de seus genomas, mas há exceções. Uma espécie que se distingue por excepcional densidade gênica (12,6 Mb de DNA, 8,2 mil genes) é *Ostreococcus tauri*, uma alga verde que se constitui no menor eucarioto de vida livre encontrado até agora. A alta densidade foi causada por uma redução nas regiões intergênicas, bem como por outras formas de compactação, como a fusão gênica. Outros dois organismos que apresentam uma densidade gênica relativamente alta são *Theileria parva* (8,3 Mb de DNA, 34,1 mil genes) e *T. annulata* (respectivamente 8,4 Mb e 32,5 mil), classificados entre os Apicomplexa.

Com relação à percentagem de C+G, não há uma tendência clara, com o valor mais baixo (18%) ocorrendo em *Dictyostelum discoideum*, uma ameba que alterna formas uni e multicelulares. Eichinger et al. (2005) sugeriram que a metilação da citosina poderia explicar esse número reduzido. A frequência mais alta de G+C (60%) foi encontrada em *Leishmania major* (60%); valores menores ocorrem nas outras duas espécies de tripanosomatídeos estudadas (*T. cruzi*, 51%; *T. brucei*, 46%).

Brasileiros contribuíram para o sequenciamento do DNA de três das espécies listadas na Tab. 4.7: 1. *Leishmania major*, Angela K. Cruz e Jeronimo C. Ruiz (Departamento de Biologia Celular e Molecular e Bioagentes Patogênicos, Faculdade de Medicina, Universidade de São Paulo, Ribeirão Preto); 2. *Trypanosoma cruzi*, Gustavo C. Cerqueira e Carlos R. Machado (Departamento de Bioquímica

Tab. 4.7 Exemplos selecionados de estudos genômicos em Protoctista

Classificação e espécie	Genoma total (Mb)	% G+C	N° ORFs (x 1.000)	Característica	Refer.
Rhizopoda					
Dictyostelium discoideum	33,9	18,0	12,5	Terrestre, alterna formas unicelulares e multicelulares	1
Entamoeba histolytica	23,7	ND	9,9	Parasita intestinal	2
Zoomastigina					
Leishmania major	32,8	59,7	8,3	Causadora da leishmaniose	3
Trypanosoma brucei	26,1	46,4	9,1	Causadora da doença do sono	4
Trypanosoma cruzi	60,4	51,0	22,6	Causadora da doença de Chagas	5
Chlorophyta					
Ostreococcus tauri	12,6	58,0	8,2	Marinha, alga verde	6
Ostreococcus lucimarinus	13,2	ND	7,6	Marinha, alga verde	7
Rhodophyta					
Cyanidioschyzon merolae	16,5	55,0	5,3	Vive em águas quentes (45°C) ricas em sulfatos, pH 1,5	8
Bacillariophyta					
Thalassiosira pseudonana	34,5	47,0	11,2	Marinha, diatomácea	9
Phaeodactylum tricornutum	27,4	ND	10,4	Marinha, diatomácea	10
Apicomplexa					
Cryptosporidium parvum	9,1	30,3	3,8	Parasita intestinal	11
Cryptosporidium hominis	9,2	31,7	4,0	Parasita intestinal	12
Theileria annulata	8,4	32,5	3,8	Causadora de doença linfoproliferativa	13
Theileria parva	8,3	34,1	4,0	Causadora de doença linfoproliferativa	14
Plasmodium vivax	26,8	42,3	5,4	Causadora de malária em humanos	15
Plasmodium falciparum	23,3	19,4	5,4	Causadora de malária em humanos	15
Plasmodium yoelli yoelli	23,1	22,6	5,9	Parasita de roedores	15
Plasmodium knowlesi	23,5	37,5	5,2	Parasita de primatas	16

ND: Não disponível, pelo menos na publicação referida.

Referências: 1. Eichinger et al. (2005); 2. Loftus et al. (2005a); 3. Zhou et al. (2004); Ivens et al. (2005); 4. Berriman et al. (2005); 5. El-Sayed et al. (2005a, 2005b); Atwood et al. (2005); 6. Derelle et al. (2006); 7. Palenik et al. (2007); 8. Matsuzaki et al. (2004); 9. Armbrust et al. (2004); 10. Bowler et al. (2008); 11. Abrahamsen et al. (2004); Kuo, Wares e Kissinger (2008); 12. Xu et al. (2004); 13. Pain et al. (2005); 14. Gardner et al. (2005); 15. Carlton et al. (2008); 16. Pain et al. (2008).

e Imunologia, Instituto de Ciências Biológicas, Universidade Federal de Minas Gerais); José Franco da Silveira (Departamento de Microbiologia, Imunologia e Parasitologia, Universidade Federal de São Paulo); e Daniela Lacerda (Centro de Pesquisas René Rachou, Fundação Oswaldo Cruz, Belo Horizonte); 3. *Plasmodium vivax*, Marcio M. Yamamoto (Departamento de Parasitologia, Instituto de Ciências Biomédicas, Universidade de São Paulo, São Paulo).

Entre os Protoctista, podem-se distinguir dois grupos relacionados: os Alveolata (que incluem os Apicomplexa, Ciliophora e outros filos) e os Chromista (reunindo os Bacillariophyta, Haptophyta e outras algas). Foi sugerido que esses dois conjuntos teriam evoluído de um ancestral comum, constituindo-se em um grupo monofilético, os Chromalveolata. Para testar essa hipótese e analisar melhor o cenário de perdas e ganhos de genes entre esses organismos, Martens, Vandepoele e Van de Peer (2008) estudaram 12 espécies de cromalveolados e oito espécies de grupos externos, em um total de 306.696 proteínas, agrupadas em 32.887 famílias multigênicas e 58.331 órfãos, isto é, genes que não tinham homologia com os outros nesse conjunto de dados. Para estabelecer as relações filogenéticas, os autores utilizaram um conjunto concatenado de genes nucleares de cópia simples pertencentes a 20 famílias, em um total de 5.360 aminoácidos. A filogenia obtida está reproduzida na Fig. 4.4. O monofiletismo foi confirmado, com os Alveolata e Chromista constituindo-se em agrupamentos irmãos. Uma observação das mais notáveis foi a considerável perda gênica nos ramos que conduzem aos Apicomplexa intracelulares obrigatórios (TP ou *time points* 11 e 15). As espécies de *Phytophthora* também perderam um número considerável de famílias gênicas (825, TP 21). Como se pode observar na Fig. 4.4, essas perdas são muitas vezes compensadas pela aquisição de novas famílias gênicas, refletindo o balanço delicado que deve existir para a adaptação dessas diferentes formas a seus estilos de vida. O núcleo comum a todos os cromalveolados é formado por 3.633 famílias gênicas.

4.27 Plantas – unindo o útil ao científico

É comum dizer-se acerca de determinada atividade: "uniu o útil ao agradável". O título desta seção utiliza uma paráfrase desse ditado, no espírito da ciência amável. Para muitos (e aqui o autor se inclui), fazer ciência é agradável e gratificante. O título se justifica porque a quase totalidade dos grandes projetos envolvendo plantas tem como objetivo de estudo espécies economicamente úteis.

Inicialmente, pode-se considerar a relação entre as plantas vasculares e um grupo que divergiu cedo do caminho evolucionário que deu origem a elas, que, são sem dúvida, a parcela maior das plantas verdes, com cerca de 260 mil espécies. Esse grupo são os musgos, aqui representados por *Physcomitella patens*, que foi comparada com *Arabidopsis thaliana* (exemplo de planta vascular) por Nishiyama et al. (2003).

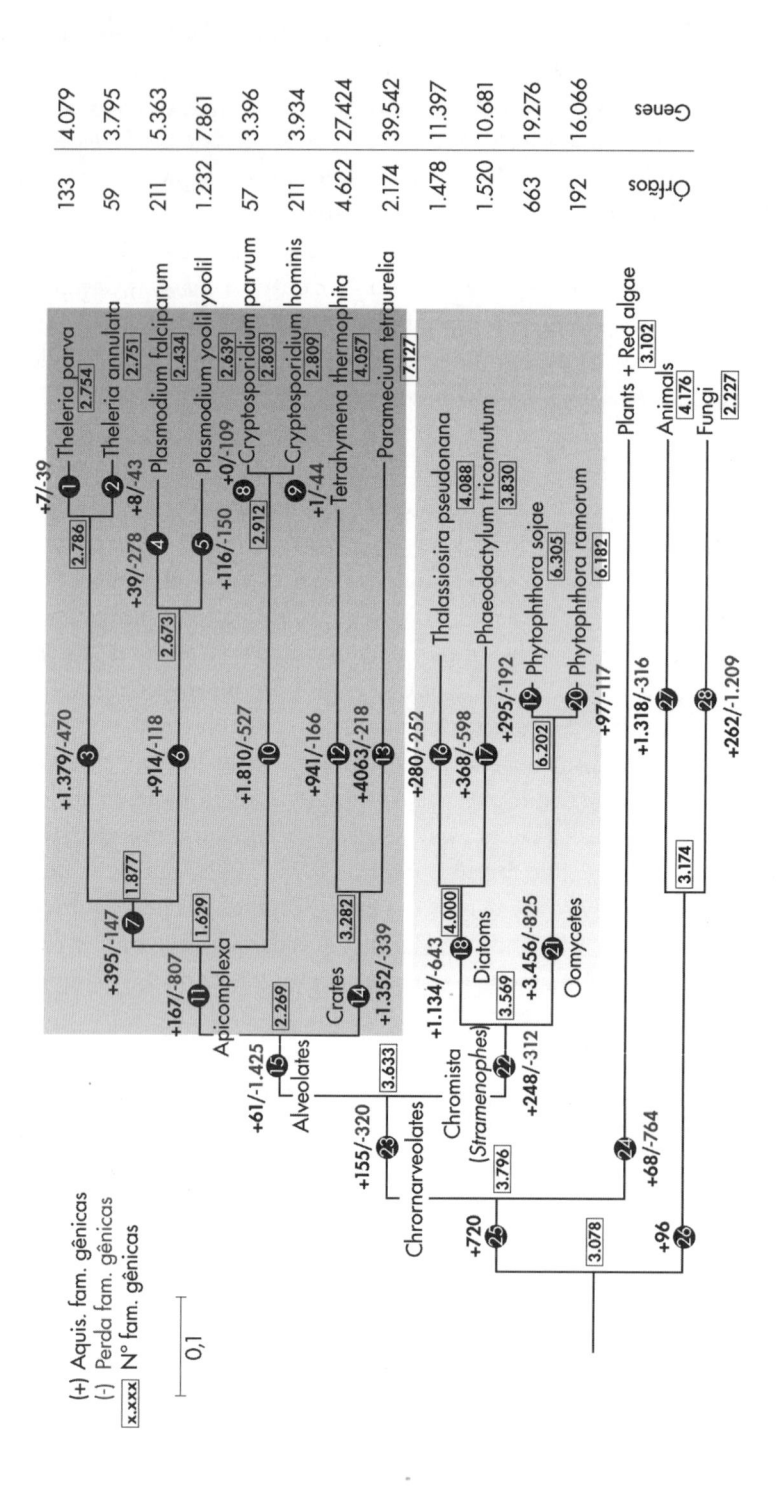

Fig. 4.4 Árvore filogenética dos Chromalveolata indicando as perdas e ganhos de genes que ocorreram ao longo do processo evolucionário. Fonte: Marlens, Vandepoele e Van de Peer (2008).

Os musgos são "briófitas", classificação que inclui, além deles, um grupo heterogêneo de espécies identificadas como hepáticas e ceratofiláceas. A morfologia e o ciclo de vida dessas formas diferem bastante daqueles das plantas vasculares; por exemplo, entre elas, a geração diploide (o esporófito) é dominante sobre a haploide (gametófito). Nos musgos ocorre o contrário.

Nishiyama et al. (2003) desenvolveram mais de 40 mil clones do DNA de *P. patens* e, junto com sequências de RNA mensageiros obtidas em bancos de dados, identificaram 15.883 produtos de transcrição desse organismo. Pelo menos 66% dos genes de *A. thaliana* apresentaram homólogos em *P. patens*, e a comparação dos transcritos de *P. patens* com todas as proteínas conhecidas indicou que 9.907 deles tinham alto grau de similaridade com os de plantas vasculares, mas 850 deveriam estar associados com características específicas dos musgos, como morfologia, ciclo vital, respostas ao meio ambiente, metabolismo e outros aspectos.

Como os genomas dos vegetais são grandes, não são numerosos os estudos que incluíram como meta seu total sequenciamento. A Tab. 4.8 lista seis espécies, duas monocotiledôneas e quatro eudicotiledôneas. O tamanho de seus genomas variou de 125 Mb (*Arabidopsis thaliana*) a 730 Mb (*Sorghum bicolor*), o valor mais elevado sendo 5,8 vezes maior que o menor valor. Não há uma correspondência entre esses tamanhos e os números estimados de genes, que variam de 24,7 mil (*Carica papaya*) a 45,5 mil (*Populus trichocarpa*). Esta última espécie tem a menor composição de G+C (33,3%), e a maior (43,0%) ocorre em *Oryza sativa*. As quatro espécies classificadas duas a duas em categorias taxonômicas iguais não mostram similaridades significativas em seus genomas. Ming et al. (2008), comparando cinco das seis espécies listadas na Tab. 4.8 (a descrição do genoma de *S. bicolor* foi feita posteriormente), estimaram um conjunto mínimo comum a elas de 13,3 mil genes. O grande tamanho do genoma de *S. bicolor* é atribuído por Paterson et al. (2009) ao acúmulo de retrotranspósons em regiões heterocromáticas. McNally et al. (2009) investigaram 160 mil SNPs (*single nucleotide polymorphisms*) em 20 variedades de arroz, fornecendo material precioso para futuros estudos de melhoramento.

O genoma do milho (*Zea mays*), em razão do seu tamanho (2,4 Gb), ainda não foi totalmente sequenciado, mas Messing et al. (2004) obtiveram informação detalhada sobre 12% dele. Baseados em 307 Mb de sequências, os autores estimaram a existência de 58% de sequências repetidas e 7,5% de regiões gênicas.

Quanto aos estudos no Brasil, cinco pesquisadores do Centro de Genômica e Fitomelhoramento da Universidade Federal de Pelotas, RS (A.C. Oliveira, L.A.T. Mattos, P.D. Zimmer, G. Malone e O. Dellagostin) participaram de esforço para o sequenciamento do arroz (Burr et al., 2005), enquanto os outros projetos concentraram-se nas regiões codificadoras e respectivos transcritomas.

Tab. 4.8 Exemplos selecionados de estudos genômicos em vegetais (Plantae)

Classificação e espécie	Genoma total (Mb)	% G+C	N° ORFs (x 1.000)	Característica
Monocotiledôneas				
Poales				
Oryza sativa	389	43,0	37,5	Alimento, arroz
Sorghum bicolor	730	ND	27,6	Alimento, combustível, sorgo
Eudicotiledôneas				
Vitales				
Vitis vinifera	487	36,2	30,4	Alimento, uva
Malpighiales				
Populus trichocarpa	485	33,3	45,5	Árvore utilizada para construções e uso medicinal
Brassicales				
Arabidopsis thaliana	125	35,0	31,1	Modelo importante de pesquisa experimental
Carica papaya	372	35,3	24,7	Alimento, uso medicinal, mamão

ND: Não disponível, pelo menos na publicação referida.
Fonte: Burr et al. (2005); Ming et al. (2008); Paterson et al. (2009).

O primeiro registro coletivo desses esforços relacionou-se à cana-de-açúcar (*Saccharum officinarum*), com um número especial da revista *Genetics and Molecular Biology*, que apresentou 37 contribuições (Arruda, 2001). Posteriormente, Vettore et al. (2003) e Garcia et al. (2006) apresentaram novos dados. Os primeiros estimaram que mais de 90% dos genes expressos da planta haviam sido etiquetados, e Garcia et al. (2006) identificaram 357 marcadores ligados, que foram reunidos em 131 grupos cossegregantes.

Outro suplemento especial de *Genetics and Molecular Biology* detalhou, em 20 contribuições, estudos em *Eucalyptus* (Menck e Camargo, 2005). A informação compreende 123,9 mil etiquetas de sequências expressas (*expressed sequence tags*, ESTs) de cinco espécies do gênero.

Sob o nome coletivo de CitEST, ou *Expressed citrus genome*, foram publicadas 31 contribuições sobre os genomas de sete espécies de *Citrus* em outro suplemento especial da referida revista (Machado, 2007). Elas envolveram metodologia, processos bioquímicos e de desenvolvimento, respostas ao estresse, patógenos e genômica estrutural.

Estudos adicionais incluíram a montagem, por meio de marcadores de microssatélites, de um mapa de ligação com 1,2 mil centiMorgans (cM) de distância (7,24 cM entre marcadores) para o amendoim, *Arachis hypogaea* (Moretzsohn et al., 2005); e o transcritoma do guaraná, *Paullinia cupana* (Ângelo et al., 2008). Foram anotadas 15,4 mil ESTs, tendo sido examinadas especialmente as sequências relacionadas às rotas de flavonoides e alcaloides de purinas, bem como as que envolvem estresses bióticos.

Uma hipótese no mínimo curiosa foi examinada por Hawkins, Grover e Wendel (2008): a de que, em plantas, o aumento no tamanho dos genomas aconteceria principalmente pela absorção de elementos transponíveis, em eventos que ocorreriam de maneira descontínua, em ondas. Isso levaria a "passagens só de ida para a obesidade genômica". Segundo esses autores, a direcionalidade no tamanho dos genomas de vegetais seria enviesada na direção do aumento, com os mecanismos de perda de DNA atenuando, mas não revertendo, a marcha na direção da obesidade. Outros aspectos evolutivos foram abordados por Soltis et al. (2009) e Fawcett, Maere e Van de Peer(2009).

4.28 Bolores, antibióticos e delícias alimentares

Os fungos são um vasto grupo de organismos que compreendem tanto formas grandes, como os cogumelos, até entidades microscópicas, como os bolores e as leveduras. Já estão descritas aproximadamente 70 mil espécies de fungos, mas calcula-se que seu número seja pelo menos o dobro. Eles ocorrem em todos os ambientes do planeta, incluindo decompositores de matéria orgânica e parasitas de animais e plantas, alguns economicamente úteis nas indústrias alimentar e médica. Assim, é grande o número de fungos utilizados como alimento (por exemplo, o champignon; e são eles que preparam o queijo gorgonzola para o nosso paladar). Do *Penicillium* fabrica-se a penicilina, poderoso antibiótico; e o *Tolypocladium* produz a ciclosporina, importante imunossupressor utilizado para evitar a rejeição de transplantes em nossa espécie.

Exemplos selecionados de estudos genômicos em fungos são apresentados na Tab. 4.9, que lista representantes de três divisões: os Zygomycota, que se caracterizam por não possuírem paredes separando suas células nos filamentos que elas formam (as hifas); os Basidiomycota, que produzem estruturas reprodutivas em forma de bastão; e os Ascomycota, formadores de ascos (bolsas que se desenvolvem pela fusão de hifas).

O tamanho do genoma de *Rhizopus oryzae*, o único representante dos Zygomycota apresentado na Tab. 4.9, é de 40 Mb, que está no intervalo superior àqueles observados nas outras duas divisões. Entre os Basidiomycota, *Malassezia globosa*, causadora de dermatites seborreicas e caspa na espécie humana e em cães, apresenta o menor genoma (8,9 Mb; 4,3 mil genes). Esse genoma foi comparado ao de *Malassezia restricta*, apenas parcialmente investigado, e ao de *Ustillago maydis*, patógeno do milho (20 Mb; 6,9 mil genes), com o qual foram verificadas similaridades na filogenia, organização gênica do tipo de cruzamento e patogenia (Xu et al., 2007). Por sua vez, o patógeno humano *Cryptococcus neoformans* apresenta um genoma de 19 Mb e 6,6 mil genes, rico em transposons (Loftus et al., 2005b); e o degradador de celulose *Phanerochaete chrysosporium* apresenta 30 Mb e 11,8 mil genes (Martinez et al., 2004).

Equipe similarmente coordenada e que envolveu, nos dois casos, o pesquisador chileno Luis F. Larrondo, estudou outro degradador de madeira, *Postia placenta*, analisando em detalhe seu genoma, transcritoma e secretoma (Martinez et al., 2009). O genoma de *Puccinia graminis* foi registrado como possuindo 81,5 Mb, um achado que necessita confirmação.

Tab. 4.9 Exemplos selecionados de estudos genômicos em Fungi

Classificação e espécie	Genoma total (Mb)	N° ORFs (x 1.000)
Zygomycota (Fungos acasaladores)		
Rhizopus oryzae	40,0	ND
Basidiomycota (Semelhantes a bastões)		
Malassezia globosa	8,9	4,3
Cryptococcus neoformans	19,0	6,6
Ustilago maydis	20,0	6,9
Phanerochaete chrysosporium	30,0	17,8
Lentinula edodes	33,0	ND
Coprinopsis cinerea	37,5	13,5
Puccinia graminis	81,5	ND
Ascomycota (Formam ascos, cápsulas que se desenvolvem por fusões de hifas)		
Eremothecium (Ashbya) gossypii	8,7	4,7
Kluyveromyces waltii	10,7	5,2
Kluyveromyces lactis	10,7	5,3
Saccharomyces cerevisae	12,1	5,9
Debaryomyces hansenii	12,2	6,3
Candida glabrata	12,3	5,2
Schizosaccharomyces pombe	13,8	4,9
Cryptococcus neoformans	14,0	7,3
Candida albicans	14,8	6,4
Yarrowia lipolytica	20,5	6,4
Aspergillus fumigatus	28,0	10,0
Coccidioides posadasii	29,0	ND
Aspergillus nidulans	30,1	9,5
Aspergillus terreus	35,0	10,4
Aspergillus oryzae	37,0	14,1
Coprinopsis cinerea	37,5	13,5
Neurospora crassa	38,6	10,1
Magnaporthe grisea	40,0	12,8
Fusarium graminearum	40,0	14,0

Fonte: Especialmente Xu et al. (2007), mas também Wood et al. (2002); Galagan et al. (2003, 2005); Jones et al. (2004); Martinez et al. (2004); Loftus et al. (2005b); e Liti e Louis (2005). ND: Não disponível, pelo menos na publicação referida.

Entre os Ascomycota, há registros na Tab. 4.9 de 18 genomas, variando desde 8,7 Mb e 4,7 mil genes [*Eremothecium* (*Ashbya*) *gossypii*] até 40 Mb e 12,8 mil genes (*Magnaporthe grisea*), ou 40 Mb e 14 mil genes (*Fusarium graminearum*). *Saccharomyces cerevisae* (12,1 Mb; 5,9 mil genes) foi o primeiro genoma eucariótico totalmente sequenciado, por sua importância como organismo experimental (Goffeau et al., 1996), e seis anos depois, outra levedura (*Schizosaccharomyces pombe*, 13,8 Mb, 4,9 mil genes) também teve seu genoma elucidado (Wood et al., 2002). Em época mais recente, Liti e Louis (2005) examinaram em detalhe a evolução desse grupo taxonômico, salientando a ocorrência de duplicações de todo o genoma seguidas por perda e divergência marcante de sequências, bem como por duplicações segmentares. As regiões subteloméricas sofreram também duplicações adicionais e trocas entre regiões não homólogas. O fato de que a deleção de cerca de 80% dos genes de *S. cerevisae* não condicionava qualquer consequência fenotípica em meio rico foi investigado por Hillenmeyer et al. (2008), que, por meio de 1.114 ensaios químicos genômicos, verificaram que 97% das deleções condicionavam efeitos no crescimento da linhagem respectiva. Segundo eles, quase todos os genes são essenciais para o crescimento ótimo em pelo menos uma condição. Valente et al. (2009) construíram um interatoma a partir das proteínas desse levedo, indicando de que maneira as relações encontradas podem ser úteis na compreensão dos processos biológicos.

Outros fungos amplamente usados como modelos experimentais são *Neurospora crassa* (38,6 Mb, 10,1 mil genes; Galagan et al., 2003) e *Aspergillus nidulans* (30,1 Mb, 9,5 mil genes; Galagan et al., 2005). Esta última espécie foi comparada em detalhe com duas outras do mesmo gênero: *A. fumigatus* (28,0 Mb, 9,9 mil genes; Nierman et al., 2005) e *A. oryzae* (37,0 Mb, 14,1 mil genes; Machida et al., 2005). Esses estudos contaram com a colaboração valiosa do pesquisador brasileiro Gustavo H. Goldman.

Paracoccidioides brasiliensis é um fungo termodimórfico (aspecto de micélio em 26°C; de levedura em 37°C) causador da paracoccidioidomicose, uma micose muito prevalente desde o México até a Argentina. Os cientistas brasileiros Goldman et al. (2003) e Felipe et al. (2003) obtiveram 13.490 etiquetas de sequências expressas, que revelaram 4.692 genes expressos nesse organismo. Posteriormente foram realizadas investigações filogenéticas e evolucionárias que forneceram indicações de uma longa coexistência do fungo com hospedeiros animais e alto nível de especiação dentro do gênero (Battaglia et al., 2006; Teixeira et al., 2009).

4.29 Invertebrados – vermes e insetos

Estudos moleculares têm auxiliado na determinação das posições basais da filogenia dos metazoários (De Salle e Schierwater, 2008; Phillippe et al., 2009), mas o número de genomas de espécies animais totalmente sequenciados é ainda pequeno. Em invertebrados, oito já foram determinados entre os Trematoda e os Nematoda, e 17 em Insecta; desses ultimos, no entanto, 12 são do gênero *Drosophila* (Tab. 4.10). Entre os Nematoda, a variação no tamanho genômico distribui-se entre 54 Mb (*Meloidogyne hapla*) e 169 Mb (*Pristionchus pacificus*), sendo o primeiro valor três vezes maior que o último. O tamanho reduzido de *M. hapla* pode ser explicado por sua condição de parasita cosmopolita de raízes de plantas, responsável por consideráveis perdas na agricultura. No entanto, *P. pacificus* também é um parasita (nesse caso, de besouros), e sua associação com material em decomposição do inseto pode ter condicionado o desenvolvimento de defesas contra baixas concentrações de oxigênio e a toxicidade de enzimas do hospedeiro. Ele também é capaz de formar celulases, indicando que estas não são exclusivas de parasitas de plantas.

Tab. 4.10 Exemplos selecionados de estudos genômicos em animais invertebrados

Classificação e espécie	Genoma total (Mb)	% G+C	N° ORFs (x 1.000)	Referência
Trematoda				
Schistosoma mansoni	363	ND	11,8	Berriman et al. (2009)
Schistosoma japonicum	397	34,1	13,5	Schistosoma japonicum Consortium (2009)
Nematoda				
Meloidogyne hapla	54	27,4	14,4	Opperman et al. (2008)
Meloidogyne incognita	86	31,4	19,2	Abad et al. (2008)
Bruggia malayi	90	30,5	11,5	Ghedin et al. (2007)
Caenorhabditis elegans	97	35,4	18,8	C. elegans Consortium (1998)
Caenorhabditis briggsae	104	37,4	19,5	Stein et al. (2003)
Pristionchus pacificus	169	42,0	23,5	Dieterich et al. (2008)
Insecta				
Coleoptera				
Tribolium castaneum	152	33,0	16,4	Tribolium Genome Sequencing Consortium (2008)
Hymenoptera				
Apis mellifera	236	33,0	10,0	Honeybee Genome Sequencing Consortium (2006)
Lepidoptera				
Bombyx mori	428,7	ND	18,5	Xia et al. (2004)
Diptera				
Drosophila simulans	111	ND	16,0	Drosophila 12 Genomes Sequencing Consortium (2007)
Drosophila sechellia	115	ND	16,9	Drosophila 12 Genomes Sequencing Consortium (2007)

Tab. 4.10 Exemplos selecionados de estudos genômicos em animais invertebrados (cont.)

Classificação e espécie	Genoma total (Mb)	% G+C	Nº ORFs (x 1.000)	Referência
Diptera				
Drosophila melanogaster	118	41,1	13,7	Adams et al. (2000); Drosophila 12 Genomes Sequencing Consortium (2007)
Drosophila pseudobscura	127	ND	16,4	Drosophila 12 Genomes Sequencing Consortium (2007)
Drosophila yakuba	127	ND	16,4	Drosophila 12 Genomes Sequencing Consortium (2007)
Drosophila erecta	134	ND	15,3	Drosophila 12 Genomes Sequencing Consortium (2007)
Drosophila grimshawi	138	ND	15,3	Drosophila 12 Genomes Sequencing Consortium (2007)
Drosophila persimilis	138	ND	17,3	Drosophila 12 Genomes Sequencing Consortium (2007)
Drosophila mojavensis	161	ND	14,8	Drosophila 12 Genomes Sequencing Consortium (2007)
Drosophila virilis	172	ND	14,7	Drosophila 12 Genomes Sequencing Consortium (2007)
Drosophila ananassae	176	ND	15,3	Drosophila 12 Genomes Sequencing Consortium (2007)
Drosophila willistoni	187	ND	15,8	Drosophila 12 Genomes Sequencing Consortium (2007)
Anopheles gambiae	278	35,2	13,7	Holt et al. (2002)
Aedes aegypti	1.376	38,2	15,4	Nene et al. (2007)

ND: Não disponível, pelo menos na publicação referida.

Grupos de pesquisadores brasileiros têm se dedicado ao estudo da expressão gênica de outro verme, o platielminto *Schistosoma mansoni*, parasita de grande importância em saúde pública por ser responsável pela esquistossomose. A equipe coordenada por Sérgio D. J. Pena foi pioneira nessa pesquisa (Dias Neto et al., 1996; Franco et al., 1997). Posteriormente foi formado um consórcio, que obteve 163 mil etiquetas de sequências expressas dos diferentes estágios de desenvolvimento do parasita, reunindo 31 mil sequências que forneceram uma amostragem de 92% dos 14 mil genes estimados para esse organismo. Também foram identificadas proteínas novas que poderão servir como possíveis candidatas para vacinas ou alvos para medicamentos potenciais (Verjovski-Almeida et al., 2003). Posteriormente foram descritos quatro novos retrotranspósons desse parasita, com alta atividade transcricional (De Marco et al., 2004). Os brasileiros Luiza F. Andrade (Fiocruz, Belo Horizonte, MG), Daniella C. Bartholomeu e Daniela Lacerda (Universidade Federal de Minas Gerais, Belo Horizonte, MG) e Ricardo De Marco (Institutos de Química e de Física de São Carlos, USP) também contribuíram para o sequenciamento completo do DNA desse parasita (Berriman et al., 2009).

Entre os insetos estudados (Tab. 4.10), os tamanhos dos genomas variaram de 152 Mb em *Triboleum castaneum*, encontrado em qualquer lugar em que tenham sido depositados grãos ou alimento desidratado, e amplamente usado como modelo experimental, a 1.376 Mb em *Aedes aegypti*, o vetor da febre amarela. O valor excepcionalmente alto encontrado neste último tem sido atribuído a elementos transponíveis, que constituem cerca da metade de seu genoma.

Entre as 12 espécies de *Drosophila* estudadas, os tamanhos genômicos variaram entre 111 Mb (*D. simulans*) e 187 Mb (*D. willistoni*). Essa variação ocorre quase inteiramente nas regiões não codificadoras, pois os números de genes estimados são quase os mesmos nas duas espécies (16,0 e 15,8 mil genes, respectivamente). Apesar das similaridades encontradas entre as espécies, foram também encontradas mudanças não neutras em genes codificadores de proteínas, em genes de RNA não codificadores e em regiões cis-regulatórias.

Brasileiros contribuíram de maneira importante no sequenciamento do DNA de *Apis mellifera* (Klaus Hartfelder, Márcia M. G. Bitondi, Alexandre S. Cristino, Carlos H. Lobo, Francis M. F. Nunes e Zilá L. P. Simões, todos da Universidade de São Paulo); das 12 espécies de *Drosophila* (A. Bernardo de Carvalho, Universidade Federal do Rio de Janeiro; Ana C. L. Garcia e Vera L. S. Valente, Universidade Federal do Rio Grande do Sul; Tania T. Rieger e Claudia Rohde, Universidade Federal de Pernambuco); e de *Aedes aegypti* (Suely L. Gomes, Carlos F. M. Menck e Sérgio Verjovski-Almeida, Universidade de São Paulo; Ana L. Nascimento, Instituto Butantan, São Paulo).

Atualmente existe um esforço concentrado, por meio do Consórcio modENCODE para desvendar de que maneira os genomas de *Caenorhabditis elegans* e *Drosophila melanogaster* são traduzidos em proteínas. Como os genomas desses organismos são 1/30 do tamanho dos de mamíferos, eles se constituem em bons modelos para investigações genômicas de alta densidade (Celniker et al., 2009).

4.30 Os cordados – não vertebrados e vertebrados

Informações sobre os tamanhos genômicos e gênicos de três espécies de cordados não vertebrados, bem como de 14 espécies de vertebrados, são fornecidas na Tab. 4.11. Os cefalocordados, que parecem representar a linhagem mais basal dos cordados atuais, estão representados por *Branchiostoma floridae*, que apresenta um alto conteúdo de DNA (520,0 Mb) quando comparado ao dos urocordados, que se diferenciam logo após e constituem-se em clado irmão dos vertebrados (respectivamente 142,6 e 160,0 Mb nas duas espécies de *Ciona* investigadas). *C. intestinalis* caracteriza-se por alto nível de polimorfismo e por apresentar genes envolvidos no metabolismo da celulose relacionados aos de bactérias e fungos. *C. savignyi*, por sua vez, mostra cerca de 2% de inversões de 1 kb ou mais, 10 vezes maior que a frequência em humanos.

Tab. 4.11 Exemplos selecionados de estudos genômicos em animais cordados

Classificação e espécie	Genoma total (Mb)	Genoma total (Gb)	N° ORFs (x 1.000)	Referência
Chordata				
Acraniata				
Urochordata				
Ciona intestinalis	160,0		15,8	Dehal et al. (2002)
Ciona savigny	142,6		ND	Small et al. (2007)
Cephalochordata				
Branchiostoma floridae	520,0		21,9	Putnam et al. (2008)
Craniata				
Neopterygii (peixes)				
Tetraodon nigroviridis	312,4		27,9	Jailon et al. (2004)
Takifugu rubripes	365,0		31,1	Aparicio et al. (2002)
Oryzias latipes	700,4		20,1	Kasahara et al. (2007)
Aves				
Gallus gallus		1,05	17,7	Chicken Genome Consortium (2004)
Mammalia				
Protheria				
Ornithorhyncus anatinus		1,84	18,5	Warren et al. (2008)
Metatheria				
Monodelphis domestica		3,5	19,0	Mikkelsen et al. (2007)
Eutheria				
Rodentia				
Mus musculus		2,5	30,0	Mouse Genome Consortium (2002)
Rattus norvegicus		2,7	21,0	Rat Genome Consortium (2004)
Carnivora				
Canis familiaris		2,4	19,3	Lindblat-Toh et al. (2005)
Proboscidea				
Mammuthus primigenius		3,3	ND	Miller et al. (2008)
Perissodactyla				
Equus caballus		2,7	20,0	Horse Genome Consortium (2007)
Artiodactyla				
Bos taurus		2,9	22,0	Bovine Genome Consortium (2009)
Primates				
Pan troglodytes		2,7	13,4	Chimpanzee Genome Consortium (2005)
Macaca mulatta		2,9	20,0	Rhesus Genome Consortium (2007)

ND: Não disponível, pelo menos na publicação referida. Mb: megabase (1 milhão de pares de bases); Gb: gigabase (1 bilhão de pares de bases).

Os vertebrados com maxila (Gnathostoma) devem ter se formado a partir de dois eventos de duplicação genômica completa. Hughes et al. (2005a) estudaram 238 kb do agrupamento da alfa-globina em 22 espécies desses vertebrados; Roach et al. (2005), os receptores de reconhecimento do sistema imune inato (*Toll-like receptors*), verificando um agrupamento em seis famílias principais; Zhang e Chasin (2006) consideraram a história natural de éxons em oito espécies; e Amemiya e Gomez-Chiarri (2006), os genes *Hox* em quatro espécies.

O menor genoma de vertebrados conhecido é o do peixe *Tetraodon nigroviridis* (312,4 Mb); *Takifugu rubripes* apresenta um genoma um pouco maior (365,0 Mb), mas *Oryzias latipes* mostra o dobro desses valores (700,4 Mb). Como o número de genes estimado para essa última espécie é até menor que o das outras duas, a diferença situa-se em seu DNA não codificador.

Apenas uma espécie de ave teve seu genoma totalmente sequenciado, *Gallus gallus*. O seu conteúdo genômico total (1,05 Gb) é aproximadamente um terço do encontrado entre os mamíferos, por causa de uma redução substancial no conteúdo de repetições intercaladas, pseudogenes e duplicações segmentares. A comparação entre três linhagens domésticas com o ancestral selvagem utilizando 2,8 milhões de SNPs indicou uma diferença nucleotídica média de aproximadamente cinco SNPs por mil pares de bases em qualquer das comparações feitas entre os quatro grupos (Chicken Polymorphism Consortium, 2004). Por outro lado, Hackett et al. (2008) investigaram 32 kb de sequências de DNA nuclear relacionadas a 19 locos independentes em 169 espécies de aves, representando os principais grupos atuais. Eles verificaram algumas relações filogenéticas inesperadas e corroboraram alguns agrupamentos sobre os quais havia discussões. Em termos de adaptação ecológica, verificaram que algumas aves diurnas evoluíram de ancestrais noturnos.

4.31 Mamíferos

Entre os vertebrados, os estudos mais numerosos ocorreram nos mamíferos, com dez genomas completos listados na Tab. 4.11. Nishihara, Maruyama e Okada (2009), independentemente dos estudos indicados, investigaram elementos longos intercalados múltiplos da subclasse L1MB, representando 19.783 locos das espécies *Dasypus novemcictus* (tatu-galinha), *Loxodonta africana* (elefante africano) e *Homo sapiens* como representantes, respectivamente, das grandes linhagens Xenarthra, Afrotheria e Boreotheria, as quais teriam se originado na América do Sul, África e Laurasia. Os resultados indicaram que a divergência a partir de um ancestral placentário comum deve ter ocorrido quase simultaneamente, há cerca de 120 milhões de anos.

Com relação aos organismos indicados na Tab. 4.11, os tamanhos dos genomas variaram de 1,84 Gb no *Ornithorhynchus anatinus* a 3,5 Gb em

Monodelphis domestica, ambos de subclasses basais. O *Ornithorhynchus* apresenta uma mistura de características de mamíferos e répteis, que se manifestam em nível genômico. Por sua vez, o marsupial *M. domestica* apresenta ortólogos de genes do sistema imune muito divergentes e um novo isotipo receptor de células T, contrariamente às sugestões de que os Metatheria teriam um sistema imune "primitivo".

O genoma do camundongo *Mus musculus* foi recentemente revisado por Church et al. (2009), que verificaram várias falhas nas sequências anteriormente descritas. Por exemplo, 267 Mb estavam faltando ou tinham sido reunidas de maneira errônea na versão anterior. Eles definiram 20.210 genes codificadores de proteínas, mais do que os de humanos (19.042), bem como 439 RNAs longos, não codificadores de proteínas. Regiões específicas do camundongo continham 3.767 genes, principalmente associados a funções reprodutivas.

O cão (*Canis familiaris*), como representante dos carnívoros, apresenta um tamanho genômico (2,4 Gb) semelhante ao do camundongo (2,5 Gb). A taxa de inserção de transpósons, no entanto, é mais baixa no cão, enquanto a de deleções é maior no camundongo. Por sua vez, a taxa de substituição de nucleotídeos em *H. sapiens* parece ser menor que as desses dois organismos. Um estudo interessante envolvendo outro carnívoro, *Ursus spelaeus*, uma espécie extinta que habitava a caverna Chaubet Pont d'Arc de Ardèche, França, sequenciou todo o seu genoma mitocondrial, em um total de 16.810 pares de bases. O mtDNA foi extraído de material ósseo de 32.000 anos A.P. (Bon et al., 2008).

Outro animal pré-histórico, o mamute-lanoso (*Mammuthus primigenius*), é o representante dos Proboscidea na Tab. 4.11. A taxa de divergência estimada entre esse mamute e o elefante africano é a metade da calculada entre humanos e chimpanzés. Organ et al. (2008) examinaram, por meio de peptídeos dos colágenos $\alpha 1(I)$ e $\alpha 2(I)$, as relações filogenéticas entre dois outros animais fósseis: o mastodonte (*Mammut americanum*) e o dinossauro (*Tyrannosaurus rex*) com formas atuais. O do mastodonte alinhou-se com o de *Loxodonta*, mas o do dinossauro, com os de galinha e avestruz!

Os genomas totais do cavalo (*Equus caballus*, 2,7 Gb) e do boi (*Bos taurus*, 2,9 Gb) têm tamanhos semelhantes. O genoma do boi tem um número mínimo de 20 mil genes, com um núcleo de 14.345 ortólogos compartilhados com sete espécies de mamíferos; 1.217 deles, no entanto, não ocorrem em não euterianos (monotremados e marsupiais). A variabilidade quanto a 37.470 SNPs foi examinada em 497 animais de 19 linhagens geograficamente diversas. Os dados indicaram um decréscimo no tamanho da população efetiva provavelmente associado com a domesticação, mas os níveis de variabilidade intrapopulacionais são equivalentes aos dos humanos (Bovine HapMap Consortium, 2009). A caracterização e a distribuição de retrotranspósons e de repetições simples foram efetuadas em bovinos por Adelson, Raison e Edgar (2009).

Houve contribuição brasileira importante nos estudos genômicos e de variabilidade entre linhagens de *Bos taurus*. Em ordem alfabética de prenome, os participantes de nosso país foram: Alexandre R. Caetano (Embrapa, Brasília); Antonio R. R. Abatepaulo (USP, Ribeirão Preto); Fabio R. Araújo (Embrapa, Campo Grande); Isabel K. F. M. Santos (Embrapa, Brasília e USP, Ribeirão Preto); José F. Garcia (Unesp, Araçatuba); Marcelo F. G. Nogueira (Unesp, Assis); e Mario L. Martinez (Embrapa, Juiz de Fora).

Os dois primatas não humanos estudados, o chimpanzé (*Pan troglodytes*) e o macaco *Rhesus* (*Macaca mulatta*), mostram tamanhos genômicos semelhantes (respectivamente 2,7 e 2,9 Gb). Utilizando dados relativos a essas e a oito outras espécies de vertebrados, Uddin et al. (2008) encontraram uma assinatura de evolução adaptativa específica para a linhagem humana de 1.240 genes, que se expressavam diferentemente nos estágios pré e pós-natal; e McVicker et al. (2009), por meio da comparação de cinco espécies de primatas, encontraram evidências de seleção estabilizadora em 19% a 26% dos genes nos autossomos e em 12% a 40%, no cromossomo X. Por outro lado, Bonnefont et al. (2008) investigaram o conjunto gênico *Ret finger protein-like* (*hRFPL*) 1,2,3, situado no cromossomo 22, em humanos, chimpanzés e *Rhesus*, verificando um marcante aumento em sua expressão no neocórtex do cérebro humano, quando comparado com a que ocorria na mesma região dessas duas espécies. A relação desses achados com o aumento dessa estrutura na linhagem humana, que deve ter condicionado o desenvolvimento de características próprias e todo o desenvolvimento cultural, é óbvia.

O genoma humano

V

Às vezes é bom acreditar na evolução e
pensar que o homem (leia-se, a espécie humana)
não está concluído.

(John M. Henry, citado no Livro da Tribo, 2002)

5.1 História – ciência, política e ética

A história sobre os bastidores das ocorrências que culminaram com a publicação da primeira versão do genoma humano, em 2001, é vividamente apresentada por Sulston e Ferry (2002). Uma lista da sucessão de eventos que tiveram lugar antes e depois dessa data histórica está apresentada no Quadro 5.1. A ideia, sugerida por alguns visionários na metade da década de 1980, foi inicialmente muito criticada pela comunidade científica, mas após a chancela de uma comissão da Academia Nacional de Ciências dos Estados Unidos, houve a montagem de toda uma estrutura institucional nos Estados Unidos, França, Reino Unido e Canadá para concretizá-la. Cria-se uma organização não governamental (HUGO) para coordenar a interação entre os pesquisadores, com adesão ao programa também da Alemanha e da China.

O Projeto do Genoma Humano é lançado oficialmente em 1990, com uma meta de que a tarefa fosse completada em 2005. Surge então uma controvérsia sobre se as sequências obtidas deveriam ou não ser patenteadas. Desgostoso com a política do National Institutes of Health (NIH) a respeito, James D. Watson, o primeiro diretor do Projeto, afasta-se. No entanto, com a substituição da dirigente que acionara os pedidos de patenteamento, a instituição retirou todos os pedidos feitos anteriormente.

Os trabalhos desenvolviam-se normalmente, de acordo com os planos, quando em 1998 um dos pesquisadores do NIH, Craig Venter, anuncia que iria fundar uma companhia privada (a Celera Genomics) para efetuar todo o sequenciamento em três anos. A notícia caiu como uma bomba na reunião anual, que era sempre realizada em Cold Spring Harbor (EUA), para a discussão sobre os progressos realizados pelo Projeto durante o ano. Watson, irritado, comparou a tentativa de Venter de tomar conta do sequenciamento humano com a invasão da Polônia pela Alemanha em 1939, e interpelou Francis Collins, o novo diretor do Projeto, se ele agiria como Chamberlain ou Churchill nos eventos que culminaram com a Segunda Guerra Mundial.

Quadro 5.1 Seleção de alguns dos principais eventos relacionados à história de como ocorreu o processo de sequenciamento do genoma humano

Data	Evento
1985	*Workshop* em Santa Cruz (EUA), organizado por Robert Sinsheimer, lança a ideia.
1986	Charles de Lisi, do Departamento de Energia (DOE) dos EUA, organiza outro *workshop* de planejamento. Os planos são discutidos no simpósio de Cold Spring Harbor daquele ano.
1988	Uma comissão da Academia Nacional de Ciências dos EUA, presidida por Bruce Alberts, aprova os planos. O Programa é lançado como uma iniciativa conjunta do DOE e dos Institutos Nacionais de Saúde (NIH). Há a indicação, pelo Diretor do NIH, James Wyngaarden, de James D. Watson como responsável pelo Programa. Iniciativas semelhantes ocorrem na França, Reino Unido e Japão. Funda-se a Organização do Genoma Humano (HUGO) na Suíça, com Walter F. Bodmer com presidente, e aderem ao programa a Alemanha e a China.
1990	O Projeto do Genoma Humano é lançado oficialmente, com uma meta de finalização em 2005.
1992	James D. Watson, contrariado com a política da nova diretora do NIH, Bernardine Healy, de patenteamento de sequências de DNA, afasta-se da direção do Projeto.
1993	Francis Collins substitui Watson.
1994	Bernardine Healy é substituída na direção do NIH por Harold Varmus, que retira todas as solicitações de patenteamento encaminhadas anteriormente.
1998	Na reunião de Cold Spring Harbor do ano, é recebida a notícia de que Craig Venter iria fundar uma companhia privada com planos de sequenciar todo o genoma humano em três anos. Inicia-se uma corrida entre as entidades públicas e a privada para ver quem finaliza o estudo antes.
2000	No dia 26 de junho, o presidente dos EUA, Bill Clinton, e o primeiro-ministro do Reino Unido, Tony Blair, solenemente anunciam, em audiência coletiva à mídia, a finalização da primeira versão do genoma humano.
2001	Na edição de 15 de fevereiro da *Nature* e na de 16 de fevereiro da *Science* são publicadas, respectivamente, as versões do Consórcio Público e do Celera Genomics do genoma humano.
2002-2003	Discussão sobre os métodos utilizados pelo Consórcio Público (*Clone-by-clone shotgun*, ou CCS) e o empregado pela Celera (*Whole-genome shotgun*, ou WGS).
2006	Finalização do processo de revisão das sequências de cada um dos cromossomos humanos, reunindo artigos publicados na *Nature* entre 1999 e 2006.

Fonte: Sulston e Ferri (2002); Waterston, Lander e Sulston (2002, 2003); Adams et al. (2003); Rogers (2003); Dhand (2006).

Longe de se intimidarem, os integrantes do Consórcio Público aceleraram as pesquisas e finalmente, em 2000, em cerimônia solene, o presidente dos Estados Unidos, Bill Clinton, e o primeiro-ministro do Reino Unido, Tony Blair, anunciaram a finalização da primeira versão do genoma humano. A data de 26 de junho foi escolhida, segundo Sulston e Ferry (2002), simplesmente porque era uma das poucas que estavam livres nas agendas dos dois estadistas.

O material do Consórcio Público foi publicado em número especial da *Nature* de 15 de fevereiro de 2001 e o da Celera, no dia seguinte, na *Science*. Mas a discussão sobre os métodos utilizados pelos dois grupos, o *Clone-by-clone shotgun*, CCS (Consórcio Público) ou o *Whole-genome shotgun*, WGS (Celera), prosseguiu nos dois anos subsequentes, inclusive com Waterston, Lander e Sulston (2002, 2003) acusando o grupo privado de utilizar os dados que eram disponibilizados livremente pelo Consórcio Público para a montagem de seus dados. Adams et al. (2003) negaram. Atualmente, na verdade, adotou-se uma estratégia mista, em que se usa inicialmente a técnica de WGS, sendo os resultados posteriormente refinados por meio de CCS.

A sequência original do genoma humano vem sendo revisada de uma maneira contínua, e as sucessivas versões foram sendo disponibilizadas publicamente. Um processo metódico de revisão, cromossomo por cromossomo, foi finalizado em 2006.

No entusiasmo de divulgação dos resultados, tanto cientistas e políticos quanto a mídia em geral exageraram sobre o significado da descoberta. O presidente Clinton mencionou que "hoje nós estamos aprendendo a linguagem com a qual Deus criou a vida", e Collins assinalou que "hoje nós celebramos a revelação do primeiro rascunho do livro da vida humana". Essas metáforas podem fazer mais mal do que bem à ciência. Como salientou Weigmann (2004), o genoma carrega informação desenvolvida através do processo evolucionário que é traduzida fisiologicamente pelas células. Chamar o genoma de "livro da vida" implica que ele foi escrito com uma intenção, para ser lido pelos humanos. Essa confusão na intenção e na audiência-alvo interpreta erroneamente o papel dos cientistas.

5.2 Descrição – aspectos estruturais

A Tab. 5.1 fornece uma visão geral sobre as características do DNA encontrado nos 22 pares de autossomos e no par sexual de *Homo sapiens*. O tamanho total de nosso genoma foi estimado como sendo de 2 bilhões e oitocentos milhões de pares de bases (2,8 gigabases ou Gb). Entre os autossomos, o maior cromossomo é o 2, com 237,5 Mb (8,3% do total) e o menor, o 21 (34,2 Mb; 1,2% do total). O maior é quase sete vezes (6,9x) o tamanho do menor. Quanto ao par sexual, o cromossomo X, tradicionalmente classificado dentro do grupo C, apresenta um tamanho intermediário dentro desse grupo (150,4 Mb; 5,3% do total), sendo muito maior (14 vezes mais) que o Y, que é o menor cromossomo de todos (24,9 Mb; 0,9% do total).

Apesar de pequeno, evolucionariamente o cromossomo Y é um dos mais interessantes do genoma. O material genético de sua cromatina masculino-específica pode ser classificado em três regiões: (a) translocada do X; (b) degenerada do X; e (c) amplicônica, com características que são apresentadas na Tab. 5.2. Tanto quanto se possa avaliar, os cromossomos sexuais humanos diferenciaram-se a partir de um par autossômico ancestral, em um processo de determinação do sexo desenvolvido por meio da supressão da recombinação. Esta última determinou que muitos genes perdessem sua função e degenerassem; outros podem ter sido translocados recentemente do X; ao passo que os genes amplicônicos foram obtidos de várias fontes e constituem-se na região que é fundamentalmente responsável pelo funcionamento correto dos testículos.

Tab. 5.1 Características selecionadas sobre o DNA dos 23 pares de cromossomos humanos

Cromossomo (grupo e n°)		Tamanho do genoma (Mb)	% do total	% G+C	% repetições	N° genes	N° pseudogenes	Dens. gênica/Mb
A	1	222,8	7,8	41,0	48,0	3.131	991	14,2
	2	237,5	8,3	40,2	ND	1.346	1,239	7,0
	3	194,6	6,8	ND	ND	1.585	122	8,8
B	4	187,2	6,6	38,2	ND	796	778	5,4
	5	177,7	6,2	39,5	46,3	923	577	ND
C	6	167,3	5,9	40,0	43,9	1.557	633	9,2
	7	154,8	5,4	41,0	45,0	1.150	941	7,5
	8	142,6	5,0	39,2	44,5	793	301	5,6
	9	117,8	4,1	41,4	46,1	1.149	426	10,5
	10	131,6	4,6	41,6	43,7	1.357	430	10,4
	11	131,1	4,6	41,6	48,0	1.524	765	11,6
	12	130,3	4,6	ND	ND	1.435	93	11,0
D	13	95,6	3,4	38,5	42,3	633	296	6,5
	14	88,3	3,1	40,9	46,2	1.050	393	10,0
	15	81,3	2,8	ND	ND	695	250	ND
E	16	78,9	2,8	44,7	47,8	880	341	11,2
	17	77,8	2,7	45,5	45,3	1.266	274	16,2
	18	74,7	2,6	39,8	43,5	337	171	4,4
F	19	55,8	2,0	48,0	55,0	1.461	321	26,0
	20	59,5	2,1	44,1	42,0	727	168	12,2
G	21	34,2	1,2	40,8	40,1	225	59	6,7
	22	34,8	1,2	47,8	41,9	545	134	16,3
X		150,4	5,3	39,0	56,0	1.098	700	7,1
Y		24,9	0,9	ND	ND	78	ND	ND
Total ou média		2.851,5	100,0	41,6	45,9	1.073	452	10,4

ND: Não disponível, pelo menos na publicação referida.
Fonte: Dhand (2006).

O percentual médio de G+C em *H. sapiens* (41,6%) não é muito diferente do de plantas ou outros animais, mas há uma certa variação quanto a esse valor entre os cromossomos, de 38% (Cromossomo 4) a 48% (Cromossomo 19); 14 dos cromossomos têm valores entre 40% e 48% (Tab. 5.1). Números similares ocorrem no que se refere à percentagem de repetições (de 40,1%, Cromossomo 4 a 56%, Cromossomo X; 16 dos cromossomos apresentam proporções entre 40% e 49%; Tab. 5.1).

Tab. 5.2 Características de três classes de sequências que ocorrem na porção masculino-específica do cromossomo Y humano

Características	Regiões		
	Translocada do X	**Degenerada do X**	**Amplicônica**
Aspectos distintivos	99% de identidade com o X	Homólogos de genes do X	Similaridade grande entre as sequências masculino-específicas
Origem evolucionária	Transposição simples do X	Remanescentes de antigos autossomos a partir dos quais o X e o Y evoluíram	Obtidos de várias fontes e posteriormente amplificados
Distribuição	2 blocos em Yp	8 blocos em Yp e Yq	7 blocos em Yp e Yq
Tamanho (Mb)	3,4	8,6	10,2
N° de genes codificadores	2	16, a maioria com expressão ampla	60 (em 9 famílias) expressos principalmente ou exclusivamente nos testículos
N° de unidades de transcrição não codificadoras	0	4	74
N° de unidades de transcrição por Mb	0,6	2,2	13,3

Fonte: Skaletsky et al. (2003).

O Cromossomo 1 é o que apresenta o maior número de genes (3.141) e a maior densidade gênica (14,2/Mb). No outro extremo, entre os autossomos, está o Cromossomo 21 (somente 225 genes e densidade gênica de 6,7/Mb, maior apenas que a do Cromossomo 18, que é de 4,4/Mb). A distribuição do número de genes não segue de maneira estrita a classificação clássica por grupos, ou a sequência baseada no tamanho cromossômico adotada na numeração dos cromossomos. Também não há uma relação clara entre o número de genes, o de pseudogenes, e a densidade gênica (Tab. 5.1).

Duplicações segmentares são segmentos de DNA maiores que 1 kb (e que podem chegar a 400 kb) que apresentam alta similaridade (90% ou mais) entre si. Zhang et al. (2005) investigaram a sua distribuição ao longo de todo o genoma humano, e um resumo de seus dados está apresentado na Tab. 5.3. Eles consideraram tanto duplicações no mesmo como em diferentes cromossomos. No que se refere às duplicações intracromossômicas nos autossomos, elas variaram de 0,3% (Cromossomos 14 e 18) a 8,2% (Cromossomo 16), a frequência mais alta sendo 27 vezes maior que a mais baixa. Especialmente marcante é a frequência encontrada no Y (13,1%). A média geral dessas duplicações situou-se em 3%. As duplicações intercromossômicas são menos frequentes: de 0,7% (Cromossomo 6) a 3,7% (Cromossomo 16); X, 3%; Y, 2,9%; média geral: 1,7%.

Tab. 5.3 Percentagens de duplicações segmentares e índices de enriquecimento por região, genoma humano

Cromossomo	Duplicação segmentar		Índices de enriquecimento[1], regiões		
	Intracromossômica	Intercromossômica	Pericentromérica	Subtelomérica	Outras
1	2,6	1,6	0,7	9,9	0,8
2	2,6	1,5	6,9	3,3	0,6
3	0,8	0,9	0,2	3,8	0,3
4	1,2	1,3	0,9	6,2	0,4
5	2,2	1,2	0,8	7,6	0,6
6	1,2	0,7	2,6	5,7	0,2
7	6,1	2,4	7,0	11,7	1,5
8	1,1	1,2	0,4	4,5	0,3
9	6,3	3,2	5,7	14,8	1,3
10	4,8	1,4	4,7	4,2	1,1
11	3,1	1,6	1,7	1,4	0,9
12	1,2	0,9	2,1	0,8	0,3
13	1,3	1,5	2,0	0,4	0,4
14	0,3	0,8	1,0	0,3	0,2
15	5,5	3,3	4,4	4,2	1,4
16	8,2	3,8	4,9	4,9	1,9
17	6,7	1,5	4,8	0,0	1,6
18	0,3	1,8	3,4	2,8	0,1
19	2,8	1,4	0,0	5,2	1,0
20	1,2	1,7	2,4	1,2	0,2
21	0,9	3,6	4,2	0,5	0,3
22	4,7	3,3	2,8	1,5	1,3
X	2,3	3,0	0,5	2,3	1,3
Y	13,1	2,9	4,4	0,0	5,4
Total	3,0	1,7	2,9	4,1	0,8

[1]*Proporção da percentagem de duplicações observada na região em relação à percentagem de duplicações em todo o genoma, considerando o tamanho da sequência.*
Fonte: Zhang et al. (2005).

Esses segmentos não se distribuem uniformemente ao longo do cromossomo, sendo especialmente frequentes nas regiões subteloméricas (índice de enriquecimento, IE, de 4,1) e pericentroméricas (IE: 2,9). Há também ampla variação nos IEs entre cromossomos.

Zhang et al. (2005) analisaram diversos fatores que podem influir nessas distribuições: ocorrência ou não em genes, densidade de repetições, taxa de recombinação e conteúdo de GC. Os autores verificaram no entanto, que em seu conjunto de dados esses fatores contribuiriam com apenas 4% da variação total. Bailey, Liu e Eichler (2003) verificaram uma frequência grande (27%) de elementos *Alu* jovens nas junções dessas regiões, enquanto Iafrate et al. (2004) e Sharp et al. (2005) investigaram sua distribuição em diferentes grupos étnicos. Como esses segmentos são encontrados tanto em africanos quanto em europeus, asiáticos ou ameríndios, eles devem ser evolucionariamente antigos ou resultar de eventos recorrentes frequentes. Jackson et al. (2005) verificaram a ocorrência de eventos de reticulação entre esses segmentos, com distribuição de 1 em cada 4 kb.

5.3 Descrição – fenótipos normais e patológicos

A estrutura descrita na seção anterior é responsável por nossa aparência e condição, seja esta saudável ou doente. O Quadro 5.2 apresenta uma lista de características normais e outra de condições patológicas, condicionadas pelos 22 pares de cromossomos autossômicos, mais os sexuais. Naturalmente, só estão indicados exemplos de fenótipos mais comuns. No que se refere aos traços normais, estão listados: (a) 26 enzimas; (b) 11 proteínas ligadas ao sistema imune; (c) 10 grupos sanguíneos; (d) 2 fatores de coagulação; e (e) 32 outras proteínas, em um total de 81 substâncias ou grupos de substâncias.

Quadro 5.2 Distribuição de fatores relacionados a características normais e condições patológicas por cromossomo do genoma humano

Cromossomo (grupo e n°)		Características normais	Condições patológicas
A	1	Grupo sanguíneo Duffy (relacionada à malária causada por *Plasmodium vivax*)	Doença de Gaucher Doença de Parkinson Diversos tipos da Doença de Charcot-Marie-Tooth
	2	Fosfatase alcalina Proteína C Cadeia leve da imunoglobulina kapa Domínio de dedos de zinco	Coloboma da íris Aniridia 1 Síndrome de Ehlers-Danlos
	3	Transferrina Ceruloplasmina Somatostatina	Ataxia espinocerebelar 7 Distrofia miotônica 2 *Xeroderma pigmentosum*, grupo C de complementação Doença de von Hippel-Lindau
B	4	Fosfoglucomutase 2 Albumina Componente grupo-específico (Proteína que se liga à Vitamina D) Grupo sanguíneo MN	Doença de Huntington Síndrome de Wolf-Hirschhorn Uma forma de distrofia muscular
	5	Interleucinas 3, 4, 5, 13 Fator XII da coagulação (Fator Hageman)	Atrofia espinomuscular Disostose mandibulofacial de Treacher Collins Síndrome de Gardner

Quadro 5.2 Distribuição de fatores relacionados a características normais e condições patológicas por cromossomo do genoma humano (cont.)

Cromossomo (grupo e n°)		Características normais	Condições patológicas
C	6	Complexo Maior de Histocompatibilidade Glioxalase I Apolipoproteína Lp(a) Grupo sanguíneo P	Ataxia espinocerebelar SCA1 Hemocromatose Hiperplasia adrenal congênita (deficiência de 21-hidroxilase)
	7	Interferon beta-2 Eritropoietina Paraoxonase Histona H1, H2A, H2B	Fibrose cística Osteogênese imperfeita Síndrome Williams-Beuren Ehlers-Danlos tipo VIIA2
	8	Anidrase carbônica I, II, III Tiroglobulina Fibronectina Defensinas	Microcefalia Deficiência do ativador do plasminogênio Epidermólise bulhosa
	9	Interferon alfa, beta Aldeído desidrogenase Componente do Complemento 5 Grupo sanguíneo ABO	Cromossomo Filadélfia Coreia-acantocitose Miopatia hereditária com corpos de inclusão
	10	Fator de crescimento de fibroblastos 2 Glutamato desidrogenase Glutamato oxaloacetato Transaminase, solúvel	Homólogo à fosfatase e tensina (PTEN; mutado em cânceres) Anemia hemolítica por deficiência de hexokinase Leucodistrofia metacromática
	11	Complexo da hemoglobina (beta, delta, gama) Insulina Complexo da apolipoproteína (A-I, C-III, A-IV)	Síndrome de Beckwith-Wiedemann Porfiria aguda intermitente Glaucoma congênito
	12	Gliceraldeído-3-fosfato desidrogenase CD4 (receptor do vírus da AIDS) Peptidase B	Doença de von Willebrand Anemia hemolítica por deficiência em triose-fosfato isomerase Fenilcetonuria
D	13	Fatores de coagulação VII e X Imunoglobulina E Colágeno IV (cadeias alfa 1 e 2)	Retinoblastoma 1 Síndrome de Dubin-Johnson Doença de Wilson
	14	Receptor de células T alfa/delta Complexo da cadeia pesada das imunoglobulinas Beta-espectrina Alfa-1-antitripsina (inibidor da protease)	Doença de Niemann-Pick Síndrome de Usher Deficiência de nucleosídio-fosforilase Esferocitose
	15	Regulador da beta-2 microglobulina Isocitrato desidrogenase mitocondrial Manosecitrato isomerase	Síndromes de Prader-Willi e Angelman Doença de Tay-Sachs Isovalericacidemia

Quadro 5.2 Distribuição de fatores relacionados a características normais e condições patológicas por cromossomo do genoma humano (cont.)

Cromossomo (grupo e n°)		Características normais	Condições patológicas
E	16	Complexo do gene da alfa-globina Glioxalase II Pseudocolinesterase-2 Haptoglobina	Doença policística do rim Tirosinemia tipo II Urolitíase
E	17	Complexo da cadeia pesada da miosina Galactoquinase Timidina quinase-1 Alfa-glucosidase ácida	Lissencefalia de Miller-Dieker Neurofibromatose NF1 Síndrome de Smith-Magenis Doença de Charcot-Marie-Tooth tipo 1A
E	18	Timidilato sintase Proteína básica da mielina Peptidase A	Síndrome de Edwards Carcinoma do cólon e reto Methemoglobinemia Protoporfiria eritropoiética
F	19	KIR (*killer cell immunoglobulin receptors*) Proteínas do fator de transcrição "dedo de zinco" Grupo sanguíneo Lewis Grupo sanguíneo Lutheran Secretor de substância H	Hipercolesterolemia familial Doença de Hirschprung Manosidose Anemia hemolítica por deficiência de glicosefosfato isomerase
F	20	Proteína prion Adenosina desaminase Inosina trifosfatase A	Doença de Creutzfeldt-Jakob Imunodeficiência severa combinada Síndrome de Alagille
G	21	Proteína precursora amiloide beta A4 Cistotationina beta-sintase Superóxido dismutase-1, solúvel	Síndrome de Down Esclerose amiotrófica lateral Homocistinuria
G	22	Complexo da cadeia leve da imunoglobulina lambda Mioglobina Grupo sanguíneo P	Síndrome de Hurler Síndrome do olho do gato Síndrome velocardiofacial/DiGeorge
	X	Grupo sanguíneo Xg Pigmentos para visão às cores Alfa-galactosidase A	Hemofilia Distrofia muscular de Duchenne Síndrome de Lesch-Nyhan Deficiência de glicose-6-fosfato desidrogenase
	Y	Proteína Y específica dos testículos	DAZ, deletado na azoospermia

Fonte: McKusick (1988); Dhand (2006).

Um total de 77 condições ou grupos de condições patológicas estão também listados no Quadro 5.2. São: (a) 17 síndromes; (b) 15 doenças do sistema nervoso e/ou muscular; (c) 13 erros inatos do metabolismo; (d) 9 problemas hematológicos; (e) 4 condições relacionadas a erros no reparo do DNA e câncer; (f) 4 localizadas na visão; e (g) 15 outras patologias diversas. Cada cromossomo representa uma unidade de segregação que deve ser considerada de maneira apropriada para uma avaliação global de nosso genoma.

5.4 Funcionamento

O genoma humano é um depósito elegante, porém críptico, de informação. O Projeto da Enciclopédia de Elementos de DNA (ENCODE na sigla em inglês) tem como proposta fornecer uma representação biologicamente informativa desse genoma por meio de métodos de alta eficiência. Na sua investigação-piloto foram estudadas 30 Mb, o equivalente a 1% do genoma humano. O Boxe 5.1 fornece alguns resultados do Projeto. Indicam-se: (a) o grau com que ocorre a transcrição do DNA; (b) a estrutura desses sítios de funcionamento; (c) os fatores que influem no processo; e (d) em uma perspectiva evolucionária, quantos desses sítios estão sujeitos à ação da seleção conservadora.

O total estimado de genes, como avaliado por meio da revisão cuidadosa, cromossomo por cromossomo, e indicado na Tab. 5.1, foi de 25.751. Clamp et al. (2007) dedicaram-se a uma análise ainda mais minuciosa dessas ORFs (*Open Reading Frames*, ou Quadros Abertos de Leitura), especialmente das não conservadas evolucionariamente, e verificaram que boa parte das classificações eram errôneas. Eles propuseram que o número de genes codificadores de proteínas de nosso genoma não deve ser maior que 20.500.

O efeito mais dramático que pode ocorrer na ação fenotípica de um gene é a perda de sua essencialidade. Diz-se que um gene é essencial a um organismo se a perda de sua função por alelos nulos ou deleções condiciona letalidade ou infertilidade. Liao e Zhang (2008) procuraram investigar essa possível perda de essencialidade entre genes ortólogos de humanos e camundongos.

Boxe 5.1 Resultados selecionados do Projeto ENCODE

1. O genoma humano é transcrito de forma bastante ampla.
2. Sequências regulatórias que rodeiam os sítios de início da transcrição estão distribuídas simetricamente, sem tendência às regiões 5'.
3. Padrões de acessibilidade da cromatina e de modificação de histonas predizem bem a presença e a atividade de sítios de início de transcrição.
4. Sítios hipersensíveis distais de DNAse I têm padrões de modificação de histonas que os distinguem dos promotores e alguns mostram marcas consistentes com uma função insuladora.
5. O tempo de replicação do DNA está correlacionado com a estrutura da cromatina.
6. Cinco por cento das bases no genoma estão sob restrição evolucionária nos mamíferos; e para 60% dessas há evidência de função.
7. Foram identificados 7.157 sítios de início da transcrição.
8. Observou-se um total de 1.393 agrupamentos (*clusters*) regulatórios, 25% dos quais estavam próximos a sítios de início da transcrição.
9. Setenta regiões ativas (de 11,4 Mb) e 82 inativas (de 17,8 Mb) foram identificadas. As ativas apresentam alta prevalência de sítios de início de transcrição, ilhas CpG e elementos *Alu*, enquanto as inativas têm frequências altas dos transpósons LINE 1 e LTR.

Fonte: ENCODE Project Consortium (2007).

Foram identificados 120 genes em nossa espécie cuja perda de função matava ou esterilizava seus portadores, e comparados os efeitos que seus ortólogos causavam em camundongos. Surpreendentemente, verificou-se que 27 (22%) deles não eram essenciais em *Mus musculus*. Uma análise indicou que essas 27 proteínas estavam sujeitas a um ritmo mais acelerado de evolução, condicionado pela seleção positiva, sem sinal de mudanças apreciáveis no nível de expressão gênica.

Que fatores determinam a variação no nível de expressão gênica em humanos? Morley et al. (2004) investigaram esse problema em 3.554 genes que estavam segregando em 14 grandes famílias. Para cerca de 1.000 fenótipos de expressão, houve evidência significante de ligação a regiões cromossômicas específicas, com fatores atuando tanto adjacentemente (em cis) como não (trans). Reguladores para a maioria dos fenótipos foram localizados nos cromossomos 14 e 20. Outros estudos, envolvendo unidades funcionais de transcrição que cobririam pelo menos a metade do genoma humano (Sémon e Duret, 2004), e a pesquisa de longos motivos (12-22 nucleotídios) em elementos não codificadores evolutivamente conservados (Xie et al., 2007), forneceram detalhes sobre como está estruturada a regulação gênica em nosso genoma.

Um aspecto curioso dessa estrutura é a ocorrência de um gene dentro do outro (genes aninhados ou *nested*). A primeira ocorrência desse fenômeno na nossa espécie foi a do gene *F8A1* (transcrito 1 intrônico do Fator VIII de coagulação), que está totalmente contido no íntron 22 de *F8* (Fator VIII de coagulação). Yu et al. (2005) identificaram 373 genes desse tipo no nosso genoma, verificando que estavam sob forte seleção e que uma proporção significativa deles expressava-se de maneira tecido-específica.

A montagem de um organismo depende de interações proteicas complexas. Stumpf et al. (2008) estimaram que o número de interações em humanos é de cerca de 650.000, uma ordem de magnitude maior que em *Drosophila melanogaster* e três vezes maior que em *Caenorhabditis elegans*. Duarte et al. (2007) fizeram uma reconstrução global da rede metabólica humana e Goh et al. (2007), da rede de doenças em nossa espécie (1.286, 1.777 genes). Os genes essenciais codificam para proteínas localizadas em posição central no processo, enquanto os causadores de doenças estão posicionados na periferia funcional da rede. Por sua vez, Da Cunha et al. (2009) geraram um catálogo de 3.702 proteínas transmembranas (o surfaceoma) e conseguiram separar aquelas com expressão restrita em tecidos normais e diferencial em tumores.

Agrupamentos de dinucleotídios, CpGs ou "ilhas CpG" ocorrem nas regiões promotoras e exônicas em cerca de 40% dos genomas de mamíferos. Outras regiões contêm menos dessas ilhas, e a explicação é que as citosinas (C), quando metiladas, são sítios elevados de mutações. Um grande número de experimentos, por outro lado, indicaram que a metilação da citosina em regiões promotoras é importante no silenciamento gênico, na impressão genômica, na inativação do cromossomo X, no silenciamento de parasitas intragenômicos e na carcinogênese. Takai e Jones (2002) realizaram uma análise detalhada dessas ilhas CpG nos cromossomos 21 e 22 de nossa espécie. De um total de 8.603 que puderam ser classificadas, 88,9% ocorreram em elementos *Alu* fora de éxons, 2,3% no primeiro éxon codificador de um gene conhecido e 8,8% em outras porções exônicas.

O *Homo sapiens* difere dos outros primatas especialmente por suas capacidades cognitivas e seu cérebro maior. Como isso se manifesta em atividades metabólicas? Nowick et al. (2009) compararam as atividades de fatores de transcrição nos cérebros de humanos e chimpanzés e encontraram 90 genes responsáveis por esses fatores com expressão diferente nas duas espécies. Eles se agrupavam em dois módulos distintos mas interligados: um fortemente associado com funções do metabolismo energético e o outro com o transporte vesicular e processos desenvolvidos por meio da participação de uma proteína acídica básica, a ubiquitina.

5.5 Um olhar para o passado

O evento evolucionário mais marcante que caracteriza o nosso genoma foi a formação do cromossomo 2 a partir da fusão entre as porções proximais de dois cromossomos acrocêntricos menores do ancestral comum de humanos e chimpanzés. Em razão das técnicas deficientes do início do século XX e do fato de que todos os antropoides têm 2n=48, por muito tempo supôs-se que este era também o número cromossômico do *Homo sapiens*. Além dessa fusão, diversos outros rearranjos (inversões paracêntricas e pericêntricas, translocações) ocorreram na história evolucionária dos humanos, chimpanzés, gorilas e orangotangos (Yunes e Prakash, 1982).

Outros eventos ocorreram durante esse processo. Eles envolveram uma redução populacional importante (Marth et al., 2003) e perdas gênicas (Wang, Grus e Zhang, 2006). Tais perdas estão vinculadas à hipótese de que "menos é mais", isto é, de que muitas vezes a perda de material genético pode ser vantajosa evolucionariamente. A inativação ocorre por meio de um processo de pseudogenização, com genes ativos tornando-se pseudogenes. Os mais envolvidos nesse processo parecem ter sido genes relacionados à olfação, gustação e resposta imune.

No que se refere ao centrômero do cromossomo X, houve uma expansão progressiva de sua porção proximal, que condicionou a formação de cinco domínios físicos, cuja origem pode ser datada de maneira específica. Comparação com as regiões ortólogas de chimpanzé, gorila, orangotango, *Papio*, *Macaca* e *Cercopithecus* mostrou extrema conservação, indicando que a expansão deve ter ocorrido em época anterior à sua diversificação (Schueler et al., 2005).

O *Homo neandertalensis* viveu na Europa e no oeste da Ásia entre 300 mil e 25 mil anos atrás, tendo coexistido com o *H. sapiens* entre mil e seis mil anos, dependendo da região considerada. Outra forma arcaica, mas claramente *sapiens*, é a do Cro-Magnon, que viveu na Europa há 40 mil. Há indicações de interação cultural entre essas unidades taxonômicas, mas as sequências de DNA mitocondrial obtidas diretamente desses restos pré-históricos e de populações atuais são claramente distintas. Para analisar com mais detalhe essa questão, Belle et al. (2009) simularam uma ampla gama de cenários demográficos por meio de um algoritmo de coalescência seriada, nos quais neandertais, Cro-Magnoides e europeus modernos ou eram parte dela ou de sequências mitocondriais diferentes. Todos os modelos que separavam os neandertais dos outros dois conjuntos comportaram-se melhor do que sua alternativa. Eles calcularam que o máximo de fluxo gênico que teria ocorrido entre os ancestrais dos europeus modernos e os neandertais seria da ordem de 0,001% por geração.

Outra possibilidade de abordagem do problema é a utilização de inferências baseadas no DNA nuclear atual. Nesse caso, os resultados são conflitantes. Fagundes et al. (2007), utilizando 50 locos investigados em amostras de africanos, asiáticos e ameríndios, e a partir daí realizando extensas simulações, verificaram que o modelo sem a introdução de mistura arcaica era o mais provável (78%); por sua vez, Wall, Lohmueller e Plagnol (2009), utilizando uma amostra muito mais extensa, de 26 mil polimorfismos de base simples e outro tipo de simulação, encontraram uma proporção de mistura neandertal de 14% em europeus e 1,5% em asiáticos orientais.

5.6 Variação – DNA mitocondrial

Pereira et al. (2009) compilaram dados sobre 5.140 genomas mitocondriais humanos, e um resumo de suas análises é apresentado na Tab. 5.4. Como seria de esperar, a variação na região controladora foi muito maior que na região codificadora. Na primeira, considerando-se todos os polimorfismos, os números foram de 58% *versus* 36%. Restringindo-se a análise aos polimorfismos com uma frequência de pelo menos 0,1%, os valores foram 26% *versus* 13%. A prevalência de transversões, também como esperado, foi maior na região controladora. Os números para as duas classes de comparações foram: (a) região controladora, todos polimorfismos, 1 transversão (TV) para 2,9 transições (TS); mais frequentes, TV:TS 1:6,8; (b) região codificadora, todos, 1:7,5; mais frequentes, 1:21,2.

A Tab. 5.4 também apresenta em detalhe dados sobre os genes que existem na região codificadora. Todos estão relacionados à formação de subunidades de complexos enzimáticos relacionados à fosforilação oxidativa, geradora de energia. Eles incluem sete (*ND1, 2, 3, 4L, 4, 5, 6*) dos 46 polipeptídeos do complexo I (NADH desidrogenase); um (citocromo B, *CYTB*) dos 11 polipeptídeos do complexo III; três (*COI, COII, COIII*) dos 13 polipeptídeos do complexo IV (citocromo C oxidase) e dois (ATP6 e ATP8) das 16 proteínas do complexo V (ATP sintetase) (Wallace, 2005). A ordem em que eles estão colocados na Tab. 5.4 é aquela em que eles estão localizados no DNA.

A proporção de sítios polimórficos quando todos os polimorfismos foram considerados variou de 29% (*ND3, ND4L*) a 57% (*ATP8*), e nos mais frequentes, de 10% (*COI, ND3, ND4L*) a 21% (*ATP8*). Nos dois conjuntos, há uma clara correlação com o tamanho dos genes (correlações de, respectivamente, 0,89 e 0,87) (Tab. 5.4).

Outros resultados de Pereira et al. (2009) não apresentados na tabela: há uma variação menor na segunda posição do códon (em percentagem, todos,

Tab. 5.4 Diversidade presente em 5.140 genomas mitocondriais humanos[1]

Região do mtDNA	Todos os polimorfismos	Mais frequentes (≥ 0,1%)
Região controladora		
% de sítios polimórficos	50	26
Proporção Transversão/Transição	1:2,9	1:6,8
Região codificadora		
% de sítios polimórficos		
ND1	37	15
ND2	33	14
COI	30	10
COII	34	13
ATP8	57	21
ATP6	54	18
COIII	35	11
ND3	29	10
ND4L	29	10
ND4	30	12
ND5	34	12
ND6	38	13
CYTB	43	16
Total	36	13
Proporção Transversão/Transição	1:7,5	1:21,2

[1] *Distribuídos como segue, por regiões geográficas: Américas, Ameríndios: 286; Américas, Hispânicos: 125; África ao sul do Saara: 680; África do norte: 75; Oriente Próximo: 309; Eurásia: 1719; Ásia Oriental: 1.174; Sul da Ásia: 346; Sudeste da Ásia: 72; Australásia: 136. A classificação por haplogrupos forneceu os seguintes resultados: Eurasianos Ocidentais: 15; Eurasianos Orientais: 16; Pan-eurasianos: 1; Africanos: 7; Sem Origem Clara: 2.*

Fonte: Pereira et al. (2009).

1ª: 24; 2ª: 13; 3ª: 63; mais frequentes: 1ª: 23; 2ª: 9; 3ª: 68). A maioria dos códons polimórficos codificou para aminoácidos apolares neutros (66,3%); as outras categorias foram aminoácidos polares neutros (25,6%); polares básicos (5%) e polares ácidos (3%).

Behar et al. (2008), por outro lado, construíram uma árvore matrilineal com 624 mtDNAs completamente sequenciados da linhagem HgL da África ao sul do Saara. Tanto a filogenia quanto cálculos de coalescência indicaram que os Khoisan da África do Sul, que se distinguem por uma série de características morfológicas e linguísticas, devem ter se separado do tronco comum entre 90 e 150 mil anos atrás, e que pelo menos cinco outras linhagens maternas já existiam durante aquele período. Na verdade, os referidos autores estimaram a ocorrência de pelo menos 40 outras linhagens independentes que teriam florescido na região entre 60 e 70 mil anos atrás, no início do êxodo para os outros continentes.

5.7 Variação – DNA nuclear, SNPs

Já foi identificado nada menos que 1,42 milhão de SNPs (*single nucleotide polymorphisms*) no genoma humano, e sua distribuição por cromossomo está apresentada na Tab. 5.5. A frequência deles em éxons (1 SNP cada 1,08 kb de DNA) é quase o dobro da média da distribuição total (1:1,91 kb), talvez em razão dos esforços concentrados de sua determinação nessas áreas do genoma. A densidade de SNPs é baixa nos cromossomos sexuais (X, 1:3,77 kb; Y, 1:5,19 kb), e nos autossomos distribui-se entre 1:1,19 kb (cromossomo 22) e 1:2,18 kb (cromossomo 19). A diversidade nucleotídica ($\times 10^{-4}$) também é baixa nos cromossomos sexuais (X, 4,69; Y, 1,51). Isso pode ser explicado, em parte, pelos seus tamanhos efetivos menores (3/4 para o X; 1,5 para a região não recombinante do Y), mas outros fatores, como a seleção contra os hemizigotos masculinos, também devem ser importantes. Nos autossomos, os valores de diversidade distribuíram-se entre 5,19 (cromossomo 21) e 8,79 (cromossomo 15).

Esses SNPs distribuem-se em blocos (haplótipos), e em razão da ocorrência de ligação e de fenômenos demográficos (mistura recente de populações com frequências gênicas diversas), dois genes localizados no mesmo cromossomo podem distribuir-se de maneira não randômica (desequilíbrio de ligação). Esses blocos de ligação são menores na amostra investigada de africanos (30 genitores-prole trios de Yorubas de Ibadan, Nigéria) do que em descendentes de europeus (30 trios de Utah, EUA) ou asiáticos (45 Han de Beijing, China e 44 japoneses de Tóquio, Japão). A média de SNPs por bloco é de, respectivamente, 30,3, 70,1 e 54,4 (International HapMap Consortium, 2005).

Outros estudos de investigação de amostras populacionais e marcadores genéticos em grande escala envolveram: (a) um total de 21.407 sítios em 42

Tab. 5.5 Distribuição de polimorfismos de base simples (*Single nucleotide polymorphisms*, SNPs)[1] e diversidade nucleotídica por cromossomo, genoma humano

Cromossomo	kb/SNP	Diversidade nucleotídica[2] ($\times 10^{-4}$)
1	1,65	7,72
2	2,15	7,37
3	2,01	7,52
4	2,00	8,08
5	1,45	7,23
6	1,71	7,44
7	2,08	7,59
8	2,16	7,74
9	1,73	8,13
10	2,09	8,25
11	1,53	8,38
12	2,11	7,55
13	1,77	8,03
14	2,03	7,40
15	1,94	8,79
16	1,91	8,29
17	2,12	7,83
18	1,62	8,14
19	2,18	7,64
20	2,15	7,15
21	1,62	5,19
22	1,19	8,53
X	3,77	4,69
Y	5,19	1,51
Éxons	1,08	ND
Total	1,91	7,51

[1]Total identificado: 1.419.190; [2]A probabilidade de que uma posição nucleotídica seja heterozigota quando comparada por meio de dois cromossomos selecionados ao acaso na população.

ND: Não disponível, pelo menos na publicação referida.

Fonte: International SNP Map Working Group (2001).

indivíduos afro-americanos, euro-americanos e do leste asiático (Marth et al., 2004); (b) 525.910 SNPs em 29 populações cujas amostras foram coletadas por meio do Human Genome Diversity Project (HGDP) e são conservadas no Centre d'Étude du Polymorphisme Humaine em Paris (CEPH) (443 indivíduos) (Jakobsson et al., 2008); (c) 650 mil SNPs em 51 populações do HGDP/CEPH, 938 indivíduos (Li et al., 2008); e (d) 805 SNPs sem sentido (que introduzem códons de terminação prematuros) em 56 populações do HGDP/CEPH, 1.151 indivíduos (Yngvadottir et al., 2009). Esse material foi examinado de maneira diversa, com base na história demográfica e distribuição geográfica dos grupos investigados, testando também diferenças de caráter adaptativo nos portadores.

5.8 Variação – DNA nuclear, estrutura

Por meio de técnicas engenhosas de biologia molecular, é possível avaliar variações maiores no genoma. Com base no critério de identificação de 3 ou mais kb, Korbel et al. (2007) identificaram nos DNAs de um africano e um europeu 1.297 variações estruturais, como inserções, deleções e inversões, estas últimas com frequência de 9%. Kidd et al. (2008) estabeleceram como critério 8 ou mais kb, investigados em oito genomas (4 africanos, 2 europeus, 2 asiáticos). Eles identificaram 1.965 sítios variáveis, 13,2% caracterizados como inversões. Por sua vez, Tuzun et al. (2005), usando também o critério de 8 ou mais kb e fazendo comparações pareadas, observaram 297 sítios de variação estrutural, 18,8% identificados como inversões.

Variações estruturais menores (1 ou mais kb) são identificadas como variação em número de cópias (*copy number variation*, CNVs). Redon et al. (2006) e Nozawa, Kawahara e Nei (2007) analisaram o mesmo conjunto de 277 indivíduos do painel HapMap com relação a esse aspecto e encontraram um total de 1.477 CNVs, cobrindo 360 Mb (12%) do genoma. Entre 2.908 e 3.144 genes foram identificados dentro dessas regiões variáveis e, em média, um indivíduo diferia do outro quanto ao número de cópias em 277 locos. Eles também investigaram a variação em CNVs quanto a genes receptores sensoriais. Mais do que 30% de 800 genes relacionados à recepção olfatória eram polimórficos quanto a esse tipo de variação; e dois indivíduos localizados ao acaso diferiam, em média, em 11 desses genes.

Wong et al. (2007) e Jakobsson et al. (2008) analisaram outros conjuntos de indivíduos. Os primeiros identificaram 3.654 CNVs autossômicos, 800 dos quais ocorriam com uma frequência de pelo menos 3% em uma amostra de 105 indivíduos de etnicidade variável. Entre 95 deles, os dois genomas mais diferenciados diferiam entre si em pelo menos 9 Mb! Aproximadamente 68% das 800 regiões polimórficas sobrepunham-se a genes. Jakobsson et al. (2008), por sua vez, compararam a variação em CNVs com a encontrada em SNPs (ver seção 5.7) e haplótipos no painel HGDP/CEPH. Os CNVs mostraram-se menos eficientes que os SNPs e haplótipos para identificar relações interpopulacionais, mas isso pode ser apenas um reflexo de seu número menor com relação aos dois outros conjuntos. Também diferentemente desses marcadores, CNVs com frequências mais altas foram encontradas nas Américas e na Oceania, quando comparadas às dos outros continentes.

5.9 Variação – elementos transponíveis

Elementos que se inseriram no genoma humano por transferência horizontal podem ser classificados em dois tipos principais: SINES (*short interspersed elements*) e LINES (*long interspersed elements*). Os elementos SINES mais comuns são as inserções *Alu*, com um tamanho de cerca de 300 nucleotídeos e que ocorrem em nada menos que um milhão e cem mil cópias (5%) no nosso genoma. Os LINES são maiores e menos frequentes: existem em cerca de 500 mil cópias, sendo os L1 os mais comuns. Arndt, Hwa e Petrov (2005) estilizaram as sequências *Alu* para avaliar a história das taxas de substituições nucleotídicas em nosso material genético. Eles verificaram que essas taxas variavam duas a três vezes em magnitude ao longo do genoma. O conteúdo em GC das sequências circundantes fornece a melhor predição dessas taxas, mas o padrão é bastante diferente nas regiões teloméricas.

Belle, Webster e Eyre-Walker (2005) analisaram uma quesão diferente: por que os elementos repetitivos *Alu* que se inseriram em época mais remota se distribuem de maneira diferente (preferencialmente em regiões ricas em GC) dos que se introduziram mais recentemente? Os autores verificaram que esses elementos não são preferencialmente degradados em regiões pobres em GC e que, portanto, fatores relacionados com seus padrões de inserção ou probabilidade de fixação é que devem ser considerados.

Han et al. (2008) concentraram-se nos elementos L1. Eles identificaram 73 eventos especificamente humanos de deleções associadas com a recombinação nesses elementos após a divergência entre humanos e chimpanzés. Apesar de sua baixa frequência, esses eventos deletaram 450 kb do nosso genoma. Dois mecanismos diferentes de deleção puderam ser identificados: (a) recombinação homóloga não alélica (55 eventos); e (b) reunião de extremidades não homólogas (os 18 restantes). A posição das deleções não estava correlacionada com as taxas locais de recombinação cromossômica.

5.10 Seleção ou deriva? Métodos

A discussão sobre se o genoma humano foi moldado especialmente pela seleção natural ou pela deriva genética (fatores casuais) faz parte de uma outra, mais geral, sobre o papel desses fatores na evolução orgânica como um todo (ver Cap. 3). No entanto, em razão do conhecimento especialmente detalhado que temos de nosso genoma, e pelo fato de que questões que envolvem o *Homo sapiens* são sempre de interesse especial, são numerosas as pequisas desenvolvidas nessa área. Os métodos de investigação utilizados podem ser classificados em cinco categorias, como explicitado no Quadro 5.3. Cada método tem os seus

Quadro 5.3 Métodos de detecção da seleção no genoma humano[1]

Método	Escala de tempo para detecção	Vantagens e desvantagens
1. Proporção alta de mutações que alteram funções	Milhões de anos	Foco bem determinado, mas tipicamente só detecta evolução em processo ou recorrente.
2. Redução da diversidade genética	Menos de 250 mil anos	Um alelo vantajoso pode modificar simultaneamente regiões próximas (efeito carona), condicionando varreduras seletivas. Ocorre então uma região de baixa diversidade, com um excesso de alelos raros, que pode ser detectada por métodos apropriados. Por outro lado, esse efeito é difícil de ser distinguido daquele causado por uma população em expansão (efeito demográfico).
3. Frequência alta de alelos derivados	Menos de 80 mil anos	Requer o conhecimento do alelo ancestral, usualmente inferido por comparação com espécies próximas.
4. Diferenças entre populações	Menos de 50 mil anos	De detecção mais fácil, mas como a diferenciação requer isolamento reprodutivo pelo menos parcial, os eventos determinantes devem ter ocorrido apenas após a saída da África.
5. Haplótipos longos	Menos de 30 mil anos	Varreduras seletivas condicionam alelos com frequência alta associados a variantes de uma região relativamente grande; porém, esses haplótipos persistem por tempo relativamente curto.

[1]Ver também os Quadros 3.1 e 3.2.

Fonte: Sabeti et al. (2006); McVean e Spencer (2006); Harris (2008); Kelley e Swanson (2008); Akey (2009).

méritos e dificuldades, e detecta eventos em escala de tempo diversa. O mais direto e com maior profundidade no tempo é o da investigação proteica. Os outros relacionam-se com a estrutura genômica investigada ou com a distribuição geográfica ou ecológica de variantes determinadas. Mais detalhes sobre esses processos e sobre a investigação especificamente de evidências da seleção em sequências não codificadoras, sequências regulatórias e dados de expressão podem ser encontrados em Hellmann e Nielsen (2008).

5.11 Seleção ou deriva? Resultados

Um total de 41 investigações consideraram, entre 2002 e 2009, a questão sobre se há ou não indicações de seleção natural no genoma humano (Quadro 5.4). Trinta e quatro delas (83%) utilizaram SNPs com esse propósito, e uma adicional SNPs+genes. Quanto aos métodos utilizados, diferenciação populacional (11), haplótipos (9) e espectro de frequências por sítio (8) foram os mais comuns; oito consideraram mais de um método. As amostras investigadas foram bastante variadas, mas um bom número aproveitou dados disponíveis em bancos de dados públicos, como os do HapMap, Perlegen e HGDP/CEPH. Consequentemente, há um viés claro nesses estudos, condicionado pela facilidade de utilização desses banco de dados.

Quadro 5.4 Exemplos selecionados de estudos sobre seleção no genoma humano

Estudo	Sistemas investigados	Método estatístico	Amostra
Akey et al. (2002)	SNPs	Diferenciação populacional	Euro, Afro, Asiático-americanos
Payseur, Cutter e Nachman (2002)	STRs	Espectro de frequências por sítio	Europeus
Sabeti et al. (2002)	SNPs	Haplótipos	Africanos, Asiáticos, Euro-americanos
Kaiser, Brauer e Stoneking (2003)	STRs	Diferenciação populacional, haplótipos	Africanos, Europeus
Storz, Payseur e Nachman (2004)	STRs	Diferenciação populacional	Africanos, Asiáticos, Europeus
Shriver et al. (2004)	SNPs	Diferenciação populacional	Asiáticos, Euro, Afro-americanos
Bejerano et al. (2004)	SNPs	Diferenças entre espécies	Humanos, camundongos e ratos
Internacional HapMap Consortium (2005)	SNPs	Haplótipos, diferenciação populacional	Africanos, Asiáticos, Euro-americanos
Weir et al. (2005)	SNPs	Diferenciação populacional	Africanos, Asiáticos, Euro-americanos
Carlson et al. (2005)	SNPs	Espectro de frequências por sítio	Euro, Afro, Asiático-americanos
Bustamante et al. (2005)	SNPs	Diferenças entre espécies	Humanos, chimpanzés
Stajich e Hahn (2005)	SNPs	Espectro de frequências	Euro, Afro-americanos

Quadro 5.4 Exemplos selecionados de estudos sobre seleção no genoma humano (cont.)

Estudo	Sistemas investigados	Método estatístico	Amostra
Hughes et al. (2005b)	SNPs	Espectro de frequências	Euro, Afro-americanos, Nativos americanos, Oceânicos
Mattiangeli et al. (2006)	SNPs	Diferenciação populacional	Europeus
Wang et al. (2006)	SNPs	Haplótipos	Euro, Afro, Asiático-americanos
Voight et al. (2006)	SNPs	Haplótipos	Africanos, Asiáticos, Europeus
Kelley et al. (2006)	SNPs	Espectro de frequências por sítio	Euro, Afro, Asiático-americanos
Tang, Thornton e Stoneking (2007)	SNPs	Haplótipos	Africanos, Asiáticos, Europeus
Kimura et al. (2007)	SNPs	Haplótipos	Africanos, Asiáticos, Europeus
Williamson et al. (2007)	SNPs	Espectro de frequências por sítio	Euro, Afro, Asiático-americanos
Sabeti et al. (2007)	SNPs	Haplótipos	Africanos, Asiáticos, Europeus
Asthana et al. (2007)	SNPs	Diferenças entre espécies	Humanos, chimpanzés, cachorro, camundongo, rato
Lowe, Bejerano e Haussler (2007)	Elementos móveis	Diferenças entre espécies	Humanos, chimpanzés, Rhesus, cachorro, camundongo, rato
Chen, Wang e Cohen (2007)	SNPs	Espectro de frequências por sítio, diferenças entre espécies	Humanos, chimpanzés, camundongo, rato
Gojobori et al. (2007)	SNPs	Espectro de frequências por sítio	Africanos, Asiáticos, Europeus
Katzman et al. (2007)	SNPs	Espectro de frequências por sítio	Euro, Afro-americanos
Johansson e Gyllensten (2008)	SNPs	Diferenciação populacional, haplótipos	Euro, Afro, Asiático-americanos
Kimura et al. (2008)	SNPs	Haplótipos	Melanésios, Polinésios
Oleksyk et al. (2008)	SNPs	Diferenciação populacional	Euro, Afro-americanos
O'Reilly, Birney e Balding (2008)	SNPs	Haplótipos	Africanos, Asiáticos, Europeus
Ramensky et al. (2008)	SNPs	Processamento alternativo	Europeus
Hancock et al. (2008)	SNPs	Diferenciação populacional	Africanos, Asiáticos, Europeus, Nativos americanos, Oceânicos
Barreiro et al. (2008)	SNPs	Diferenciação populacional	Africanos, Asiáticos, Europeus
Quach et al. (2009)	microRNAs	Diferenciação populacional	Africanos, Asiáticos, Europeus
Coop et al. (2009)	SNPs	Diferenciação populacional	Africanos, Asiáticos, Europeus, Nativos americanos, Oceânicos
Nielsen et al. (2009)	Genes codificadores de proteínas	Espectro de frequências por sítio, diferenciação populacional	Euro, Afro-Americanos

Quadro 5.4 Exemplos selecionados de estudos sobre seleção no genoma humano (cont.)

Estudo	Sistemas investigados	Método estatístico	Amostra
Pickrell et al. (2009)	SNPs	Haplótipos	Africanos, Asiáticos, Europeus, Nativos americanos, Oceânicosa
Xue et al. (2009)	SNPs	Haplótipos, diferenciação populacional, espectro de frequências por sítio	Africanos, Asiáticos, Europeus, Nativos americanos, Oceânicos
Kudaravalli et al. (2009)	SNPs, genes	Níveis de expressão gênica, haplótipos	Africanos, Asiáticos, Europeus
Moreno-Estrada et al. (2009)	SNPs	Espectro de frequências por sítio, diferenciação populacional, haplótipos	Africanos, Asiáticos, Europeus, Nativos americanos, Oceânicos
Novembre e Di Rienzo (2009)	SNPs	Diferenciação populacional	Africanos, Asiáticos, Europeus, Nativos americanos, Oceânicos

É necessário também, de início, separar os que buscaram evidências de seleção purificadora ou negativa, menos sujeita a controvérsias, e os que procuraram sinais de seleção positiva (cujo significado, com relação à nossa espécie, tem sido questionado pelo menos após o evento de especiação). Bajerano et al. (2004); Chen, Wang e Cohen (2007); e Katzman et al. (2007) consideraram uma região genética bem específica, aquela onde ocorrem elementos ultraconservados, definidos como pertencentes a sequências de 200 ou mais nucleotídeos consecutivos idênticos em alinhamento dos genomas dos humanos, camundongos e ratos. Katzman et al. (2007), especificamente, compararam a frequência de alelos derivados nesses elementos em 72 indivíduos euro e afro-americanos com a de sítios não sinônimos em 47 pessoas de composição étnica similar. Enquanto os sítios ultraconservados mostram apenas 3% de frequências de alelos derivados acima de 25%, o valor correspondente para os sítios não sinônimos é de 14%. Eles calcularam que o nível de seleção purificadora é 3 vezes maior nos primeiros, quando comparado com o dos últimos.

Outros estudos de seleção purificadora foram os de Asthana et al. (2007), que verificaram que uma fração significativa da seleção purificadora ocorre não só nas sequências não codificadoras conservadas, como também fora delas, estando o processo difusamente distribuído ao longo do genoma; e os de Quach et al. (2009), que procuraram assinaturas da seleção purificadora em 117 micro-RNAs humanos. A sua ação foi claramente comprovada, mas também verificaram, para certas populações, eventos específicos de seleção positiva, especialmente no cromossomo 14.

Com relação à seleção positiva, Akey (2009) revisou os testes que são empregados para detectá-la e listou 21 investigações desenvolvidas a respeito. O autor forneceu um mapa das regiões, ao longo de todo o genoma, que mostraram evidências desse processo, bem como informações sobre as funções biológicas mais comumente envolvidas com ele. Exemplos de investigações específicas especialmente interessantes são as de: (a) Bustamante et al. (2005) sobre genes codificadores de proteínas. Eles realizaram o sequenciamento direto de 39 humanos para cerca de 11 mil genes, comparando-os com os homólogos dos chimpanzés. Nove por cento dos 3.377 locos potencialmente informativos mostraram evidência de evolução rápida de aminoácidos, em especial as proteínas do sistema citoesquelético. Esse material foi estudado com ainda mais detalhe em Nielsen et al. (2009); e (b) as relacionadas com distribuição espacial, desenvolvidas por Pickrell et al. (2009) e Xue et al. (2009), que identificaram locos específicos que devem ter sido alvos de seleção positiva recente.

Gojobori et al. (2007) salientaram que as forças seletivas atuando sobre as substituições de aminoácidos podem ser diferentes nas duas fases da evolução que eles distinguiram: polimorfismo e fixação. Na primeira fase, a deriva genética e a seleção negativa podem ser muito importantes, mas na segunda, a seleção positiva deve ter papel especialmente significante. Eles separaram as mudanças que ocorrem em aminoácidos em 75 tipos elementares, comparando-as nas duas fases, e encontraram forte correlação negativa entre elas. Os padrões observados sugeriram que as seleções negativa e positiva operam mais eficientemente no mesmo conjunto de mudanças de aminoácidos, e que 10%-13% das substituições de aminoácidos detectadas entre humanos e chimpanzés podem ser adaptativas.

No que se refere especificamente ao DNA mitocondrial, Elson, Turnbull e Howell (2004) encontraram evidências de seleção negativa para os genes *COI*, *ND4* e *ND6*, mas positiva para *ATP6*. Por sua vez, Endicot et al. (2009) discutiram como essas taxas diferenciais podem ter influído nas estimativas temporais da evolução humana.

Exemplos concretos de genes que devem ter sofrido a ação da seleção positiva recente estão listados no Quadro 5.5. Eles envolvem uma gama muito grande de processos biológicos relacionados ao aumento no tamanho do cérebro, à metabolização diferencial de substâncias, fertilidade, adaptação climática e resistência a doenças.

5.12 Sistema nervoso e cultura

Com relação às sequências não codificadoras conservadas, Prabhakar et al. (2006) investigaram 110.549 delas, verificando que 99% tinham um excesso de substituições. Entre elas, o sinal mais forte relacionado a funções biológicas era o de proximidade com genes especificamente relacionados à adesão de células neuronais, o que não ocorria em material equivalente de chimpanzés e camundongos. Eles concluíram que mudanças cis-regulatórias e outras em regiões não codificadoras devem ter contribuído para as modificações no desenvolvimento e funções cerebrais que originaram os traços cognitivos unicamente humanos.

Quadro 5.5 Exemplos selecionados de genes que possivelmente estiveram sob a ação da seleção positiva em época recente

Gene	Função	Hipótese seletiva
ADH	Álcool desidrogenase	Metabolização mais eficiente do álcool
ASPM	Ação sobre o fuso mitótico	Influência para aumento no tamanho do cérebro
CAPN10	Cisteína protease	Uso mais eficiente de substâncias nutritivas
CASP12P1	Cisteína protease relacionada à apoptose	Resistência à sepse
CD40LG	Estímulo às células B na resposta imune	Resistência à malária
CDK5RAP2	Regulador de uma quinase do ciclo celular	Influência para aumento no tamanho do cérebro
CENPJ	Nucleação de microtúbulos	Influência para aumento no tamanho do cérebro
CYP3A5	A citocromo P450 oxidase mais comum	Adaptação diferencial à disponibilidade de sódio
DMD	Proteína âncora na membrana das células musculares	Contribuição diferencial à eficiência das fibras musculares
DRD4	Receptor de neurotransminação, rota dopaminérgica	Influência em traços da personalidade, como busca de novidades e perseverança
FGFR2	Receptor de fator de crescimento de fibroblastos	Fertilidade masculina aumentada
FIX	Fator de coagulação sanguínea	Resistência a patógenos
FOXP2	Fator de transcrição	Influência no desenvolvimento da fala
G6PD	Enzima glicolítico produtor de NADPH	Resistência à malária
HBB	Produção de hemoglobina	Resistência à malária
HFE	Absorção de ferro	Risco diminuído de deficiência de ferro
LCT	Digestão do açúcar do leite	Adultos podem tomar o leite fresco
MAOA	Desaminação oxidativa de neurotransmissores de catecolamina	Influência em traços do comportamento
MC1R	Regula a pigmentação e a função adrenocortical	Adaptação climática
MCPH1	Regulador do ciclo celular	Influência para aumento no tamanho do cérebro
TTL.6	Gene apoptótico de ação específica nos testículos	Aumento na fertilidade masculina

Fonte: Hellmann e Nielsen (2008).

Somel et al. (2009), por sua vez, examinaram a expressão do RNA mensageiro no córtex pré-frontal de humanos, chimpanzés e macacos *Rhesus*, para verificar se o conhecido retardo na ontogenia humana (neotenia) com relação a outros primatas aplicava-se também a esses padrões de expressão. Os autores verificaram que o transcritoma cerebral é dramaticamente remodelado durante o desenvolvimento pós-natal e que realmente as mudanças no nosso cérebro ocorrem de maneira retardada com relação às das duas outras espécies testadas.

O papel do aumento populacional relacionado ao desenvolvimento sociocultural, bem como a diferentes aspectos vinculados à cultura em si, foi examinado por diversos autores. Hawks et al. (2007), a partir da análise dos 3,9 milhões de SNPs do banco de dados do HapMap, concluíram ter havido uma aceleração na evolução adaptativa humana, em razão do extraordinário aumento populacional ocorrido em nossa espécie a partir de 80 mil anos no passado, intensificado após o desenvolvimento de centros de domesticação no Oriente Próximo, Egito e China a partir de dez a oito mil anos atrás. Como o número de novas mutações aumenta linearmente com o número de indivíduos, há um crescimento exponencial na probabilidade de fixação de novas mutações adaptativas. A evolução cultural rápida criaria vastas oportunidades para a mudança genética.

Varki, Geschwind e Eichler (2008) sugeriram que esse aumento na diversidade genética afrouxaria a intensidade da seleção natural, possibilitando uma tendência evolucionária de dependência aumentada e irreversível para os comportamentos aprendidos e a cultura.

Coop et al. (2009) e Chiaroni, Underhill e Cavali-Sforza (2009), utilizando, respectivamente, dados de 640.698 SNPs autossômicos e padrões do Y de 45.864 indivíduos de 937 populações globais, são da mesma opinião. Os últimos autores estimaram um aumento na ordem de mil vezes na população humana entre 60 mil e 10 mil anos atrás, em razão das migrações intercontinentais associadas com a Saída da África; bem como outro aumento equivalente começando entre 12 mil e 6 mil anos no passado, vinculado à transição entre os padrões de subsistência relacionados à caça-recoleta e à agricultura. Embora fosse esperado pouco aumento na variação genética no primeiro período, no segundo poderia ocorrer a seleção natural em decorrência das mudanças profundas ocorridas nas dietas e do aumento no contato com os animais domésticos e suas doenças contagiosas. Segundo esses autores, cada novidade condiciona custos além de benefícios, e talvez a seleção natural pudesse ter ocorrido a partir dessa época principalmente para resolver os custos gerados pela evolução cultural.

5.13 Perspectivas

O desenvolvimento tecnológico vertiginoso que vem ocorrendo, especialmente na última década, promete continuar. Com isso, calcula-se que sejam estabelecidos métodos cada vez mais eficientes e baratos de exame do DNA e de análise dos resultados. Em 1985, calculava-se que o sequenciamento total do genoma de um indivíduo humano custaria três bilhões de dólares; atualmente esse valor situa-se em torno de 20 mil dólares, e a meta para 2014 é baixá-lo para apenas mil dólares.

V O genoma humano

Entre as tecnologias que vêm sendo desenvolvidas, pode-se mencionar o sequenciamento por síntese, para distingui-lo dos métodos correntemente mais usados de sequenciamento por separação. No sequenciamento por síntese, procura-se simular a replicação natural do DNA utilizando como método de detecção moléculas fluorescentes ou proteínas bioluminescentes. Com relação à amplificação, foram desenvolvidas colônias individuais de polimerases denominadas polônias, com a produção de milhares de cópias de uma determinada molécula. Como cada polônia tem um mícron de espessura e um femtolitro (um trilionésimo de litro) em volume, bilhões delas cabem facilmente em uma única lâmina para microscópio. Outra técnica promissora a longo prazo é a do sequenciamento por nanoporos. Descrições desses métodos podem ser encontradas em Church (2006).

Não basta identificar o DNA; é necessário desenvolver mecanismos também sofisticados para a identificação da estrutura tridimensional das proteínas e compreender como elas agem na célula (ver Cap. 4). Em 2008 foi lançado um projeto (Alliance for the Human Epigenome and Disease, AHEAD) que promete esclarecer processos epigenéticos (que se sobrepõem ao material genético) tão importantes quanto as relações entre as proteínas histônicas e o DNA, a metilação deste, e a remodelação de nucleossomos. Com isso procurar-se-á estabelecer o caminho para desenvolvimentos marcantes na prevenção, no diagnóstico e no tratamento das patologias humanas (Jones et al., 2008).

Esses progressos estão tornando possível o estudo do DNA de populações inteiras e a ligação desses dados com informações sobre a saúde dessas populações. O projeto mais ambicioso nessa direção, iniciado em 1997, é o da companhia deCODE Genetics, que se propõe a colocar todos os dados desse tipo, dos 270 mil habitantes da Islândia, em uma única base de dados. Até agora já foram genotipadas pelo menos 80 mil amostras de DNA. O projeto foi aprovado em plebiscito nacional. Outros projetos estão em fase de planejamento ou de implementação inicial na Estônia, no Reino Unido e na Letônia. Nos Estados Unidos e no Canadá existem projetos similares, mas que não incluem as populações totais desses países (detalhes em Kaiser, 2002).

Trata-se realmente de uma ótima notícia. Porém, para que tais progressos se materializem, proporcionando bem-estar social generalizado, é necessário o combate aos movimentos anticiência que nos últimos anos pululam por toda parte. Houve o que se pode denominar de demonização do DNA. A simples menção dessa sigla causa arrepios em pessoas ignorantes ou ativistas mal-intencionados, e isso apesar de haver sido montada toda uma rede de comitês de bioética, em todos os níveis, para evitar a utilização antiética dos dados de qualquer pesquisa que envolva o nosso material genético. É urgente, portanto, uma decidida campanha de esclarecimento público sobre o custo/benefício de quaisquer desses programas. O maior adversário para as aplicações sociais da ciência é a ignorância.

Organismos não humanos – variabilidade e adaptação

VI

> Seleção natural não é perfeição natural.
> (Carl Zimmer, 2007)

6.1 Quais são a unidade e o alvo da seleção?

Essa questão vem sendo examinada há muito tempo, e Lloyd (1992) localizou, na época, quase 200 referências de livros e artigos por biólogos e filósofos da ciência (começando pelo próprio Darwin) que trataram da questão. A autora acrescentou que essas referências representavam apenas uma fração da literatura sobre o tópico! Esse interesse continua até hoje, e a terminologia e os conceitos vinculados à seleção natural estão indicados no Boxe 6.1. Templeton (2006) distingue a unidade do alvo da seleção. Segundo ele, a unidade deveria ter continuidade genética, enquanto o alvo estaria relacionado a um fenótipo que garantiria essa continuidade ao longo do tempo e do espaço.

Mayr (2004), que utilizou o termo "alvo" por muito tempo, sugeriu que este deveria ser substituído por **objeto** da seleção. Para ele, como a seleção natural geralmente envolve um processo de eliminação, os indivíduos eliminados é que seriam os alvos da seleção, e não os favorecidos. O argumento é válido, mas deve-se lembrar que os processos de sobrevivência e eliminação são complementares, sendo impossível separar um do outro. Além disso, Mayr estava se referindo à seleção negativa, mas pode ocorrer seleção positiva. Nesse caso, o alvo identifica-se com os favorecidos pela seleção.

Seja como for, como salientado por Templeton (2006), é o indivíduo que sobrevive ou morre, acasala-se ou não, e é fértil ou estéril quando comparado a outros. Essencialmente, portanto, a seleção natural age sobre organismos individuais cuja constituição genética é transmitida através das gerações pelos seus gametas. Isso não impede que possam existir fenótipos adaptativos em nível diferente do individual, e exemplos de alvos da seleção abaixo e acima desse nível são fornecidos no Boxe 6.1. No primeiro caso, a ação ocorre em nível celular por meio: (a) da segregação preferencial de certos alelos durante a meiose (impulso meiótico); (b) da conversão gênica, na qual um alelo ou região de DNA converte seu homólogo à sua própria composição em indivíduos heterozigotos, evento que também ocorre durante a meiose e está fortemente associado com o processo de recombinação; (c) dos transpósons, partículas transmitidas horizontalmente entre espécies, que podem se multiplicar de maneira parcialmente independente de seu hospedeiro, com contribuição diferencial por meio dos gametas; e (d) da troca desigual em famílias multigênicas, formadas por repetições múltiplas de genes, adjacentes ou não. Apesar de todos esses mecanismos, denominar os organismos individuais como simplesmente "veículos" de genes "egoístas" (Dawkins, 1976) é claramente um exagero.

Os alvos da seleção que existiriam acima do nível individual, também indicados no Boxe 6.1, implicam interações entre organismos. Os mais reconhecidos, que mereceram um livro inteiro de Darwin em 1871, são: (a) a seleção sexual, que envolve a competição entre indivíduos do mesmo sexo para o acasalamento (intrassexual) ou entre indivíduos de sexo diferente (intersexual) para o mesmo fim; (b) interações específicas entre pares de indivíduos de sexo distinto, condicionando diferenças de fecundidade; e (c) seleção de parentesco, com o favorecimento ou não de grupos geneticamente aparentados. Neste último caso, Templeton (2006) afirma que esse tipo de seleção não maximiza nem localmente a adaptação média, pode resultar em adaptações bizarras de deter-

---

Boxe 6.1 Terminologia e conceitos relacionados à ação da seleção natural

1. **Definições**
   1.1 *Unidade de seleção*: o nível de organização genética que permite a predição da resposta genética à seleção. Ela deve ter continuidade genética ao longo das gerações.
   1.2 *Alvo da seleção*: o nível de organização biológica que fornece um **fenótipo** que influencia a probabilidade de recorrência da unidade da seleção no tempo e no espaço.
2. **Tipos de alvos da seleção**
   2.1 Em última análise, o **objeto** da seleção é o **organismo individual**. É o indivíduo dentro de uma população que sobrevive ou morre, acasala-se ou não, e é fértil ou estéril quando comparado a outros. A seleção natural, portanto, é um fenômeno populacional que trata de organismos individuais cuja composição genética é transmitida por meio de gametas.
   2.2 Se considerarmos a definição anterior sobre o alvo da seleção, no entanto, podem existir entidades que mostram um fenótipo adaptativo em nível diferente do individual.
      2.2.1 Alvos da seleção **abaixo** do nível individual
         2.2.1.1 Impulso meiótico
         2.2.1.2 Conversão gênica desigual
         2.2.1.3 Transpósons
         2.2.1.4 Troca desigual em famílias multigênicas
      2.2.2 Alvos da seleção **acima** do nível individual
         2.2.2.1 Seleção intra ou intersexual
         2.2.2.2 Interação entre um par de cônjuges quanto à fertilidade
         2.2.2.3 Seleção de parentesco (sobre indivíduos geneticamente relacionados)

Fonte: Mayr (2004); Templeton (2006).

minados indivíduos em equilíbrio e frequentemente tem equilíbrios múltiplos e dinâmicas seletivas complexas.

6.2 Organismos e populações

Em um sentido amplo, uma população é qualquer conjunto de organismos vivos. A genética, no entanto, está particularmente interessada nas chamadas **populações mendelianas**, constituídas por indivíduos com reprodução sexuada e fecundação cruzada. A genética de populações tem como base um princípio desenvolvido em 1908 de forma independente por G. H. Hardy na Inglaterra e por W. Weinberg na Alemanha, e que pode ser enunciado como segue: "na ausência de forças evolucionárias, as populações podem ter quaisquer proporções de traços recessivos e dominantes, e as frequências relativas de cada alelo tendem a permanecer constantes ao longo das gerações". Weiss e Kurland (2007, p. 208) ironicamente assinalaram que esse princípio deve ser ensinado "para que os estudantes compreendam porque nada ocorre quando nada ocorre"! Na verdade, no entanto, o princípio é importante porque, nos primórdios da genética, devido à proporção clássica de 3 dominantes para 1 recessivo obtida pelo cruzamento de dois heterozigotos, havia a ideia de que alelos dominantes fossem mais adaptados do que os recessivos, levando a um processo de **genofagia**!

A teoria sintética da evolução (ver Cap. 1) postula quatro fatores principais, responsáveis pela alteração das frequências alélicas ao longo das gerações: dois primários (**mutação** e **seleção natural**); um relacionado à estrutura populacional (**deriva genética**; especialmente importante em populações pequenas); e o último relacionado à mobilidade dos organismos (**migração**). O deslocamento no espaço de populações geneticamente diferentes entre si, seu encontro e o fluxo gênico daí resultante podem condicionar mudanças importantes em seu conjunto gênico. Um aspecto importante desse processo é **o efeito do fundador**, que pode levar ao desenvolvimento de novos agregados gênicos por uma contribuição diferenciada da nova população quando comparada ao estoque parental.

6.3 A biodiversidade no mundo

Cerca de 1,4 milhão de espécies foram descritas até agora, mas estima-se que o seu número deva estar próximo de 100 milhões. A diversidade de espécies terrestres e de água doce parece ser maior que a diversidade de espécies marinhas. Exemplos são as plantas com flores ou angiospermas (com aproximadamente 220 mil espécies) e seus parceiros coevolucionários, os insetos (com cerca de 750 mil espécies).

Algumas unidades taxonômicas são hiperdiversas. Exemplos incluem os artrópodos entre os fila animais, os insetos entre os artrópodos, os roedores entre as ordens de mamíferos, as orquídeas entre as famílias de plantas monocotiledôneas, e *Sciurus* entre os esquilos.

O que condiciona tal hiperdiversidade? Diversos fatores podem ser indicados, como ingresso em áreas geográficas previamente não ocupadas; tamanho pequeno e/ou grande capacidade de dispersão; e estágios de vida especializados que permitem a ocupação de nichos múltiplos.

A tendência mundial mais marcante é a do gradiente de diversidade latitudinal, com o máximo de riqueza nas florestas tropicais úmidas e recifes de corais. Cerca de 300 espécies de árvores são encontradas em apenas um hectare de terra no Peru, enquanto apenas 700 delas são encontradas em toda a América do Norte. Por outro lado, em uma única árvore da floresta tropical podem ser encontradas 43 espécies de formigas pertencentes a 26 gêneros, o que equivale a toda a fauna de formigas das Ilhas Britânicas! Todos os dados mencionados nesta seção foram obtidos em Ehrlich e Wilson (1991).

As plantas cultivadas também apresentam ampla variabilidade, condicionada tanto pelo material genético original quanto pela seleção artificial realizada pelos humanos. O livro de Barbieri e Stumpf (2008) revisa, em 38 capítulos, a história fascinante dessas plantas, com ênfase no que ocorreu no Brasil.

6.4 As grandes migrações e a evolução no continente americano

Os processos migratórios dos diferentes organismos dependem muito de sua biologia e dos eventos geológicos que modificaram acentuadamente a geografia terrestre. Por exemplo, no Triássico, há 200 milhões de anos, os continentes americano e africano estavam ligados em uma única massa, o Gonduana. As glaciações influenciaram de maneira marcante o nível do mar; assim, após permanecerem ligadas por muito tempo, ocorreu no Paleoceno, há 65 milhões de anos, a separação das Américas do Norte e do Sul. A posterior religação por meio do istmo do Panamá só aconteceu há três milhões de anos, dando origem ao que foi denominado de Grande Intercâmbio Americano, com a mescla da fauna e da flora dos dois subcontinentes. Como resultado disso, 50% dos gêneros sul-americanos de mamíferos descendem de formas do norte, e o valor equivalente na América do Norte é de 20% (Ridley, 2006).

Em época bem mais recente, entre 26 mil e 18 mil anos atrás, o decréscimo no nível do mar expôs uma grande massa de terra que ligou o nordeste da Ásia com o noroeste da América, a qual foi denominada de Beríngia. Durante o máximo do último período glacial, a Beríngia possuía uma área de cerca de um milhão de km^2. Esse evento, como será visto mais adiante, teve reflexos importantes na constituição genética dos primeiros povoadores do continente, os Ameríndios (González-José et al., 2008).

6.5 A biodiversidade no Brasil

O Brasil, juntamente com a Colômbia, o México e a Indonésia, integra os quatro países mais ricos em biodiversidade do mundo. Nosso país ocupa a primeira posição em número total de espécies de organismos, vivendo aqui três mil espécies de vertebrados terrestres, três mil de peixes de água doce, 55 mil de angiospermas, 517 de anfíbios e 61 de primatas. O grau de endemismo (formas que só ocorrem no país) alcança 35% nos primatas, 11% nos pássaros, 37% nos répteis e 65% nos anfíbios (Mittermeier et al., 1992).

Por ocasião da Conferência das Nações Unidas para o Meio Ambiente e o Desenvolvimento, realizada no Rio de Janeiro em 1992, a revista *Ciência Hoje* publicou um volume especial (*Eco-Brasil*), cujo objetivo foi difundir a temática ambiental brasileira, ampliando os canais de participação da sociedade e fornecendo elementos para as discussões em pauta na Conferência. O Quadro 6.1 traz um resumo dos assuntos abordados. Como se pode ver, um total de 25 contribuições, preparadas por diferentes especialistas, avaliou questões gerais de ecologia e biomas brasileiros, sua conservação, e questões relacionadas à agricultura. Em termos de organismos, foram considerados especialmente plantas (cactáceas, bromeliáceas e suas associações), insetos, peixes (aproveitamento industrial, adaptação bioquímica), Reptilia (serpentes e tartarugas), aves (papa-formigas-do-gravatá, ararinha-azul) e populações humanas, tanto recentes quanto extintas. A publicação, portanto, é um repositório importante sobre aspectos da biodiversidade brasileira.

Na tradução brasileira do livro de Frankham, Ballou e Briscoe, *A Primer of Conservation Genetics*, foi inserido um capítulo com 24 exemplos específicos de estudos da fauna e flora brasileiras no que se refere à genética da conserva-

Quadro 6.1 Assuntos considerados e autores, Eco-Brasil (1992)

Assuntos	Autores
1. Geral e biomas	
1.1 Clima, águas	Humeres, Tundisi, Esteves e Barbosa, Molion
1.2 Sertões e florestas	Ab'Saber, Salati e Uhl et al.
1.3 Restingas e outros ecossistemas	Araújo e Lacerda, Câmara
1.4 Cerrado	Coutinho
1.5 Conservação – Parque das Emas	Redford
1.6 Agricultura	Carrão-Panizzi, Vilela et al.
2. Organismos	
2.1 Plantas e suas associações	Rizzini, Figueira e Vasconcellos Neto
2.2 Insetos	Lopes
2.3 Peixes	Nert et al., Almeida-Val e Val
2.4 Reptilia	Puorto et al., Filippini
2.5 Aves	Roth, Ribeiro
2.6 *Homo sapiens*	Salzano, Schmitz, Guidon

Fonte: Diversos (1992).

ção. Uma listagem dos assuntos tratados nessa obra é apresentada no Boxe 6.2. Como se pode verificar, a gama de assuntos e organismos avaliados é muito grande, desde a variação genética e estruturação populacional, passando por questões como as de filogeografia e tamanho populacional efetivo, até questões práticas como unidades de manejo, conservação *ex situ* e genética forense.

6.6 Amazônia

A porção brasileira da Amazônia é a maior extensão de floresta ininterrupta contida nos limites territoriais de qualquer nação (Mittermeier et al., 1992). É natural, portanto, que ela seja um foco de estudos e de preocupação quanto à sua preservação. Em 1997, o Institut für Wissenschaftliche Zusammenarbeit (Instituto para a Cooperação Científica) da Alemanha dedicou um volume especial de sua série *Recursos Naturais e Desenvolvimento* às Florestas Tropicais. Nele, além de estudos realizados na Venezuela, Sumatra e Zaire, há três investi-

---

Boxe 6.2 GENÉTICA DA CONSERVAÇÃO NA BIODIVERSIDADE BRASILEIRA

1. Variação genética e estruturação populacional
   Organismos: tangará-dançarino, cuspidor-de-máscara preta, tuco-tucos, lontras, peixes de água doce
2. Identificação da biodiversidade críptica
   2.1. Organismos marinhos
   2.2. Peixes de água doce
3. Filogeografia
   Organismos: peixes-bois, morcegos, felídeos neotropicais
4. Efeitos da fragmentação e papel dos corredores
   Organismos: espécies arbóreas, sauim-de-coleira
5. Tamanho populacional efetivo
   Organismo: lobo-marinho
6. Expansões populacionais
   Organismos: aves aquáticas
7. Unidades de manejo
   Organismos: arara-azul-grande, lobo-marinho, peixes
8. Conservação da agrobiodiversidade
   Organismos: mandioca, inhame, batata-doce
9. Conservação *ex situ*
   9.1 Sexagem de aves
10. Hibridação e riscos de conservação
    Organismos: peixes-bois, tambacu
11. Genética forense e conservação
    11.1 Identificação de produtos comercializados ilegalmente
    11.2 Atuação contra o tráfico de animais silvestres

Fonte: Galetti et al. (2008).

gações sobre: (a) Estrutura, função e diversidade dos ecossistemas da Amazônia Central; (b) Dinâmica florestal e produção de madeira em áreas de florestas inundadas (várzeas) da bacia amazônica brasileira; e (c) Regeneração precoce e recolonização de áreas cultivadas no sistema de cultivo rotatório empregado no leste da Região Amazônica (Ernst, Hohnholz e Bittner, 1997). Todas enfatizam a necessidade de enfoques ecológicos, quantitativos, para a obtenção da meta de um desenvolvimento sustentável.

Outra abordagem geral foi realizada por Vieira et al. (2001) no livro *Diversidade Biológica e Cultural da Amazônia* (Boxe 6.3). Em 18 capítulos foram abordados três tópicos principais e homenageados três estudiosos da área. Um aspecto intrigante relaciona-se à origem da biodiversidade amazônica. Os dados geológicos e paleontológicos sugerem que a floresta úmida amazônica teria apenas de seis a cinco milhões de anos. A área, no entanto, sofreu mudanças ambientais importantes durante o Cretáceo e o Terciário, causadas especialmente pela formação dos Andes. No Pleistoceno, houve decréscimo de temperatura e chuva, ocasionando mudanças no nível das águas e na sedimentação dos detritos, bem como expansão da vegetação de savana. Mudanças mais recentes foram também condicionadas por diferenças de precipitação pluvial e pelo impacto da presença humana. A hipótese do refúgio postula que houve separação e redução importante na fauna e flora da região em áreas específicas, seguidas por expansão. Por sua vez, a hipótese da vicariância refere-se apenas ao Pleistoceno, com a descontinuidade na distribuição das espécies decorrendo basicamente das baixas temperaturas. Outras alternativas também foram levantadas, e o problema ainda não está totalmente esclarecido.

A diversidade, tanto biológica quanto cultural, das populações humanas da Amazônia tem sido bastante investigada. Em uma das contribuições do livro sumariado no Boxe 6.3, foi sugerida uma classificação socioambiental da ocupação e exploração dos recursos naturais da região em nove categorias, que vão dos povos indígenas, com meios de subsistência tradicionais, aos grandes projetos e empreendimentos extrativistas baseados em alta tecnologia.

Na mesma obra, diversas alternativas foram sugeridas para o uso sustentável da biodiversidade, e ela finaliza com homenagens a três figuras paradigmáticas que focaram seus esforços na Amazônia: um dirigente administrativo de alta sensibilidade (Guilherme De La Penha) e dois pesquisadores de alto nível, um botânico/agrônomo (Paulo Sodero Martins) e outro antropólogo (Jorge Pozzobon).

O futuro da Amazônia brasileira foi considerado por Laurance et al. (2001). Eles começaram salientando que essa área possui cerca de 40% das florestas úmidas tropicais de todo o mundo, mas sofre o índice mais alto de desflorestamento conhecido: dois milhões de hectares por ano! Isso é ocasionado pelo notável crescimento da população não indígena da região (de dois para

> **Boxe 6.3** Tópicos tratados no livro *Diversidade Biológica e Cultural da Amazônia*
> 1. Origem da biodiversidade
> Passado, paleoecologia, paleogeografia, hipótese do refúgio, vicariância, filogenética molecular.
> 2. Diversidade humana, biológica e cultural
> Variabilidade genética, sustentabilidade ecológica, diversidade sociocultural, interpretações da natureza.
> 3. Uso sustentável da biodiversidade
> Sustentabilidade, capacidade de suporte, zoneamento ecológico-econômico, domesticação de frutas silvestres, dinâmica evolutiva em roças de caboclos, sustentabilidade da caça.
> 4. Homenagens
> Guilherme M.S.M. De La Penha, Paulo S. Martins, Jorge A.H. Pozzobon
>
> Fonte: Vieira et al. (2001).

20 milhões), bem como pelo dramático desenvolvimento da maquinaria industrial utilizada no desmatamento. Os autores desenvolveram dois modelos, um otimista e o outro pessimista sobre o futuro da Amazônia, e apesar de sugerirem diversas alternativas ao desenvolvimento destruidor, não alimentam muitas esperanças de que elas venham a ser adotadas.

6.7 Fitogeografia do sul da América

Na América do Sul são reconhecidas duas grandes regiões fitogeográficas: a Neotropical e a Antártica, sendo que esta última deslocou-se gradualmente para o norte, no Terciário Médio e Final. Quanto à Neotropical, a maior parte da evolução de sua flora ocorreu simultaneamente com o afastamento progressivo da América do Sul em relação à África. Ela reúne 47 famílias endêmicas de Angiospermas. Informações específicas sobre as regiões fitogeográficas reconhecidas nos estados brasileiros do Paraná e Rio Grande do Sul, bem como na Argentina e no Uruguai, são fornecidas no Boxe 6.4. Elas resumem nove contribuições de pesquisadores dos três países e demonstram a complexidade da flora que ocorre mesmo afastada da região tropical.

6.8 Conservação e bioética

Por que devemos nos preocupar com a conservação da biodiversidade planetária? Ehrlich e Wilson (1991) indicaram pelo menos três razões básicas. A primeira é ética e estética: como espécie dominante, temos a responsabilidade moral de proteger os nossos parentes biológicos, e todos nós experimentamos uma sensação agradável no contato com a natureza. A segunda é que já foram obtidos benefícios econômicos enormes a partir dessa diversidade; e finalmente, os ecossistemas naturais asseguram a estabilidade dos climas, das águas, dos solos e dos nutrientes, proteção contra as pestes e manutenção dos agentes polinizantes.

> **Boxe 6.4** REGIÕES FITOGEOGRÁFICAS DO SUL DA AMÉRICA
>
> **1. Brasil-Paraná**
> Floresta Ombrófila Densa, Floresta Ombrófila Densa das Terras Baixas, Floresta Ombrófila Densa Submontana, Floresta Ombrófila Densa Montana, Floresta Ombrófila Densa Altomontana, Floresta Ombrófila Densa Aluvial, Floresta Ombrófila Mista, Floresta Ombrófila Mista Montana, Floresta Ombrófila Mista Aluvial, Floresta Estacional Semidecidual, Floresta Estacional Semidecidual Submontana, Floresta Estacional Semidecidual Aluvial.
>
> **2. Brasil-Rio Grande do Sul**
> Floresta Ombrófila Densa, Floresta Estacional Decidual, Floresta Ombrófila Mista, Floresta Estacional Semidecidual, Formações Pioneiras ou Restingas, Campos e vegetação arbustiva.
>
> **3. Argentina**
> Selva Misioneira, Selva Tucumano-Boliviana, Parque Mesopotâmico, Bosques Subantárticos, Estepe Pampeana, Monte Ocidental, Estepe Patagônica, Deserto Andino.
>
> **4. Uruguai**
> Ocidental: Bosques de Galeria e Bosques Ralos do Litoral.
> Oriental: Formação Pampeana Rioplatense.
>
> Fonte: Marchiori (2002).

Apesar desses argumentos, a alocação de recursos nas sociedades humanas em geral é tremendamente desigual. Como se pode justificar o fato de que podemos alimentar um astronauta no espaço remoto e construir instrumentos de morte e destruição extremamente caros (por exemplo, o custo de somente um avião militar é equivalente a todo o orçamento anual da Organização Mundial de Saúde para a pesquisa em doenças tropicais!), mas somos incapazes de alimentar ou vacinar crianças do Terceiro Mundo ou aquelas das periferias das grandes cidades? Talvez a pior contaminação ambiental seja a de natureza mental (Shrader-Frechette, 1991). Em termos de comportamento pessoal e coletivo, é também importante lembrar que o cristianismo é a mais antropogênica das 100 mil religiões até hoje criadas (White, 1967; Wilson, 1981).

Qual é a proporção do território brasileiro expressamente dedicada à conservação de nossa biota? A Tab. 6.1 fornece informações a respeito. A média nacional é de apenas 2,5%, com diferenças marcantes entre as frequências obtidas no Norte (4,2%) e no Centro-Oeste (0,8%). Como esses valores se comparam com os de outros países que também abrigam alta diversidade biológica? No Equador, a proporção de áreas conservadas é de nada menos do que 38,4%; na Indonésia, de 7,5%; e no Zaire, de 3,9%. Mas o problema não é apenas o da delimitação de áreas; também é o da fiscalização das áreas protegidas. Mittermeier et al. (1992) calcularam que o número de fiscais no Amazonas é de um por três milhões de hectares, isto é, um fiscal para uma unidade populacional correspondente a toda a Bélgica!

Tab. 6.1 Distribuição regional das reservas e parques (federais e estaduais) com o percentual protegido em cada região

Região	N° de unidades	Área protegida (em milhões de hectares)	Área da região (em milhões de km^2)	Percentagem de área protegida
Norte	43	16,2	3,9	4,2
Nordeste	81	1,8	1,6	1,1
Sudeste	119	1,5	0,9	1,6
Sul	59	0,7	0,6	1,2
Centro-Oeste	27	1,2	1,6	0,8
Total	329	21,4	8,5	2,5

Fonte: Costa (1998).

6.9 Genômica e o ambiente

Quais são as conexões entre a genômica e problemas ambientais? O Boxe 6.5 indica três grandes categorias: (a) Conservação; (b) Monitoramento da poluição; e (c) Aplicações tecnológicas. Com relação à conservação biótica, uma palavra-chave quanto aos oito itens listados é **variabilidade**, influenciada seja pela estrutura populacional, seja pela qualidade genética dos indivíduos que a compõem. Quanto ao monitoramento da poluição, podem-se considerar os ambientes a serem estudados, os tipos de agentes indutores, e a maneira de sua detecção. Com relação às aplicações tecnológicas ligadas à genômica, a área a ser considerada é muito grande, estando vinculada a métodos tradicionais de melhoramento genético, bem como a técnicas de transgenia.

Boxe 6.5 ÁREAS DE CONTATO ENTRE O CONHECIMENTO GENÉTICO E PROBLEMAS AMBIENTAIS

1. Conservação
   1.1 Níveis de variabilidade intra e interespecífica
   1.2 Tamanho efetivo mínimo
   1.3 Taxa máxima de evolução sustentável
   1.4 Efeito das reduções populacionais
   1.5 Genes deletérios na população ancestral
   1.6 Novas mutações deletérias em uma população isolada
   1.7 Níveis altos de mutação
   1.8 Liberação de indivíduos mantidos em cativeiro
2. Monitoramento da poluição
   2.1 Ambientes a serem monitorados
      2.1.1 Ar
      2.1.2 Água
      2.1.3 Solo
   2.2 Tipos de agentes indutores
      2.2.1 Radiação
      2.2.2 Substâncias químicas

VI Organismos não humanos – variabilidade e adaptação

2.3 Métodos de detecção
    2.3.1 Organismos
        2.3.1.1 Humanos
        2.3.1.2 Outros (eucarióticos)
        2.3.1.3 Microrganismos
    2.3.2 Cultivos celulares
    2.4 Traços a serem monitorados
        2.4.1 Mutações gênicas
        2.4.2 Aberrações cromossômicas
3. Aplicações tecnológicas
    3.1 Processos de fermentação
    3.2 Cultivos de tecidos
    3.3 Produtos (nas áreas da química inorgânica e orgânica, física, agroveterinária, médica e forense)

Fonte: Salzano (2003).

6.10 Variabilidade em dois gêneros de plantas

Nosso grupo vem estudando dois gêneros de plantas com características genético-evolutivas marcantemente diferentes: *Passiflora* (Fig. 6.1) e *Petunia* (Fig. 6.2). O primeiro é extremamente diversificado, com cerca de 400 espécies descritas nas Américas e 20 na Ásia, enquanto *Petunia* não apresenta mais do que 14 espécies, com distribuição apenas no sul da América do Sul.

Há claras indicações de que o gênero *Passiflora* apresenta duas subunidades evolucionárias (subgêneros) distintas: *Passiflora* e *Decaloba*. Comparações baseadas em 13 espécies do primeiro e sete do segundo são apresentadas na Tab. 6.2. O tempo de geração é geralmente maior no subgênero *Passiflora* do que em *Decaloba*. No primeiro, o modo de reprodução é autoincompatível, as plantas são maiores, as distâncias interespecíficas são menores e as características dos espaçadores internos ribossômicos nucleares transcritos, bem como a diversidade nucleotídica, são diversas de *Decaloba*, o qual

Fig. 6.1 *Passiflora elegans* coletada em Santo Antônio da Patrulha, Rio Grande do Sul
Foto: cortesia de Loreta B. Freitas.

Fig. 6.2 *Petunia integrifolia*, subespécie *depauperata* encontrada na praia de Tramandaí (RS)
Foto: cortesia de Loreta B. Freitas.

Tab. 6.2 Comparações entre as características moleculares, morfológicas e reprodutivas dos dois maiores subgêneros de *Passiflora*

Característica	Subgêneros	
	Passiflora (N=13)	*Decaloba* (N=7)
1. Espaçadores internos ribossômicos nucleares transcritos (ITS)		
1.1 Percentagem de GC	63	53
1.2 Tamanho, ITS1	227	276
1.3 Tamanho, ITS2	216	200
1.4 Diversidade nucleotídica (x10^4)	62	21
1.5 Diversidade nas sequências (x10^4)	55	57
1.6 Distâncias interespecíficas (x10^4)	0-17	5-39
2. Tamanho mínimo das flores (mm)	19	6,5
3. Tempo de geração	Maior	Menor
4. Reprodução	Geralmente autoincompatível	Geralmente autocompatível
5. Herança do DNA cloroplasmático	Paterna	Materna

Fonte: Muschner et al. (2003, 2006); Mäder et al. (2010).

apresenta uma taxa evolutiva acelerada. Os dois subgêneros também diferem quanto ao modo de herança do DNA cloroplasmático, que é paterna em um e materna no outro. Outros estudos analisaram a dinâmica evolutiva de duas espécies, *P. actinia* e *P. elegans* (Lorenz-Lemke et al., 2005) bem como o processo de invasão de *P. alata* no sul do Brasil (Koehler-Santos et al., 2006a, 2006b).

Algumas características do gênero *Petunia* estão listadas no Boxe 6.6. Podem-se distinguir dois clados distintos, separados ecologicamente pela altitude. O gênero deve ter se originado na área Andina-Pampeana e expandiu-se em época relativamente recente, o que condicionou baixa variabilidade molecular. As barreiras reprodutivas são fracas, com isolamento entre as unidades taxonômicas basicamente de origem geográfica e/ou ecológica. Quando essas barreiras se rompem, há a ocorrência de híbridos interespecíficos.

6.11 Coevolução plantas/insetos herbívoros

Os casos de adaptação mais elegantes são aqueles proporcionados por interações parasitas-hospedeiros. Uma análise detalhada da coevolução entre plantas e insetos herbívoros foi realizada por Douglas J. Futuyma e Anurag A. Agrawal, por meio da reunião de especialistas que contribuíram com uma série de artigos para uma seção especial dos *Proceedings of the National Academy of Sciences*. Uma listagem de alguns dos pontos mais significativos abordados é fornecida no Boxe 6.7. Após uma introdução e uma avaliação global, foram apresentadas

> **Boxe 6.6** Aspectos selecionados da variabilidade molecular e ecológica no gênero *Petunia*
> 1. As espécies de *Petunia* podem ser claramente diferenciadas das do gênero afim, *Calibrachoa*, por características moleculares, cromossômicas, morfológicas e ecológicas.
> 2. Dois clados diferenciam-se dentro do gênero *Petunia*, o primeiro com cinco espécies que vivem em altitudes menores que 500 m e o segundo com seis espécies que habitam ambientes acima desse nível.
> 3. O gênero deve ter uma origem Andina-Pampeana, tendo se expandido em época recente, o que originou baixa variabilidade em nível molecular, embora não morfológico.
> 4. As barreiras reprodutivas entre as espécies são fracas, e o isolamento entre elas é basicamente de natureza geográfica e/ou ecológica. Isso condiciona eventos de hibridação, já observados na natureza.
> 5. Os gêneros *Petunia* e *Calibrachoa* devem ter se separado de outros clados há cerca de 25 milhões de anos.
>
> Fonte: Kulcheski et al. (2006); Lorenz-Lemke et al. (2006).

oito contribuições ao tema. Elas envolveram oito gêneros de plantas, e dois de insetos, tendo considerado: (a) diferentes tipos de características defensivas e os fatores intrínsecos e extrínsecos que influem sobre elas; (b) influências específicas do tipo de reprodução e de polinização das plantas hospedeiras; (c) como ocorrem infestações em material recentemente introduzido em um determinado ambiente pela ação de seres humanos; e (d) aspectos especiais do interessantíssimo caso do mutualismo existente entre a *Acacia* e formigas do gênero *Pseudomyrmex*, com a montagem de situações para evitar a intromissão de parasitas não mutualistas. É através de análises detalhadas como essas que se poderão entender melhor as nuances que envolvem uma miríade de fatores responsáveis pela adaptação de dois dos conjuntos de organismos mais bem-sucedidos do planeta: as plantas com flores (300 mil espécies) e os insetos herbívoros (que provavelmente apresentam mais de um milhão de espécies).

6.12 Cachorros e galinhas

Outros exemplos notáveis de coevolução envolvem a relação entre os seres humanos e seus animais domésticos. O cachorro foi o primeiro animal a ser domesticado, e calcula-se que o início do processo tenha ocorrido há 15 mil anos, a partir de lobos que habitavam a Europa Central. Inicialmente esses animais se mostraram úteis como caçadores, na época em que o meio de subsistência humano era a caça e a coleta, bem como na função de sentinelas, avisando a presença de invasores humanos ou animais, especialmente à noite (Driscoll, MacDonald e O'Brien, 2009). Posteriormente eles passaram a servir sobretudo como animais de estimação, de tal maneira que sua população tem aumentado de forma impressionante, gerando toda uma economia vinculada

> **Boxe 6.7** Aspectos selecionados da coevolução entre plantas e insetos herbívoros
>
> 1. A biodiversidade terrestre está dominada por plantas e herbívoros que as consomem (plantas com flores: 300 mil; insetos herbívoros: mais de 1 milhão de espécies).
> 2. A diversificação dos herbívoros apresenta-se atrasada com relação às plantas hospedeiras, mas há correlação entre os dois processos.
> 3. No gênero de planta tropical *Bursera*, o estudo das substâncias voláteis de 70 espécies mostrou que, ao longo do processo evolutivo, aumentou a quantidade e a diversidade de compostos de combate à herbivoria.
> 4. A análise de sete características defensivas em 51 espécies de *Asclepias* indicou que um investimento reduzido na defesa pode ter acelerado a evolução do gênero.
> 5. Em 37 espécies de *Inga*, verificou-se forte seleção para traços defensivos divergentes, com fenótipos raros apresentando uma adaptação aumentada.
> 6. A influência do tipo de reprodução foi testada em 30 espécies de *Oenothera* e duas de *Gayophitum* (família Onagraceae). Predadores generalistas foram mais bem-sucedidos nas formas assexuadas, mas um besouro especialista alimentou-se melhor nas sexuadas.
> 7. A interação entre padrões de defesa e fatores de polinização foi examinada em 81 unidades taxonômicas de *Dalechampia*. A evolução de interações com herbívoros pode ser influenciada por adaptações à polinização e vice-versa.
> 8. Existe uma interação mutualística entre as espécies de *Acacia* e as formigas *Pseudomyrmex* que protege o sistema contra parasitas não mutualísticos.
> 9. Estudos em 57 espécies introduzidas e uma nativa de *Quercus* indicaram que as introduzidas que apresentavam maior similaridade com a nativa eram mais danificadas por predadores que as outras.
> 10. No gênero de mosca fitófaga *Phytomyza*, ampla análise filogenética indicou uma diversificação consistentemente elevada acompanhando a mudança para novos clados de hospedeiros, com as alterações climáticas influindo indiretamente nesse padrão, através de seu efeito no ambiente biótico.
>
> Fonte: Futuyma e Agrawal (2009).

à sua manutenção e, eventualmente, problemas de coexistência com os não adeptos a pessoas e, ainda, organizações não governamentais do tipo "ame o seu cachorro"!

Através da seleção artificial, foram criadas, ao longo dos últimos 250 anos, mais de 350 raças de cachorros. Apesar dessa origem recente, essas raças podem apresentar notáveis diferenças morfológicas e comportamentais entre si, muitas vezes maiores que as encontradas entre muitos gêneros de canídeos selvagens. Essas características os tornam modelos interessantes para a investigação da base genética de suscetibilidade a doenças, variabilidade morfológica e traços do comportamento.

Um exemplo que poderia ser considerado é o do gene *TCOF1*, que funciona no desenvolvimento craniofacial. Mutações nesse gene causam a síndrome de Treacher Collins-Franceschetti em humanos e outros primatas, e estudos desenvolvidos há algum tempo sugeriam que uma única substituição C→T na posição 396 do éxon 4 desse gene, que determinava uma mudança de prolina para serina na posição 117, condicionaria a braquicefalia em raças de cães. Essa hipótese foi testada por Hünemeier, Salzano e Bortolini (2009) em 95 cachorros de 16 raças, e infelizmente verificada não ser verdadeira. Os frios fatos da realidade muitas vezes destroem hipóteses maravilhosas!

As galinhas foram domesticadas com outro objetivo: o de servirem de alimentação. Uma raça brasileira especial, denominada caipira e que põe ovos azuis, é o resultado de cruzamentos ao acaso de linhagens orientais, mediterrâneas e do sul da Europa. Ela foi introduzida no Brasil após a chegada dos europeus em 1500, por meio da raça Araucam e de outra, chilena. Atualmente as galinhas caipiras são cruzadas com linhagens comerciais, para o aumento da versatilidade dessas últimas.

Lima-Rosa et al. (2004, 2005) estudaram os genes B-F da região do Complexo Maior de Histocompatibilidade (sigla em inglês MHC), para investigar características de interesse na resistência a doenças, visando a futuros programas de melhoramento genético. Verificou-se que pelo menos dez sequências são novas, tendo sido investigada a expressão alélica delas e outras, através de experimentos de clonagem. A variabilidade em um microssatélite, cuja testagem poderá servir como uma alternativa barata para a genotipagem dessa região genética, também foi estudada. Pertille et al. (2009), por sua vez, investigaram a região controladora do DNA mitocondrial em 105 animais dessa raça. Eles encontraram dois haplótipos: o mais comum (93%) derivado de aves europeias e o outro (7%), de galinhas chinesas.

6.13 Onça-pintada

A onça-pintada (*Panthera onca*; Fig. 6.3) é a maior espécie de felídeos das Américas e o único representante do gênero encontrado no Novo Mundo. A espécie apresenta uma relação filogenética próxima com o leão, o leopardo e o tigre, devendo ter divergido de um ancestral comum com os leões há pelo menos dois milhões de anos. *P. onca* deve ter chegado às Américas através do Estreito de Bering durante o Pleistoceno, e sua distribuição histórica abrangia desde o sudoeste dos Estados Unidos até o sul da Argentina. Em época mais recente, no entanto, houve uma redução de mais de metade desse terri-

Fig. 6.3 Exemplar de onça-pintada, *Panthera onca*. Foto: Adriano Crambarini.

tório original, que agora se estende do norte do México ao norte da Argentina. A metade desse território remanescente localiza-se no Brasil.

Estudos recentes de nosso grupo envolveram o desenvolvimento de testes genéticos que possibilitassem a análise da estrutura genética dessa espécie. Em particular, desenvolveu-se um método não invasivo de tipagem de suas fezes, diferenciando-as daquelas das pumas, por meio da investigação de um pequeno segmento do gene da subunidade 6 da ATP sintase (*ATP6*) (Haag et al., 2009). Posteriormente foi validado outro teste, relacionado a uma deleção de 15 pb no gene do receptor 1 da melanocortina (*MC1R*), responsável por animais totalmente negros (melânicos). A aplicação desse método a fezes coletadas no sul da Amazônia e na Floresta Atlântica revelou a presença de um animal melânico na primeira área (Haag et al., 2010a). A investigação desse traço tem interesse evolucionário óbvio, pois a sua ocorrência, tornando os animais muito mais conspícuos, deveria ser prejudicial em termos de seleção natural.

Por sua vez, estudos com respectivamente 12 e 13 microssatélites nos biomas do Pantanal (Eizirik et al., 2008) e da Mata Atlântica (Haag et al., 2010b) indicaram que a onça-pintada ainda conserva alta variabilidade genética, apesar da perturbação de seus hábitats causada pela influência humana. No segundo estudo referido foi possível identificar migrantes interpopulacionais e a ocorrência de cruzamentos entre animais provenientes de populações diferentes. Foram feitas sugestões específicas para a conservação dessa espécie, que está ameaçada de extinção.

Evolução humana
VII

*Negra, vermelha, branca, amarela,
Cor da pele é banalidade.
A caveira que somos
É atestado de igualdade*

(Anita Costa Prado, 2005)

7.1 Nossa herança primata

A ordem Primata compreende 233 espécies. Seu nome foi proposto diretamente por Carolus Linnaeus (1707-1778), autor da primeira classificação científica dos seres vivos, que colocou-a na categoria mais alta possível (A Primeira Família do Reino Animal), naturalmente porque fazíamos parte dela. A Segunda Família englobava os outros mamíferos, e a Terceira Família, todos os outros animais. É interessante ressaltar que a maior autoridade religiosa na Inglaterra, o Arcebispo de Canterbury, também tem a designação de Primata!

O Boxe 7.1 apresenta a classificação cladística dos Primatas. Os Lemurídeos ocorrem em Madagascar, e o nome *Lemur* é a palavra latina para fantasma, talvez por seu comportamento arredio. Os Lorisídeos são Primatas arbóreos da África tropical e do sul da Ásia; *loeres* em holandês significa retardado, possivelmente em razão dos seus movimentos vagarosos. Os Platirríneos abrangem todas as formas existentes nas Américas, enquanto os Catarríneos referem-se aos que vivem no Velho Mundo. Com relação a esses últimos, podem-se separar os Cercopithecoidea dos Hominoidea, entre os quais é classificada a nossa espécie.

É possível distinguir claras tendências na evolução dos Primatas: (a) redução no sentido da olfação, com narizes curtos; (b) transformação das garras em unhas; (c) mãos e pés preênseis com polegares de oposição; (d) aumento do cérebro e crescimento na complexidade de suas camadas de superfície; e (e) visão binocular (Klein e Takahata, 2002).

Uma série de características diferenciam os humanos de seus ancestrais. Temos muito menos pelagem corporal; o crânio está balanceado no alto da coluna vertebral; temos queixo; a nossa espinha é em forma de S; os seios das mulheres estão permanentemente aumentados a partir da maturidade sexual; o pênis não possui ossos; a densidade espermática é baixa; e o período de gestação está aumentado (Klein e Takahata, 2002).

Boxe 7.1 CLASSIFICAÇÃO CLADÍSTICA DOS PRIMATAS
1. Strepsirhini (*strepsis*: volta; *rhis*: nariz)
    1.1 Lemurídeos
        1.1.1 *Lemur, Hapalemur, Microcebus*
    1.2 *Lorisídeos*
        1.2.1 *Loris, Galago*
2. Haplorhini (*haplos*: simples)
    2.1 Tarsídeos (*Tarsius*)
    2.2 Platirríneos (*platyrrhis*: nariz achatado), Macacos do Novo Mundo
        2.2.1 Callitrichidae (*Callithrix, Saguinus*)
        2.2.2 Cebidae (*Aotus, Cacajao, Cebus, Saimiri*)
    2.3 Catarrhini (*catyrrhis*: nariz estreito)
        2.3.1 Cercopithecoidea, Macacos do Velho Mundo (*Macaca, Papio, Mandrillus*)
        2.3.2 Hominoidea
            2.3.2.1 Hylobatidae (gibãos, *Hylobates*)
            2.3.2.2 Pongidae (orangotango, *Pongo*; gorila, *Gorilla*; chimpanzé, *Pan*)
            2.3.2.3 Hominidae (*Homo*)

Fonte: Napier e Napier (1967); Klein e Takahata (2002).

7.2 Hominoides

Os hominoides aparecem no Mioceno (24 a 11 milhões de anos atrás), que é considerado a idade de ouro para essa unidade taxonômica. Seu surgimento está vinculado com o hábitat de floresta tropical da África. O seu tamanho maior com relação ao clado irmão (os Cercopithecoidea) levou a intestinos maiores e a uma maior diversificação na quantidade de plantas em sua dieta. Três tendências evolucionárias paralelas podem ser identificadas entre eles: (a) perda da cauda e alargamento do tórax; (b) maior mobilidade nos membros superiores e inferiores; e (c) pré-molares com coroas baixas e molares relativamente largos, com coroas baixas e arredondadas.

No Mioceno Médio (16 milhões de anos atrás), houve a migração para fora da África, na direção da Europa e da Ásia. Esse desenvolvimento é proporcionado pela ocupação do chão da floresta tropical, sem perda da capacidade para trepar em árvores. Ocorre também um hábito locomotor distintivo: o caminhar usando as articulações da superfície dorsal dos dedos (*knuckle-walking*). Isso condicionou, em razão dos braços mais longos dos animais, uma tendência para a postura ereta, que, portanto, não é uma característica exclusivamente humana. No Mioceno Tardio, essas tendências temporais continuam e se ampliam (Cela-Conde e Ayala, 2007).

7.3 Hominíneos

No final do Mioceno e início do Plioceno, há cerca de sete milhões de anos, começa a ocorrer um evento evolucionário da máxima importância, pelo menos

VII Evolução humana

para os seres humanos. Uma nova linhagem filética, diferente das dos chimpanzés e gorilas, começa a se estabelecer. Tal linhagem foi classificada pelo termo hominíneo e inclui a espécie humana e seus ancestrais diretos ou colaterais que não são ancestrais de outros hominoides vivos.

Como definir um hominíneo? Isso pode ser feito somente por meio da comparação da única espécie atual do grupo, *Homo sapiens*, com os chimpanzés, *Pan troglodytes* e *P. paniscus*. Há uma série de diferenças morfológicas e fisiológicas entre os dois grupos, mas talvez as mais marcantes sejam: (a) o tamanho e a estrutura cerebral (a capacidade craniana dos humanos modernos é de aproximadamente 1.350 cm^3, ao passo que a de um chimpanzé de tamanho comparável é de apenas 450 cm^3); (b) bipedalismo (que pode ser parcial, completo e com eficiências diferentes para caminhar ou correr); (c) linguagem (nós combinamos sons básicos, fonemas, para formar palavras e palavras para formar sentenças, o que não ocorre em qualquer sistema de comunicação dos chimpanzés); e (d) cultura, (o desenvolvimento de artefatos materiais e de conceitos abstratos que também são prerrogativa quase exclusiva dos humanos).

A mudança evolucionária hominínea pode ser visualizada através de um circuito de retroposição fechado. A cultura necessitava do bipedalismo e o reforçou. A redução no tamanho dos caninos foi uma consequência do uso de armas para a caça; mas essa redução facilitou o aumento do cérebro e sua reestruturação. O desenvolvimento tornado assim possível condicionou o planejamento, a manufatura e o uso de melhores artefatos. O aumento do cérebro proporcionou um melhor balanço bípede e permitiu o desenvolvimento da linguagem. Esta facilitou a transmissão da cultura e a caça coletiva, com o uso da carne, metabolicamente de mais fácil aproveitamento como fonte de energia, e a proporcional redução adicional da dentição (Cela-Conde e Ayala, 2007).

É óbvio que características como a linguagem ou traços do comportamento são muito difíceis de inferir por meio do registro fóssil, e que a documentação arqueológica quanto aos traços culturais de seres desaparecidos é fragmentária. Há, portanto, muita especulação no quadro geral delineado aqui.

A espécie humana tem uma tendência a classificar e colocar ordem no que parece ser um conjunto caótico, sem sentido. No que se refere à classificação científica dos seres vivos, tudo começou com Carolus Linnaeus (ver o início deste capítulo). Mas deve-se salientar que, apesar do notável desenvolvimento das técnicas de exame e análise desses problemas que ocorrem desde aquela época, existem basicamente dois tipos de pesquisadores que os analisam: (a) os aglutinadores, com tendência a reunir categorias distintas em um ou poucos conjuntos (os *lumpers*, em inglês); e (b) os que tendem a dividir essas categorias em um grande número de unidades (os *splitters*).

Durante o século XIX e a primeira metade do século XX, havia uma tendência a atribuir um nome latino a cada novo fóssil descoberto. Graças especialmente a

Ernst Mayr (1904-2005; ver Cap. 1), houve uma reação saudável, com a redução no número de entidades taxonômicas válidas. Mais recentemente, no entanto, com a multiplicação de novas descobertas e o entusiasmo de seus descobridores, voltou a aumentar o número de entidades propostas. White (2003) publicou um alerta a respeito, salientando a necessidade de, antes de criar um novo táxon, verificar se a variação encontrada não é decorrente de artefatos de processos de fossilização *post-mortem*, ou se ela não pode ser incluída no intervalo esperado de variação fenotípica da linhagem considerada. Da mesma maneira, Cela-Conde e Ayala (2003) argumentaram que, para a criação de um novo gênero, devem ser considerados dois critérios: (a) cladístico – a entidade considerada deve ser monofilética; e (b) ela deve ocupar uma zona adaptativa única.

A Tab. 7.1 apresenta uma lista de 24 espécies, além de *H. sapiens*, que seriam consideradas como hominíneas. Wood (2010), no entanto, salientou que uma taxonomia conservadora manteria apenas seis espécies (assinaladas na tabela) como válidas. Ele também adota o conceito de grau, equivalente ao de gênero, proposto por Cela-Conde e Ayala (2003). Haveria cinco tipos básicos de hominíneos pré-*H. sapiens*: 1. As formas essencialmente do Mioceno (Possíveis hominíneos); 2. Os Hominíneos arcaicos (*Australopithecus*); 3. Hominíneos arcaicos megadônticos (*Paranthropus*); 4. Hominíneos transicionais (*Homo habilis*); e 5. *Homo* pré-moderno (*H. erectus*).

O que caracterizaria essas entidades? O Boxe 7.2 apresenta alguns aspectos salientes. Os possíveis hominíneos eram seres pequenos (50 kg de peso) e tinham características mistas de chimpanzés e humanos, ao passo que os hominíneos arcaicos possuíam constituição semelhante, ainda que com melhor adaptação arbórea. Por sua vez, os hominíneos arcaicos megadônticos eram muito mais robustos, mas com um volume craniano modesto. Os hominíneos transicionais já possuíam cérebros maiores e boa capacidade para segurar e manipular objetos. Já classificáveis no gênero *Homo*, muitas formas ainda possuíam características *pré-sapiens*; no entanto, o bipedalismo é obrigatório e as proporções corporais são modernas. *Homo floresiensis*, só encontrado até agora na Ilha das Flores (Indonésia), possuía características incomuns, especialmente baixa estatura (1 m).

7.4 O enigma Neandertal

Entre as formas de *Homo* pré-modernas, nenhuma alcançou tanta notoriedade e foi mais discutida do que *Homo neanderthalensis*. E existem muitas razões para isso. Um dos fósseis, encontrado na gruta Feldhofer da localidade – tipo, o Vale Neander ("novo homem" em grego), foi o primeiro fóssil de um hominíneo arcaico, extinto, reconhecido como tal. Além disso, fósseis desse tipo morfológico foram encontrados amplamente distribuídos na Europa e no Oriente Médio, com um registro relativamente recente de sua presença na Ásia Central

Tab. 7.1 Categorias taxonômicas hominíneas

Categorias (graus)	Espécies	Idade (milhões de anos)
1. Possíveis hominíneos	Sahelanthropus tchadensis	7
	Orrorin tugenensis	6
	Ardipithecus kadabba	5,8
	Ardipithecus ramidus[1]	4,4
2. Hominíneos arcaicos	Australopithecus anamensis	4
	Australopithecus afarensis[1]	3,5
	Australopithecus africanus[1]	3,5
	Australopithecus bahrelgazhali	3,5
	Australopithecus garhi	3,5
	Kenyanthropus platyops	3,5
	Australopithecus sediba	2,5
3. Hominíneos arcaicos megadônticos	Paranthropus africanus	3,5
	Paranthropus aethiopicus	2,5
	Paranthropus robustus[1]	2,0
	Paranthropus boisei	1,7
4. Hominíneos transicionais	Homo habilis[1]	2,5
	Homo rudolfensis	2,5
5. Homo pré-moderno	Homo ergaster	1,8
	Homo georgicus	1,8
	Homo erectus[1]	1,6
	Homo antecessor	0,8
	Homo floresiensis	0,7
	Homo heidelbergensis	0,4
	Homo neanderthalensis	0,3
6. Homo anatômicamente moderno	Homo sapiens[1]	0,3

[1]Uma taxonomia conservadora reconheceria apenas essas espécies.

Fonte: Cela-Conde e Ayala (2007); Wood (2010).

e Sibéria (Krause et al., 2007). Sua distribuição temporal também é curiosa; traços morfológicos Neandertais típicos começam a aparecer na Europa 400 mil anos atrás, e eventualmente desaparecem de forma abrupta entre 30 e 28 mil A.P. (Finlayson et al., 2006).

As discussões sobre sua morfologia, modo de vida e temperamento foram e continuam sendo extremadas, e para se ter uma ideia das divergências, basta dizer que nada menos que 34 espécies diferentes e seis gêneros distintos foram

Boxe 7.2 Características selecionadas das seis categorias de hominíneos

1. **Possíveis hominíneos**

   Seres pequenos, com cerca de 50 kg de peso, e locomoção mista (bípede e arbórea). As características cranianas incluem traços semelhantes aos dos chimpanzés, mas também outros, derivados. Sua dieta seria mais parecida com a dos chimpanzés-bonobos.

2. **Hominíneos arcaicos**

   Peso de 30-45 kg, volume craniano entre 400 e 550 cm^3. Caminhar bípede não muito eficiente, melhor adaptação arbórea. Aspectos do crânio, face e dentição característicos.

3. **Hominíneos arcaicos megadônticos**

   Caracterizados por sua robustez, mas com um volume craniano modesto (480 cm^3). Não foram bípedes obrigatórios. *Paranthropus boisei* é o único hominíneo que combina uma face larga e chata, pré-molares e molares maciços, dentes anteriores pequenos e volume craniano pequeno. A mandíbula também é mais robusta que a de qualquer outro hominíneo, e as coroas dentárias aparentemente cresciam a uma taxa mais rápida.

4. **Hominíneos transicionais**

   Volume endocranial de 500-700 cm^3. Crânios mais largos na base do que na sua parte superior e o tamanho da mandíbula e dos dentes pós-caninos sugere uma dieta arcaica. Proporção dos membros, locomoção e ossos do carpo do tipo arcaico. As falanges indicam boa capacidade para segurar e manipular objetos.

5. ***Homo* pré-modernos**

   Inclui os *Homo* do Pleistoceno (1,79 milhão a 10 mil anos atrás) que não apresentam tamanho e forma cranianos ou pós-cranianos do tipo derivado. Alguns indivíduos apresentam cérebros de tamanho apenas médio (mas o de *H. neanderthalensis* é, em média, maior que o do *H. sapiens* atual), com proporções corporais modernas. O bipedalismo é obrigatório. Uma forma curiosa recentemente descoberta, *H. floresiensis*, tem uma combinação única de morfologia craniana e dental, características pélvicas e femorais também particulares, um cérebro pequeno (417 cm^3), pouco peso (25-30 kg) e baixa estatura (1 m). Até agora só foi encontrado na Ilha das Flores (Indonésia), e os fósseis examinados incluem apenas dez indivíduos.

6. ***Homo* anatomicamente moderno**

   Toda a evidência fóssil que não pode ser distinguida daquela encontrada em pelo menos uma população regional de humanos modernos.

   Fonte: Wood (2010).

propostos para acomodar a sua morfologia, desde que William King, um professor irlandês, propôs a entidade *Homo neanderthalensis* em 1864 (Cela-Conde e Ayala, 2007). Na mídia popular e nas artes, eles foram caracterizados como violentos e sanguinários. Essa visão foi contestada pelo antropólogo físico norte-americano Carleton S. Coon (1904-1981), o qual sugeriu em 1939, através de um desenho, que um Neandertal em trajes modernos não poderia ser distinguido de um *H. sapiens* comum. Um cartão-postal de 1986, no entanto, satirizou esse ponto de vista, sugerindo que uma "Evo-lotion" apenas modificaria de maneira superficial a aparência grosseira de um Neandertal (Trinkaus e Shipman, 1994).

Quais eram as características morfológicas mais proeminentes de *H. neanderthalensis*? O Boxe 7.3 apresenta oito delas. O seu esqueleto era maciço, com abóboda craniana longa, baixa e larga, que abrigava um cérebro, em média, maior que o do *H. sapiens*. Os toros supraorbitários eram bem desenvolvidos, os indivíduos não tinham queixo, e suas extremidades eram curtas com relação à estatura total.

Que fatores contribuíram para o desenvolvimento dessas características? A explicação clássica é que seriam adaptações ao frio, porém Weaver e Steudel-Numbers (2005) e Weaver (2009) sugeriram que, além desse tipo de adaptação, o custo energético da mobilidade no forrageio poderia também ter influído nas proporções corporais de *H. neanderthalensis* quando comparadas às do *H. sapiens*.

Bruner, Manzi e Arsuaga (2003) investigaram as trajetórias alométricas no processo da encefalização dessas duas entidades taxonômicas e concluíram pela presença de processos evolucionários distintos. Enquanto os Neandertais seguiram uma rota alométrica única, que envolveu a redução relativa dos lobos occipitais, aumento da largura frontal e encurtamento do parietal, os humanos modernos desenvolveram uma trajetória baseada no aumento do parietal, que afetou secundariamente toda a anatomia cerebral.

Como deve ter ocorrido coexistência entre o *H. neanderthalensis* e o *H. sapiens* a partir de 80 mil A.P. no Oriente Médio, e posteriormente na Europa e na Ásia, há também muita discussão se teria ou não havido trocas genéticas entre eles. Os argumentos a favor ou contra têm sido baseados tanto em dados morfológicos quanto moleculares. No que se refere a esses últimos, o primeiro estudo de DNA mitocondrial foi baseado no espécime-tipo da gruta de Feldhofer (Krings et al., 1997) e mostrou uma diferença entre humanos modernos e Neandertais, baseada em uma sequência de 379 pb, que era muito maior que a

---

Boxe 7.3 Principais características morfológicas do *Homo neanderthalensis*
1. Abóboda craniana longa, baixa e larga.
2. Esqueleto facial largo, com o osso zigomático proeminente e nariz grande.
3. Toros supraorbitários grossos, semicirculares e separados.
4. Ausência de queixo.
5. Mandíbula forte, com um diástema retromolar entre o terceiro molar e o ramo mandibular.
6. Capacidade craniana, em média, maior que a do *Homo sapiens*.
7. Coluna vertebral curta e maciça.
8. Extremidades robustas e curtas com relação à altura total.

Fonte: Cela-Conde e Ayala (2007). Características adicionais estão listadas em Weaver (2009).

existente entre diferentes populações humanas atuais. Por outro lado, ela era a metade da encontrada entre humanos e chimpanzés. Isso foi interpretado como favorecendo a hipótese de que Neandertais e humanos corresponderiam a duas espécies distintas.

Houve argumentação, no entanto, de que os resultados estritamente não eliminavam a hipótese de fluxo gênico moderado entre as duas entidades taxonômicas. Os problemas que existem no estudo do DNA antigo foram também amplamente considerados, à medida que outras sequências foram sendo obtidas (revisão em Cela-Conde e Ayala, 2007; exemplos em Weaver e Roseman, 2005; Hebsgaard et al., 2007).

O sequenciamento completo do genoma (4 bilhões de pb de três indivíduos), tornado possível por meio de nova metodologia (Burbano et al., 2010), veio fornecer bases ainda mais firmes sobre a relação entre Neandertais e humanos modernos (Green et al., 2010). Segundo esses últimos autores, supondo fluxo gênico entre os dois taxa ocorrido entre 50 e 80 mil anos atrás, a estimativa de material genético Neandertal em humanos modernos seria de apenas 1% a 4%. Mellars (2005), embora sem eliminar a possibilidade de trocas culturais entre as duas entidades, é de opinião de que o que considerou como uma verdadeira revolução tecnológica e cultural na origem do comportamento humano moderno na Europa seria obra exclusivamente do *H. sapiens*.

7.5 A diáspora dos humanos modernos

Atualmente, há consenso de que todas as populações humanas modernas tiveram sua origem na África (para horror dos racistas!), e que a expansão para fora da África deva ter ocorrido entre 50 e 100 mil anos atrás. A colonização da Ásia teria se iniciado há 60 mil anos, e a da Europa, há 35 mil anos. Os dois continentes com colonização mais recente seriam a Oceania (50 mil) e a América (20 mil) anos atrás (Fagundes et al., 2007, Tishkoff e Gonder, 2007; Arredi, Poloni e Tyler-Smith, 2007; Matisoo-Smith, 2007; Salzano, 2007). Os números indicados, no entanto, são aproximados, com amplos intervalos de variação, e dependem também da fonte de dados de onde foram obtidos (arqueológicos ou paleoantropológicos, genéticos, linguísticos). Uma análise genômica recente (Laval et al., 2010) sugeriu, por meio de modelagem bayesiana de dados genômicos, uma saída da África há 60 mil anos e uma divergência dos asiáticos e europeus há 22,5 mil anos.

Por que ocorreram tais migrações pré-históricas e, de maneira mais geral, por que indivíduos ou populações humanas migram? Podem-se imaginar dois conjuntos de fatores, ambientais ou inerentes aos indivíduos ou grupos. Ao longo do tempo, mudanças no nível dos oceanos proporcionaram o surgimento de áreas mais propícias à migração. São exemplos a região da Beríngia, que ligou o leste da Sibéria com o Alasca, na América do Norte; e a região do Sahul, no Pacífico, que ligou a Austrália à Tasmania e Nova Guiné. A ocupação de novas áreas pode também ter ocorrido em razão de mudanças climáticas que influenciaram a abundância da caça, frutos e raízes, ou colheitas satisfatórias.

Em termos de meios de subsistência, podem-se visualizar três estágios na evolução humana (Salzano, 1972). No Estágio A, teríamos populações de caçadores-coletores com agricultura incipiente; no Estágio B, agriculturalistas e pescadores, tecnologicamente mais avançados; e no Estágio C, pastoralistas e populações vivendo em áreas densamente habitadas, em centros industriais. Caçadores-coletores são nômades, percorrendo grandes áreas para obter o seu sustento, e os agriculturalistas são basicamente sedentários, vivendo próximo a seus campos de cultivo. Com o progresso nos meios de transporte e a industrialização, ocorreu um retorno, em muito maior escala, da mobilidade de indivíduos e grupos ao longo do planeta.

Entre os caçadores-coletores ocorre um tipo de estrutura populacional que Neel e Salzano (1967) denominaram de fissão-fusão. Em uma determinada comunidade podem ocorrer tensões políticas entre facções, que muitas vezes determinam uma fissão. Esse processo envolve a migração a partir de linhas de parentesco, originando, portanto, uma divisão não randômica. O produto menor da fissão, envolvendo de 40 a 60 pessoas, pode reunir-se a outra aldeia, voltar à original após algum tempo ou formar uma nova aldeia. Nas fusões entre pessoas de aldeias diferentes, geralmente ocorrem uniões matrimoniais, fazendo com que, ao longo das gerações, haja suficiente fluxo gênico para que a tribo como um todo, e não a população local, deva ser considerada a unidade de cruzamento.

Outro fator de mobilidade são as guerras entre tribos ou estados, e, em nível individual, determinado tipo de personalidade, avesso ao *status quo*, pode determinar migrações, com as quais surgem as necessidades de adaptação nos abrigos, na dieta e no modo de vida em geral.

É importante salientar que os modelos que envolvem ondas migratórias pré-históricas são simplificações teóricas. Essas migrações, tanto intercontinentais como intracontinentais, de longa ou curta extensão, geralmente não envolveram propósitos deliberados; o que houve foram contingências como as indicadas anteriormente, que condicionaram a mobilidade.

Em tempos históricos, as grandes migrações estiveram vinculadas à grande epopeia marítima realizada por Portugal, Espanha, França, Holanda e Inglaterra, que teve início no século XVI, bem como a eventos posteriores. Ao longo dos séculos, houve forte migração para o que é hoje a América Latina, especialmente dos continentes europeu e africano.

7.6 O microcosmo latino-americano

A América Latina abrange ampla região, do norte do México (32° Norte) ao sul do Chile (60° Sul), e de 120° a 20° Oeste de Greenwich. Geograficamente, ela pode ser dividida em duas grandes regiões: América Central e América do Sul. Ao longo desse território habita uma variada gama de pessoas, de diversas origens étnicas. A sua constituição é resumida nas Tabs. 7.2 (América Central) e 7.3 (América do Sul).

Tab. 7.2 Distribuição étnica na América Central (em milhões de habitantes)

País ou território	Distribuição étnica[1]						
	Brancos	Negros	Ameríndios	Mestiços	Indianos	Outros asiáticos	Outras
Antigua e Barbuda		0,05					0,01
Bahamas	0,03	0,25					0,01
Barbados	0,01	0,21		0,04			
Belize	0,01	0,09	0,03	0,06	0,01		
Costa Rica	3,13	0,07	0,04	0,29		0,07	
Cuba	4,11	6,88				0,11	
Dominica		0,06		0,01			
El Salvador	0,06		0,29	5,55			
Granada		0,08		0,01			0,01
Guatemala			4,59	6,27		0,34	
Haiti	0,22	7,11		0,07			
Honduras	0,06	0,12	0,42	5,40			
Jamaica		1,88		0,33	0,02		0,27
México	8,49		28,29	56,58			0,94
Nicarágua	0,75	0,40	0,22	3,03			
Panamá	0,27		0,54	1,89			
República Dominicana	1,22	0,89		5,99			
St. Kitts e Nevis		0,04					
St. Lucia		0,13			0,01		
St. Vicent e Grenadines		0,10					0,01
Trinidad e Tobago	0,01	0,74			0,54		0,01
Anguilla		0,008		0,001			
Antilhas Holandesas	0,01			0,16			
Bermuda	0,02	0,04					
Guadeloupe	0,01	0,04		0,36			
Ilhas Virgens (Americana)	0,01	0,07	0,02				
Ilhas Virgens (Británica)		0,02					
Martinique	0,01	0,36			0,01		
Montserrat		0,01					
Puerto Rico	2,96	0,74					
Total[2]	21,39	20,39	34,42	86,06	0,59	0,52	1,26
(%)	12,99	12,38	20,91	52,28	0,36	0,32	0,76

[1] A classificação apresentada é a adotada nos censos oficiais; sua reprodução aqui não implica concordância com ela.
[2] Número total considerado: 164,63 milhões de indivíduos. Para três territórios (110.000 pessoas) não existem dados sobre constituição étnica.
Fonte: Salzano e Bortolini (2002).

Tab. 7.3 Distribuição étnica na América do Sul (em milhões de habitantes)

País ou território	Distribuição étnica[1]						
	Brancos	Negros	Ameríndios	Mestiços	Indianos	Outros asiáticos	Outras
Argentina	30,34			2,50			2,86
Bolívia	1,17		4,29	1,17			1,17
Brasil	86,39	9,43		59,69			1,57
Chile			0,44	13,87			0,29
Colômbia	7,42	6,68	0,37	21,52			1,11
Equador	1,19	1,19	2,97	6,55			
Guiana		0,26	0,04	0,09	0,43		0,03
Paraguai	0,10		0,15	4,85			
Peru	3,66		10,98	9,03			0,73
Suriname		0,18	0,01		0,16	0,08	0,01
Uruguai	2,81	0,13		0,26			
Venezuela	4,79	2,28	0,45	15,28			
Falkland	0,002						
Guiana Francesa			0,01	0,11		0,01	0,01
Total[2]	137,87	20,15	19,71	134,92	0,59	0,09	7,78
(%)	42,94	6,27	6,14	42,02	0,18	0,03	2,42

[1] A classificação apresentada é a adotada nos censos oficiais; sua reprodução aqui não implica concordância com ela.
[2] Número total considerado: 321,11 milhões de indivíduos. Não existem dados sobre constituição étnica para Georgia e South Sandwich (1.000 pessoas).
Fonte: Salzano e Bortolini (2002).

A área total da América Central é de 3,4 milhões de km², na qual vive uma população de 164,74 milhões de pessoas. Elas estão distribuídas em 21 nações e 12 territórios. Apesar de a classificação étnica variar entre essas unidades, mais da metade de sua população (52%) pode ser identificada como de origem mista. A segunda posição é ocupada pelos ameríndios (21%), com grande número especialmente no México e na Guatemala. Aproximadamente 13% são classificados como brancos e proporção similar, como negros. Descendentes de migrantes da Índia são especialmente frequentes em Trinidad e Tobago (cerca de meio milhão), mas totalizam menos de meio por cento em toda a área (Tab. 7.2).

Quanto à América do Sul, sua área total (17,85 milhões de km²) é cinco vezes maior que a da América Central, e sua população total (321,11 milhões) é o dobro daquela dos centro-americanos. A sua distribuição étnica indica uma proporção equivalente (42% a 43%) de brancos e mestiços. Negros e ameríndios estão menos representados (cerca de 6% para ambos). Os descendentes de indianos ocorrem principalmente na Guiana e no Suriname, país que também abriga número considerável de descendentes de javaneses e chineses. Pessoas de origem japonesa ocorrem principalmente no Brasil (Tab. 7.3).

7.7 Raça, racismo e políticas afirmativas

Em geral, habitantes dos diferentes continentes podem ser distinguidos morfologicamente. George Louis Leclerc de Buffon (1707-1788) foi o primeiro estudioso a aplicar o termo raça às diferentes variedades de nossa espécie (Comas, 1966). O conceito sofreu modificações ao longo do tempo, e a ideia inicial estática dos "tipos raciais" foi substituída pela noção de diferenças taxonômicas populacionais.

Os abusos cometidos pelo nazismo e por políticas discriminatórias existentes até recentemente nos Estados Unidos e na África do Sul têm levado muitos cientistas (talvez inconscientemente) a negar a existência de raças na espécie humana (para uma avaliação dos diferentes pontos de vista relacionados a essa questão, ver o número especial dedicado ao assunto pelo *American Journal of Physical Anthropology*, organizado por Edgar e Hunley, 2009).

Muitas das incompreensões relacionadas a essa questão provêm do fato de que as raças são sistemas abertos, e podem ser definidas de diferentes maneiras. Mas, como ficou claro no Cap. 5, não há dúvida de que os grupos continentais ("raças") podem ser claramente distinguidos molecularmente (ver também Salzano, 2004).

Em populações nas quais houve o encontro de grupos de diferentes origens, como na América Latina, existem sérios problemas de classificação, como a indicada nas Tabs. 7.2 e 7.3. Um estudo realizado em São Paulo, no qual foi considerada a classificação clássica do Instituto Brasileiro de Geografia e Estatística (Brancos, Pardos, Pretos e Amarelos; Silva, 1994), indicou, entre brancos, apenas 79% de concordância entre a autoclassificação e aquela do entrevistador, e a concordância entre pardos e negros foi ainda menor (69% e 48%). Dados genômicos também demonstraram a relatividade de tal classificação (ver, por exemplo, Suarez-Kurtz et al., 2007; Santos et al., 2009a).

Independentemente dessa relatividade, o fato é que existem disparidades marcantes no Brasil quanto às condições socioeconômicas de euroderivados e afroderivados. Como está indicado na Tab. 7.4, os últimos aparecem sempre em desvantagem, o que pode ser um reflexo de condições históricas (o estigma da escravidão) perpetuadas por relações de dominância/subordinação.

Visando à redução nessas disparidades marcantes, foi adotada no Brasil uma série de Ações Afirmativas (Boxe 7.4). Essas medidas, especialmente a que estabelecia cotas para ingresso nas universidades, causaram muita polêmica. As opiniões de 17 cientistas das áreas de Antropologia, Sociologia, História e Genética foram apresentadas em livro organizado por Steil (2006). Parece claro que o sistema de cotas é inconstitucional, pois a Constituição Brasileira de 1988, em seu artigo 5º, afirma que "todos são iguais perante a lei, sem distinção de qualquer natureza", e no seu parágrafo XLII, estabelece que "a prática do racismo constitui crime inafiançável e imprescritível, sujeito à pena de reclusão, nos

Tab. 7.4 Parâmetros selecionados relacionados às desigualdades socioeconômicas por etnia no Brasil

Característica	Presença (%) em		Referência
	Euroderivados	Afroderivados	
Residência com água canalizada	83	67	1
Residência com esgoto e fossa séptica	63	40	1
Rendimento familiar *per capita* acima de 5 salários mínimos	14	3	2
Taxa de analfabetismo funcional	21	40	2
Acesso à universidade	17	5	2
Empresários e empregadores	6	2	2
Taxa de mortalidade infantil	16,6	18,8	3
Expectativa de vida ao nascer (anos)	74	68	4

Referências: 1. Heringer (2002), dados relativos a 2000; 2. Noronha (2002), dados relativos a 2000, com exceção dos relativos ao acesso à universidade (1999); 3. Cardoso, Santos e Coimbra (2005), fonte: Ministério da Saúde, ano considerado: 2002; 4. Lopes (2005), ano de referência: 2000.

termos da lei". Nesse caso, o que está ocorrendo é um racismo às avessas, contra os eurodescendentes. Duas ações diretas de inconstitucionalidade (ADI 3.330 e ADI 3.197) estão atualmente no Supremo Tribunal Federal, promovidas pela Confederação Nacional dos Estabelecimentos de Ensino (CONFENEN), uma contra o programa ProUni e outra pelo estabelecimento de cotas nas universidades estaduais do Rio de Janeiro. Mas, por causa da sua extensão, é pouco provável que as Ações Afirmativas sejam descontinuadas, pelo menos em futuro próximo.

7.8 Genética histórica – uniões interétnicas

Tentativas de quantificar o grau de mistura interétnica ocorrida em uma determinada população por meio de marcadores genéticos têm um passado de quase um século, tendo iniciado com as fórmulas propostas por Bernstein (1931) e Ottensooser (1944). Com o decorrer do tempo, os programas de estimativas foram se tornando mais complicados, exigindo computação eletrônica. Um desenvolvimento importante foi a capacidade de avaliar a composição genética étnica de *indivíduos* em vez de populações, o que proporciona diversas vantagens, mas também a possibilidade de discriminação contra pessoas que, em sua aparência externa, podem não apresentar traços indicadores de mistura interétnica.

Os estudos iniciais utilizaram os grupos sanguíneos e marcadores proteicos para a avaliação quantitativa das proporções relativas dos três estoques formadores das populações da América Latina (Africanos, Europeus e Ameríndios). Ampla revisão sobre esses estudos foi realizada por Salzano e Bortolini (2002),

> **Boxe 7.4** Ações afirmativas no Brasil
>
> 1. O Brasil assina a Declaração de Durban, redigida na 3ª Conferência Mundial de Combate ao Racismo, Discriminação Racial, Xenofobia e Intolerância Correlata, realizada naquela cidade em 2001, comprometendo-se a adotar medidas nessa direção.
> 2. No Programa de Ações Afirmativas do Ministério da Justiça, há reserva de 20% de seus cargos de direção e assessoramento superior a afrodescendentes (Portaria nº 1.156/2001).
> 3. O Programa de Ação Afirmativa do Instituto Rio Branco cria bolsas-prêmio para afrodescendentes.
> 4. Na Administração Pública Federal, o Programa Nacional de Ações Afirmativas propõe metas percentuais de participação de afrodescendentes nos quadros formais de trabalho.
> 5. O Programa "Diversidade na Universidade" do Ministério de Educação (Medida Provisória 63/2002) é criado para financiar cursos preparatórios pré-vestibulares.
> 6. O Programa de Ação Afirmativa do Supremo Tribunal Federal estabelece cota de 20% de afrodescendentes nas empresas que prestam serviços terceirizados a essa corte.
> 7. A Universidade Estadual do Rio de Janeiro, em seu vestibular de 2003, adota processos seletivos diferentes de ingresso, um para egressos da rede pública e outro para os demais. A cota reservada para afrodescendentes da rede pública, de acordo com a Lei 3.078, é de 40%.
> 8. O Programa Universidade para Todos (ProUni) do Ministério da Educação oferece bolsas a estudantes que se declararem indígenas, pardos ou negros.
> 9. As Ações Afirmativas já eram adotadas por mais de 20 universidades públicas no início de 2009.
>
> Fonte: Cesar (2003) com adições.

que avaliaram pesquisas realizadas até aquela época envolvendo: (a) amostras de euroderivados: 3 países, 18 populações; (b) afroderivados: 10 países, 30 populações; e (c) sem classificação étnica: 9 países, 69 populações. Esses mesmos autores realizaram então novas avaliações envolvendo euroderivados de 10 países, afroderivados de 17 países e amostras não identificadas etnicamente de 26 países. Com relação ao Brasil, as populações foram separadas em cinco regiões sociogeográficas: Norte, Nordeste, Centro-Oeste, Sudeste e Sul.

Com o advento dos marcadores de DNA, esses estudos sofreram toda uma reavaliação, possibilitando, também, uma separação das estimativas segundo marcadores uniparentais, herdados por via materna (DNA mitocondrial) ou paterna (cromossomo Y), bem como biparentais (genes autossômicos nucleares). Serão mencionados aqui apenas alguns exemplos de pesquisas de nosso grupo de época mais recente.

Wang et al. (2008) realizaram uma abordagem genômica à questão, utilizando microssatélites (678 autossômicos; 29 do cromossomo X) com relação a 13 populações latino-americanas de sete países, distribuídos do México ao Chile (Tab. 7.5). Os valores obtidos com os marcadores autossômicos mostraram uma ancestralidade europeia mais marcante em Bagé e Alegrete, Brasil (70%); Medellín, Colômbia (66%); Vale Central, Costa Rica (66%); Tucuman, Argentina (65%). No que se refere à influência ameríndia, os maiores números apareceram em Salta, Argentina (72%); Peque (58%) e Pasto (57%), ambas da Colômbia. Em todas as 13 populações, os valores da contribuição africana alcançaram no máximo 10% (Bagé e Alegrete). Note-se a considerável heterogeneidade étnica observada nas quatro populações da Colômbia e três da Argentina.

Um número expressivo de estudos detectou uma assimetria marcante nessas distribuições étnicas nos genomas de mulheres e homens. Como consequência das relações de dominância/submissão existentes durante a época colonial, bem como do número mais restrito de mulheres europeias que migraram para as Américas naquele período, ocorreram uniões muito frequentes entre homens europeus e mulheres ameríndias ou africanas. Isso se reflete nos valores de mistura calculados a partir do cromossomo X (que ocorre em dose dupla nas

Tab. 7.5 Proporções médias de ancestralidade em 13 populações de sete países latino-americanos, baseadas em marcadores de microssatélite (678 autossômicos – Aut e 29 do cromossomo X)

País e população	N° indiv. estudados	Ancestralidade média (%)					
		Europeia		Ameríndia		Africana	
		Aut.	X	Aut.	X	Aut.	X
México							
Cidade do México	19	57	38	40	50	3	12
Guatemala							
Oriente	20	40	38	53	48	7	14
Costa Rica							
Vale Central	20	67	42	29	42	4	16
Colômbia							
Peque	20	37	31	58	56	5	13
Medellín	20	66	53	25	29	9	18
Cundinamarca	19	46	26	51	58	3	16
Pasto	19	39	33	57	53	4	14
Argentina							
Salta	19	25	26	72	63	3	11
Tucuman	19	65	39	30	45	5	16
Catamarca	14	53	24	44	64	3	12
Brasil							
Bagé e Alegrete	20	70	47	20	32	10	21
Chile							
Paposo	20	42	24	56	64	2	12
Quetalmahue	20	49	34	50	56	1	10

Fonte: Wang et al. (2008).

mulheres, mas simples nos homens). Há uma diminuição consistente nos valores encontrados de ancestralidade europeia, especialmente marcante em Catamarca (29% de diferença) e Tucuman (26%), mas também presente no Vale Central da Costa Rica (25%) e em Bagé/Alegrete (23%). Por outro lado, aumenta a influência africana, que de 3% passa para 16% em Cundinamarca; de 4% para 16% no Vale Central de Costa Rica; de 5% para 16% em Tucuman; e de 10% para 21% em Bagé/Alegrete.

Estudos como esse não têm apenas valor histórico; eles também são úteis para o enfoque denominado de mapeamento por mistura. Trata-se de localizar genes responsáveis por doenças que possuam frequências diferentes nas populações ancestrais, em grupos com história interétnica recente. Price et al. (2007) utilizaram esse enfoque por meio de um conjunto de 1.649 SNPs (*single nucleotide polymorphisms*) examinado em latinos de Los Angeles, mexicanos, brasileiros e colombianos no que se refere às ancestralidades europeia e ameríndia. Eles concluíram que, para detectar um loco com 50% do conteúdo máximo de informação, onde a ancestralidade ameríndia conferiria um risco de 1,5 vez aumentado para uma dada doença, seriam necessários 724 casos em latinos de Los Angeles e mexicanos, mas 846 em brasileiros ou colombianos, em razão das proporções variadas de mistura presentes nesses quatro grupos.

7.9 Classificação morfológica e marcadores genéticos no Brasil

Até que ponto a classificação morfológica por grupos continentais é confirmada por estimativas baseadas em marcadores genéticos? Os valores obtidos diferem quando se consideram diferentes regiões do Brasil? Dados relacionados a essas questões são apresentados na Tab. 7.6. Como se pode verificar, conforme se considerem pessoas de diferentes regiões sociogeográficas brasileiras, aquelas classificadas como euroderivadas podem ter, segundo os marcadores biparentais, de 47% a 27% de ancestralidade não europeia. Essa proporção aumenta quando se considera a origem de suas mitocôndrias, embora os seus cromossomos Y tenham procedência quase que exclusivamente europeia. No caso dos afroderivados, entre 23% e 67% de sua ancestralidade pode ser não africana, como avaliado por marcadores biparentais, proporção que se manifesta similarmente em seus cromossomos Y (36% a 62%), enquanto de 16% a 43% de suas mitocôndrias seriam não africanas.

7.10 Genética populacional no Rio Grande do Sul e Uruguai

O Quadro 7.1 apresenta informações sobre seis estudos específicos realizados nas regiões desses dois países. Eles indicaram: (a) heterogeneidade genética significativa tanto em euroderivados do Estado do Rio Grande do Sul quanto em amostras gerais de três populações uruguaias; (b) as fontes de origem na África de material do DNA mitocondrial e do Cromossomo Y de indivíduos do

Tab. 7.6 Classificação morfológica e estimativas das contribuições étnicas parentais considerando diferentes marcadores genéticos em diferentes regiões sociogeográficas brasileiras

Classificação morfológica e regiões	Sistema genético	Contribuição parental (%)		
		Europeia	Africana	Ameríndia
Euroderivados				
Norte	DNA mitocondrial	31	15	54
	Cromossomo Y	98	2	0
	Marcadores biparentais	53	3	44
Nordeste	DNA mitocondrial	34	44	22
	Cromossomo Y	96	4	0
	Marcadores biparentais	72	23	5
Sudeste	DNA mitocondrial	31	35	34
	Cromossomo Y	96	4	0
	Marcadores biparentais	56	39	5
Sul	DNA mitocondrial	63	16	21
	Cromossomo Y	99	0	1
	Marcadores biparentais	73	14	13
Afroderivados				
Norte	DNA mitocondrial	3	57	40
	Cromossomo Y	ND	ND	ND
	Marcadores biparentais	25	33	42
Nordeste	DNA mitocondrial	21	69	10
	Cromossomo Y	34	64	2
	Marcadores biparentais	38	55	7
Sudeste	DNA mitocondrial	2	89	9
	Cromossomo Y	43	56	1
	Marcadores biparentais	23	77	0
Sul	DNA mitocondrial	4	84	12
	Cromossomo Y	56	38	6
	Marcadores biparentais	36	51	13

Fonte: Guerreiro-Junior et al. (2009).

Rio Grande do Sul; (c) que os gaúchos do Pampa do Rio Grande do Sul apresentam mais afinidades genéticas com populações espanholas do que com populações portuguesas; além disso, há indicações da presença de DNA mitocondrial de indígenas já extintos (os Charrua); e (d) padrões específicos de desequilíbrio de ligação no Cromossomo X em uma amostra geral da população do Rio Grande do Sul e outra de ameríndios com representantes de 11 tribos da América do Sul.

Quadro 7.1 Estudos recentes da genética populacional no Rio Grande do Sul e Uruguai

Ano e país	Resultado principal	Referência
Brasil		
2005	A população de Veranópolis, no noroeste do estado e de origem predominantemente italiana, apresenta um DNA mitocondrial de origem basicamente europeia (97%), diferente do resto do estado, no qual essa contribuição é de apenas 48%.	1
2007	O DNA mitocondrial dos afroderivados de Porto Alegre deve ter se originado, em sua maioria (82%), de regiões mais ao sul da Costa Ocidental e do sudeste da África, os restantes 18% com origem na Costa Ocidental, mais ao norte.	2
2007	Os gaúchos do Pampa do Rio Grande do Sul mostram mais afinidades, tanto no que se refere ao Cromossomo Y quanto ao DNA mitocondrial, com populações espanholas, e não portuguesas. No mtDNA, houve também indicações claras da influência indígena, tanto de grupos extintos (Charrua) como atuais (Guarani).	3
2008	Estudos de microssatélites do Cromossomo Y na população geral do Rio Grande do Sul indicaram 92% de origem europeia, 5% africana (Bantu) e 3% ameríndia.	4
2009	O desequilíbrio de ligação, testado através de microssatélites do Cromossomo X, foi mais alto em uma amostra não selecionada de ameríndios do que o observado em uma amostra da população geral do Rio Grande do Sul.	5
Uruguai		
2006	Marcadores autossômicos, do DNA mitocondrial e do Cromossomo Y revelaram fontes de ancestralidade diferentes entre as populações de Montevidéu (no sudeste), nordeste (Cerro Largo) e noroeste (Tacuarembó) do país.	6

Fonte: 1. Marrero et al. (2005); 2. Hünemeier et al. (2007); 3. Marrero et al. (2007a); 4. Leite et al. (2008); 5. Leite et al. (2009); 6. Sans et al. (2006).

7.11 Uma metáfora interessante – desenvolvimento sociocultural e genomas

Ribeiro (1970, 1977) montou todo um esquema interpretativo sobre o desenvolvimento sociocultural nas Américas, que pode ocorrer de duas maneiras distintas. Em uma situação, os povos considerados são os agentes de seu próprio desenvolvimento e, nesse caso, o processo pode ser denominado como de **aceleração evolucionária**. Por outro lado, quando os povos são apenas recipientes de uma inovação cultural de fora, o que ocorre é uma **incorporação histórica**.

Dentro dessa perspectiva, o referido autor classificou os povos latino-americanos em quatro categorias, caracterizadas no Boxe 7.5. Bortolini et al. (2004) aplicaram essa tipologia aos genomas em mosaico das populações de nosso continente. Os seus Cromossomos Ys foram principalmente *transplantados* de fora; seus DNAs mitocondriais, no entanto, receberam muito menos influência estranha, como os *Povos-Testemunhos* da tipologia de Ribeiro (1970, 1977), e a terminologia de *DNA-testemunho* é adequada, pois indica a possibilidade única de resgatar parte da história perdida de grupos ameríndios extintos. Finalmente, os conjuntos autossômicos estão em processo contínuo de recombinação (são *novos*), como os *Povos-Novos*, que surgiram por um processo de aculturação e fusão de africanos, europeus e ameríndios.

7.12 Variabilidade na suscetibilidade e etiologia de doenças

A síndrome da imunodeficiência adquirida (SIDA ou AIDS na sigla em inglês) é causada pelo HIV (*human immunodeficiency virus*), e desde sua descoberta, no início dos anos 1980, tem se constituído em problema grave de saúde pública. Ela afeta milhões de pessoas em todo o mundo, das quais fração significativa morre porque o vírus infecta e destrói os linfócitos do tipo CD4+, um dos componentes do sistema imune. Como consequência, o organismo fica vulnerável a toda uma gama de infecções oportunistas que podem levar à morte.

CCR5 é um receptor de quimocina presente em células do sistema imune; o gene que o codifica está localizado na região p21.3 do cromossomo 3, e verificou-se que CCR5 age como um correceptor para o vírus da AIDS. Existe uma deleção de 32 pares de bases (CCR5delta32) que gera uma proteína truncada, proporcionando uma resistência relativa à infecção pelo HIV. Estudos indicaram que essa deleção surgiu em um único evento, ocorrido no nordeste da Europa há alguns milhares de anos. A prevalência dessa proteína é de cerca de 10% em europeus,

---

Boxe 7.5 A TIPOLOGIA ÉTNICO-NACIONAL DESENVOLVIDA POR RIBEIRO (1970, 1977) APLICADA AOS POVOS LATINO-AMERICANOS

1. **Povos-Testemunhos**
   Representantes modernos de altas civilizações autônomas que sofreram o impacto da expansão europeia.
   Exemplos: México, Guatemala, Bolívia, Peru, Equador.
2. **Povos-Novos**
   Os que surgiram da conjunção, aculturação e fusão de matrizes étnicas africanas, europeias e ameríndias.
   Exemplos: Brasil, Venezuela, Colômbia, Antilhas, alguns povos da América Central, Chile, Paraguai.
3. **Povos-Transplantados**
   Nações modernas criadas pela migração de populações europeias para novas regiões, onde procuraram reconstituir formas de vida essencialmente iguais às de origem.
   Exemplos: Costa Rica, Argentina, Uruguai.
4. **Povos-Emergentes**
   Populações que teriam ascendido, em nossos dias, da condição tribal à nacional.
   Exemplos: Não ocorrem na América Latina. Os Mapuche da Argentina e do Chile poderiam ter evoluído para essa configuração social, mas foram quase totalmente dizimados, e os sobreviventes, confinados a reservas.

e ela não tem sido encontrada em populações de outros continentes. Vargas et al. (2006) investigaram sua distribuição na população de Alegrete, do Pampa gaúcho. A sua frequência em indivíduos classificados como euroderivados (7%) concorda com estudos anteriores já mencionados, mas sua prevalência entre indivíduos de cor parda (6%) ou negra (1%) mostra novamente a relatividade de classificações étnicas morfológicas.

Por outro lado, a hemofilia A, causada por ampla gama de mudanças no gene do Fator VIII de coagulação, é doença das mais debilitantes, embora apresente quadros clínicos classificáveis como graves, moderados ou leves. Entre os casos graves, dois fatores etiológicos importantes são inversões nos íntrons 22 e 1 do gene. Leiria et al. (2009) verificaram que as frequências dessas duas inversões apresentam uma homogeneidade notável em séries de 16 países, em um total de 3.871 indivíduos examinados. Por sua vez, a ocorrência de inibidores do Fator VIII, um dos principais problemas para a terapia de reposição desse fator nos hemofílicos, apresenta ampla heterogeneidade de prevalência nos portadores ou não dessas inversões. Agentes genéticos e ambientais devem estar envolvidos no processo, e eles estão sendo ativamente investigados por nosso grupo.

7.13 Ameríndios – origens

Desde que Cristóvão Colombo (1451-1506) aportou nas Bahamas em 12 de outubro de 1492, levantou-se a pergunta: quem eram as estranhas pessoas encontradas por ele? Hipóteses as mais fantasiosas foram levantadas. Do ponto de vista científico, a questão foi considerada por especialistas de (a) geologia e arqueologia; (b) paleoantropologia e morfologia; (c) linguística; (d) marcadores genéticos (grupos sanguíneos, proteínas, DNA); e (e) vírus, bactérias e fungos. O Boxe 7.6 lista nove obras que tratam desses diferentes tipos de evidências.

Esse problema foi examinado em época relativamente recente (Salzano, 2007, 2011), e o panorama mais provável que emergiu dessas análises é o de que (a) o local de origem da migração para o continente americano deve ter sido o das Montanhas Altai, ao sul da Sibéria; (b) o início desse movimento situou-se entre 20 e 15 mil anos A.P.; (c) houve uma parada prolongada em Beríngia, região que, na época, não estava submergida no oceano como agora; (d) a movimentação ocorreu sem grandes descontinuidades no tempo (uma só "onda migratória"); e (e) há possibilidade de ter havido fluxo gênico em ambas as direções, entre a Ásia e a América do Norte, através do Ártico.

7.14 A conquista: dizimação e recuperação

Na época da descoberta europeia das Américas, no século XV, calcula-se que na América Latina houvesse 43 milhões de pessoas, com cerca de dois milhões delas vivendo no Brasil. O contato dessas populações com os europeus foi desastroso, com dizimações em massa causadas pela violência e por doenças às quais

VII Evolução humana

Boxe 7.6 Alguns livros selecionados que trataram na última década o problema do povoamento das Américas

1. Lavallée, D. 2000. *The First South Americans*. The Peopling of the Continent from the Earliest Evidence to High Culture. University of Utah Press, Salt Lake City.
2. Jablonski, N.G. 2002. *The First Americans*. The Pleistocene Colonization of the New World. California Academy of Sciences, San Francisco.
3. Hubbe, M.; Mazzuia, E.T.A.; Atui, J.P.V.; Neves, W. 2003. *A Primeira Descoberta da América*. Sociedade Brasileira de Genética, Ribeirão Preto.
4. Fagan, B.M. 2004. *The Great Journey*. The Peopling of Ancient America. University Press of Florida, Gainesville.
5. Powell, J.F. 2005. *The First Americans*. Race, Evolution, and the Origin of Native Americans. Cambridge University Press, Cambridge.
6. Mann, C.C. 2006. *1491*. New Revelations of the Americas Before Columbus. Vintage Books, New York.
7. Silva, H.P.; Rodrigues-Carvalho, C. 2006. *Nossa Origem*. O Povoamento das Américas: Visões Multidisciplinares. Vieira e Lent, Rio de Janeiro.
8. Neves, W.A.; Piló, L.B. 2008. *O Povo de Luzia*. Em Busca dos Primeiros Americanos. Editora Globo, São Paulo.
9. Meltzer, D.J. 2009. *First Peoples in a New World*. Colonizing Ice Age America. University of California Press, Berkeley and Los Angeles.

os ameríndios não estavam adaptados. Posteriormente, no entanto, houve uma recuperação lenta. Calcula-se em 54 milhões o número atual de indígenas em toda a América Latina; maior, portanto, que os 43 milhões originais. Realmente, a contribuição genética desses primeiros habitantes foi muito maior, em razão da sua presença nos 221 milhões de mestiços que habitam agora o continente (Salzano e Bortolini, 2002).

Quanto ao Brasil, a recuperação tem sido mais lenta. Em 2005, estimava-se que a população total de indivíduos que habitavam terras indígenas era de 380,6 mil. O censo do Instituto Brasileiro de Geografia e Estatística (IBGE) de 2000, no entanto, que incluiu habitantes de cidades, apontou 734 mil pessoas que se autodeclararam indígenas. Mesmo assim, o valor é de apenas 37% da população original.

A Tab. 7.7 mostra a distribuição da população indígena brasileira em 2000 e 2005 nas 19 áreas geográficas delimitadas pelo Instituto Socioambiental. Houve um crescimento de 18% entre as duas estimativas. Esse aumento, no entanto, não foi uniforme nas diferentes regiões, e em cinco delas houve inclusive decréscimos. Ao se reordenar os dados para considerar as regiões sociogeográficas do IBGE, verifica-se que quase a metade (45% a 47%) dessa população situa-se na região Norte, e as duas outras com maior número são o Nordeste (ao redor de 22%) e o Centro-Oeste (17% a 19%).

Tab. 7.7 Distribuição geográfica da população indígena brasileira em 2000 e 2005

Áreas geográficas[1]	2000		2005	
	N° indivíduos	%	N° indivíduos	%
1. Noroeste amazônico	19.611	6,07	21.182	5,56
2.1. Roraima, lavrado	21.926	6,79	31.647	8,32
2.2. Roraima, mata	12.468	3,86	17.306	4,55
3. Amapá/Norte do Pará	8.515	2,63	10.224	2,69
4. Solimões	35.304	10,93	33.167	8,71
5. Javari	3.961	1,23	3.645	0,96
6. Juruá/Jutaí/Purus	7.805	2,41	9.773	2,57
7. Tapajós/Madeira	10.884	3,37	21.223	5,58
8. Sudeste do Pará	9.439	2,92	11.934	3,14
9. Nordeste	45.308	14,03	61.765	16,23
10. Acre	8.811	2,73	12.046	3,16
11. Rondônia	6.092	1,88	8.108	2,13
12. Oeste do Mato Grosso	4.015	1,24	5.913	1,55
13. Parque Indígena do Xingu	3.705	1,15	5.020	1,32
14. Goiás/Tocantins/Maranhão	25.141	7,78	23.929	6,29
15. Leste do Mato Grosso	10.849	3,36	11.184	2,94
16. Leste	14.570	4,51	14.276	3,75
17. Mato Grosso do Sul	43.568	13,49	42.862	11,26
18. Sul	31.085	9,62	35.367	9,29
Total	323.057		380.571	

[1]*Como estabelecidas pelo Instituto Socioambiental. A sobreposição não é perfeita, mas relacionando essas com as regiões sociogeográficas reconhecidas pelo Instituto Brasileiro de Geografia e Estatística, teríamos: 1. Norte (1, 2.1, 2.2, 3-8, 10, 11), respectivamente 2000 e 2005: 44,82% e 47,37%; 2. Nordeste (9, 14): 21,81% e 22,52%; 3. Centro--Oeste (12, 13, 15, 17): 19,24% e 17,07%; 4. Sudeste (16): 4,51% e 3,75%; e 5. Sul (18): 9,62% e 9,29%.*
Fonte: Ricardo (2000); Ricardo e Ricardo (2006).

O número de povos indígenas que atualmente vivem no Brasil é de 225, e os 12 com populações acima de 10.000 pessoas estão indicados na Tab. 7.8. Os mais numerosos são os Guarani (45,8 mil indivíduos), que ocupam ampla área do sul e sudeste do país. Com exceção dos Yanomami e dos Xavante, esses povos já estão bastante aculturados, com estilos de vida semelhantes aos dos neobrasileiros rurais. Os Baré já não falam a sua língua original, que foi substituída pela língua geral nheengatu, introduzida pelos missionários para facilitar a catequese dos indígenas; e os Pataxó perderam completamente a sua língua própria. Rodrigues (2005) calcula em 181 o número de línguas indígenas faladas no Brasil, classificáveis em 43 famílias linguísticas. À época da descoberta europeia deveriam existir 2.000 línguas em nosso território, tendo havido, portanto, uma redução drástica, as atuais representando apenas 15% das anteriores.

Tab. 7.8 Povos indígenas no Brasil com tamanhos populacionais acima de 10.000 pessoas[1]

Povos	Família linguística	Localização (UF)	Tamanho populacional
Guarani	Tupi-Guarani	MS, SP, PR, RS, SC, RJ, ES	45.787
Ticuna	Tikuna	AM	30.000
Kaingang	Jê	SP, PR, SC, RS	28.000
Macuxi	Karib	RR	23.433
Terena	Aruak	MS	19.961
Tenetehara	Tupi-Guarani	MA	19.471
Yanomami	Yanomami	RR, AM	15.682
Xavante	Jê	MT	12.845
Potiguara	Tupi-Guarani	PB	11.424
Pataxó	Não classificada	BA	10.897
Baré	Aruak	AM	10.275
Munduruku	Tupi	PA	10.065

[1]Estima-se em 225 o número de povos indígenas que vivem atualmente no Brasil.

Fonte: Ricardo e Ricardo (2006).

7.15 Ameríndios – diversidade genética e estrutura populacional

Abordagens genômicas têm possibilitado a investigação do grau de diversidade intra e interpopulacional de maneira mais aprofundada do que era possível anteriormente. Salzano e Callegari-Jacques (2006) consideraram dados relativos a 404 microssatélites, bem como haplótipos com 2 a 9 sítios variáveis em 17 locos em sete populações de ameríndios, usando como controles uma população africana, duas europeias e uma asiática. Os dois conjuntos de dados apresentaram resultados concordantes no que se refere às distribuições inter e intracontinentais, e os esperados, tendo em vista a sua história e distribuição geográfica. Salientou-se, no entanto, que embora a colonização das Américas possa ter levado a uma perda de variabilidade genética, o intervalo de diferença quanto à diversidade genética medida pelos microssatélites em cinco das populações ameríndias (de 0,49 nos Suruí a 0,68 entre os Maia) foi duas vezes maior (0,19) que a diferença entre os ameríndios mais variáveis (Maia, 0,68) e os Yoruba da África (0,77), isto é, 0,09. Isso indica a importância de histórias populacionais específicas, independentes de etnias, no condicionamento dessas variáveis.

Outro estudo em larga escala foi o de Wang et al. (2007), que testaram 678 marcadores de microssatélites autossômicos em 422 indivíduos de 24 populações nativas americanas. Esses dados foram analisados com os de 54 outras populações nativas de todo o mundo, inclusive com cinco outras também nativas das Américas. Os resultados obtidos podem ser sumariados como segue: (a) as populações nativas americanas apresentam menor diversidade genética intrapopulacional, mas maior diferenciação interpopulacional que as de outras regiões continentais; (b) foram observados gradientes de diversidade genética decrescente tanto como uma função da distância geográfica a partir do estreito de Bering quanto de similaridade com siberianos, indicando uma dispersão para o sul a partir do noroeste do continente; e (c) um cenário no qual as rotas costeiras teriam sido mais fáceis de percorrer quando comparadas a rotas do interior.

Essas investigações foram complementadas com outras, envolvendo marcadores de microssatélites dos cromossomos X e Y, bem como os obtidos pelo sequenciamento da região controladora do DNA mitocondrial de indivíduos de 22 das 29 populações consideradas anteriormente. Um resumo dos resultados obtidos é apresentado na Tab. 7.9. A diversidade intrapopulacional é sempre menor entre os STRs autossômicos, a ordem decrescente de variabilidade sendo STRs do X, do Y e marcadores do mtDNA. Por sua vez, a diversidade interpopulacional é sempre maior para os marcadores do cromossomo Y. Em geral, as populações do leste da América do Sul apresentam menor diversidade intra, porém maior diversidade interpopulacional. Os dados, além de confirmar os resultados de Wang et al. (2007), indicaram sinais de expansão populacional na Mesoamérica e nos Andes, mas contração no noroeste e no leste da América do Sul.

Tab. 7.9 Diversidade genética intra e interpopulacional nas Américas, considerando diferentes tipos de marcadores genéticos (x1.000 para A-, X- e Y STRs; x10.000 para mtDNA)[1]

Comparações	América do Norte	Mesoamérica	NO América do Sul	Andes	Leste América do Sul
Diversidade intrapopulacional					
A-STRs (678)	699	665	661	672	633
X-STRs (38)	657	663	626	645	603
Y-STRs (18)	465	367	482	445	335
mtDNA (Seq.)	100	108	102	99	93
Diversidade interpopulacional					
A-STRs (678)	ND	25	69	21	149
X-STRs (38)	ND	17	117	19	202
Y-STRs (18)	ND	506	402	235	585
mtDNA (Seq.)	ND	144	300	160	548

[1]*O número de populações estudadas para a diversidade intra e interpopulacional nas diferentes regiões foi: América do Norte: 2,1; Mesoamérica: 4,3; Noroeste da América do Sul: 8,7; Andes: 4,2; Leste da América do Sul: 4,2. Entre parênteses estão os números de STRs estudados. Seq.: Sequenciamento da Região Controladora; ND: Não disponível.*

Fonte: Yang et al. (2010).

Análises específicas envolvendo os Guarani e os Kaingang foram desenvolvidas por Marrero et al. (2007b), no que se refere à primeira região hipervariável da região controladora do mtDNA e sete polimorfismos bialélicos do cromossomo Y. A variabilidade interpopulacional para o mtDNA foi cinco vezes maior entre os Guarani, quando comparados aos Kaingang, sugerindo entre os primeiros uma redução populacional acentuada em sua migração para o sul a partir da Amazônia. As três parcialidades Guarani presentes no Brasil (Ñandeva, Kaiowá, M'bya) devem ter se separado há cerca de 1.800 anos, enquanto as duas populações Kaingang estudadas devem ter se separado há apenas 207 anos A.P.

7.16 Genética e linguagem

A linguagem pode ser definida como o conjunto das palavras ou expressões, bem como as respectivas regras gramaticais, utilizadas por um povo. Subjacente à linguagem em si, existe um componente cerebral que coordena esses processos, que é a linguagem interna ou linguagem-I. Embora possam ser encontrados rudimentos de linguagem em animais não humanos, eles nem se aproximam da complexidade e capacidade de síntese daquela por nós empregada.

Desde o século XIX, as linguagens faladas pelos diversos povos do mundo vêm sendo classificadas e comparadas, em um processo similar ao utilizado pelos geneticistas na organização de árvores filogenéticas. A ideia de comparar as árvores obtidas por meio dos marcadores genéticos com as alcançadas por meio da avaliação de elementos estruturais e raízes (cognatos) linguísticas vem sendo implementada há pelo menos três décadas, inclusive por nosso grupo de pesquisa, com resultados variados (concordância em alguns casos, discordância em outros).

Em 2005, resolvemos verificar como a genética poderia contribuir para avaliar alternativas quanto às relações entre as quatro famílias linguísticas ameríndias mais importantes da América do Sul, formuladas respectivamente por Estmír Loukotka (falecido em 1968), Joseph H. Greenberg (1915-2001) e Aryon Dall'Igna Rodrigues (que felizmente ainda está vivo!). As alternativas propostas estão indicadas na Fig. 7.1, e utilizando testes de hipótese estatísticos refinados e grande quantidade de marcadores genéticos, chegou-se à conclusão de que o esquema proposto por Rodrigues seria o mais adequado. Os dados indicaram

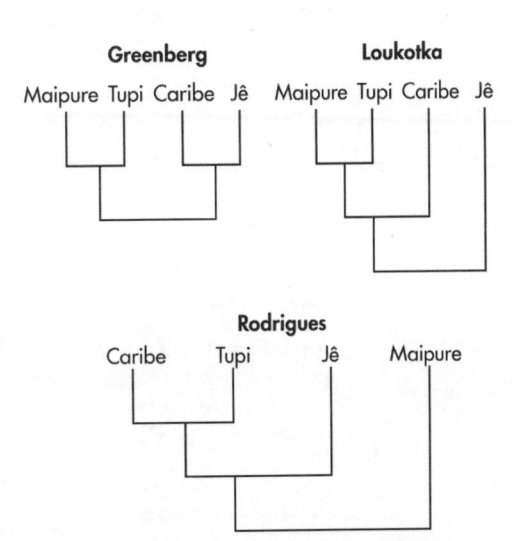

Fig. 7.1 Esquema das relações entre as quatro principais famílias linguísticas indígenas da América do Sul, de acordo com três autoridades na área

relações mais estreitas entre os falantes das famílias linguísticas Caribe e Tupi, seguindo-se em ordem de distância genética, os de língua Jê, sendo os falantes Maipure os mais afastados (Salzano et al., 2005).

7.17 Ameríndios – sistemas genéticos isolados

Enquanto para a determinação de histórias populacionais é importante utilizar o maior número possível de sistemas genéticos, quando se procura a ação da seleção natural ou outros fatores evolutivos a busca deve ser direcionada a regiões determinadas do genoma. O Quadro 7.2 fornece informações sobre 14 regiões genômicas específicas estudadas entre os ameríndios e grupos controle. Ele pode ser sumariado como segue: 1. Foram identificadas mutações até agora só encontradas em ameríndios para ABCA1 e PAX9; 2. Os estudos com LDLR e *Alu*/L1 sugerem uma única onda migratória no povoamento pré-histórico das Américas; 3. Há indícios de reduções populacionais importantes no início desse povoamento (mtDNA, LDLR, 16p13.3); 4. Foram encontrados gradientes geográficos na distribuição de variantes de *Alu*, APOE e STR; 5. Dados de beta-globina e STR sugerem três regiões geneticamente diferenciadas entre os indígenas da América do Sul: Andes, Amazônia e Centro/Sudeste; 6. Foram encontradas evidências de seleção positiva para variantes de ABCA1, APOE, LDLR e NAT2; 7. Foram sugeridas possíveis associações entre variantes de ABCA1 e a domesticação do milho na América Central, e entre DRD4 e o modo de subsistência de caça-recoleta; e 8. O cromossomo Y apresenta uma variabilidade genética bastante limitada, quando comparada com aquela presente no mtDNA.

Quadro 7.2 Estudos realizados pelo grupo de Porto Alegre com relação a sistemas genéticos específicos em ameríndios e populações afins

Sistemas	Populações	Principais resultados	Referências
ABCA1	4.405 Nativos Americanos, 863 indivíduos de outros grupos étnicos	O alelo *C230* foi encontrado em 29 de 36 grupos Nativos Americanos, mas não em indivíduos de outros grupos étnicos. Evidências de seleção positiva	1
	106 indivíduos de 12 populações de Ameríndios do Sul. Integração com os dados indicados acima	A idade da mutação *C230* foi estimada em 8.268 anos atrás. O aumento em sua frequência pode estar relacionado à domesticação do milho	2
Alu e L1	11 populações ameríndias, 5 asiáticas, 678 indivíduos	A ausência de subgrupos sugeriu uma única onda migratória na colonização pré-histórica das Américas	3
Alu	24 populações ameríndias, do Ártico e asiáticas	Foi observado um gradiente de diminuição das heterozigosidades da Ásia para as Américas	4
APOE	50 populações, da Sibéria, Groenlândia e Américas do Norte e do Sul	Gradientes geográficos, possibilidade de seleção natural no hemisfério norte	5

Quadro 7.2 Estudos realizados pelo grupo de Porto Alegre com relação a sistemas genéticos específicos em ameríndios e populações afins (cont.)

Sistemas	Populações	Principais resultados	Referências
Beta-globina	31 populações de Nativos Americanos, controles de outros continentes	Três subdivisões regionais quanto à genética na América do Sul: Andes, Amazônia e Centro/Sudeste	6
16p13.3	98 indivíduos da Mongólia, do Ártico e das Américas	Redução populacional de baixa intensidade no povoamento das Américas	7
DRD4	18 populações indígenas da América do Sul, 568 indivíduos	Diferenças de frequência entre as populações com passado recente caçador-coletor e as agriculturalistas	8
LDLR	103 indivíduos de 10 populações ameríndias, 2 da Mongólia e 2 da Sibéria	Sugestão de uma só onda migratória na colonização pré-histórica das Américas	9
LDLR	111 indivíduos de ancestralidade ameríndia, asiática, europeia e africana	Redução populacional no povoamento pré-histórico das Américas. Ação da seleção balanceadora em nível mundial	10
mtDNA	25 populações indígenas da América do Sul, 2 da Mongólia e 2 da Sibéria	Ausência do haplogrupo X na América do Sul	11
mtDNA	48 genomas mitocondriais completos	Redução populacional moderada na Beríngia, início da expansão no continente americano há 18.000 anos	12
NAT2	13 populações ameríndias, 2 da Sibéria	Baixa diferenciação interpopulacional, sugerindo a ação de seleção balanceadora	13
PAX9	57 indivíduos de 6 populações ameríndias, europeus e asiáticos	Duas variantes na região sequenciada, baixa frequência da mutação *Ala240Pro*	14
PAX9	172 indivíduos de 9 populações ameríndias, 1 esquimó e 3 africanas	Três mutações tribo-específicas	15
STR	9 populações ameríndias	A geografia pode servir de bom guia para a predição da variabilidade dos marcadores estudados	16
STR	11 populações ameríndias amazônicas, 526 indivíduos	Padrão explicável por um mecanismo de isolamento pela distância	17
STR	26 populações, 948 indivíduos	A distribuição dos marcadores genéticos sugere 3 regiões diferenciadas: Andes, Amazônia e o sudeste, incluindo o Chaco e o sul do Brasil	18
Cromossomo Y, linhagens Q	148 indivíduos de 20 populações ameríndias, 24 asiáticas, incluindo esquimós	A variabilidade limitada desse cromossomo em ameríndios foi confirmada, mas o número de linhagens basais parece ser maior na América do Norte quando comparado com a América do Sul	19

Referências: 1. Acuña-Alonzo et al. (2010); 2. Hünemeier et al. (2011); 3. Mateus-Pereira et al. (2005); 4. Battilana et al. (2006); 5. Demarchi et al. (2005); 6. Callegari-Jacques et al. (2007); 7. Battilana et al. (2007); 8. Tovo-Rodrigues et al. (2010); 9. Heller et al. (2004); 10. Fagundes et al. (2005); 11. Dornelles et al. (2005); 12. Fagundes et al. (2008); 13. Fuselli et al. (2007); 14. Pereira et al. (2006); 15. Paixão-Côrtes et al. (2011); 16. Kohlraush et al. (2005); 17. Santos et al. (2009b); 18. Callegari-Jacques et al. (2011); 19. Bisso-Machado et al. (2011).

7.18 Ameríndios – regiões geográficas específicas

A região da Guiana Francesa, geograficamente bem delimitada, e seus habitantes ameríndios, sobre os quais há boa informação histórica, constituem-se em ótimo material para a investigação genética microevolucionária. Os estudos de polimorfismos de grupos sanguíneos e proteicos entre eles foram iniciados já na década de 1960, e desde aquela época vêm sendo desenvolvidas investigações que nos últimos anos incluíram marcadores de DNA. A descrição que será apresentada a seguir baseia-se em Mazières e al. (2007, 2008, 2009, 2011).

Pesquisas continuadas envolveram habitantes do norte e do litoral, os Kalin'a (de fala Karib) e os Palikur (Maipure), e, em direção ao sul, no interior, os Emerillon e os Wayampi (ambos com linguagens Tupi-Guarani), e os Apalaí (Karib), estes últimos já na fronteira Brasil/Guiana Francesa. Como comparação para testar a migração Maipure para a área, foram também estudados os Matsiguenga do Peru. A colonização da região foi feita inicialmente pelos grupos do interior e só posteriormente (900 a 800 anos atrás) ocorreu a dos dois grupos do litoral.

Os sistemas genéticos considerados foram seis grupos sanguíneos, seis proteicos, sequências do primeiro segmento hipervariável e quatro sítios fora da alça D do DNA mitocondrial, 15 STRs autossômicos e 17 STRs do cromossomo Y. Esse material foi analisado extensivamente do ponto de vista matemático-estatístico, e as principais conclusões obtidas podem ser resumidas da seguinte maneira: 1. Os Emerillon, que sofreram drástica redução populacional em época recente, distinguem-se dos outros grupos não somente por uma baixa diversidade intrapopulacional, mas também por uma divergência genética marcante (Fig. 7.2); 2. As duas populações Maipure (Palikur e Matsiguenga) mostram diferenças genéticas claras, mais acentuadas quando se consideram os autossomos (Fig. 7.2a), mas também na árvore filogenética obtida por Mazières et al. (2008) para os marcadores de mtDNA. Essas diferenças podem ser explicadas de duas maneiras: ou elas já existiam antes da postulada migração sudoeste-nordeste, iniciada na região andina por falantes da família linguística Maipure; ou ela ocorreu ao longo desse processo; 3. O agrupamento, na Fig. 7.2, dos dois grupos Karib (Apalaí e Kalin'a) com os Palikur, sugere uma colonização independente do litoral (Kalin'a, Palikur), bem como uma baixa divergência genética entre os Karib; 4. Os Wayampi agrupam-se com essas três outras populações quando se consideram os marcadores autossômicos (e também os de mtDNA), mas não no que se refere aos polimorfismos do cromossomo Y. Isso sugere a ocorrência diferencial de fluxo gênico de acordo com o sexo e confirma dados históricos de captura de mulheres à medida que os Wayampi colonizavam a região (Hurault, 1965).

Outra área (o Chaco) que já há bastante tempo (cf. Salzano; Callegari-Jacques, 1988) havia sido identificada como importante, de convergência ou

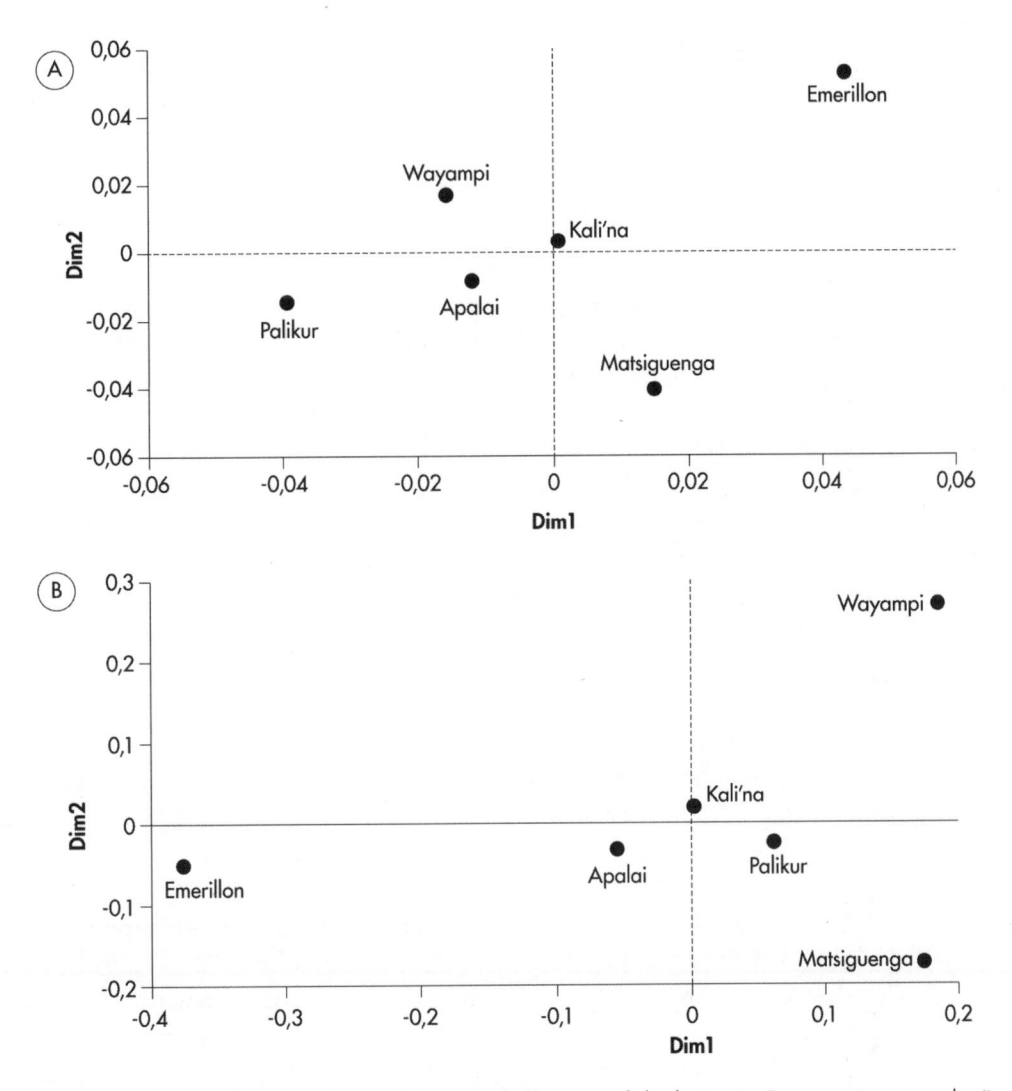

Fig. 7.2 Plotagem do escalonamento não métrico multidimensional de distâncias F_{ST} entre cinco populações norte-amazônicas e uma, relacionada, do Peru, considerando: (a) 15 microssatélites autossômicos; e (b) 17 microssatélites do cromossomo Y

dispersão em gradientes de fluxo gênico na América do Sul, e baixa heterogeneidade genética, foi investigada por Crossetti et al. (2008). Testaram-se 15 STRs em 128 indivíduos de três tribos (Wichí, que falam uma linguagem da família Mataco), Toba e Pilagá (falantes da família Guaicuru). Os resultados obtidos foram comparados com outros, dos Ayoreo do Chaco paraguaio.

A baixa heterogeneidade genética entre os habitantes do Chaco argentino foi confirmada e pode ser decorrente da alta mobilidade desses indivíduos no passado, bem como do hábito já mencionado para os grupos da Guiana Francesa, de absorção de mulheres capturadas em grupos rivais. Por outro lado, a adição dos Ayoreo às análises levava invariavelmente a um aumento na heterogeneidade genética. As características desse grupo serão abordadas na próxima seção.

7.19 Dois grupos peculiares de ameríndios

Os Ayoreo (também conhecidos como Moro) vivem atualmente em diversas missões espalhadas pelo sul da Bolívia e norte do Paraguai, com algumas famílias ainda tendo uma vida independente nas montanhas. Eles falam uma língua da família linguística Zamuco, que presentemente só inclui eles e os Chamacoco. Os primeiros contatos deles com não indígenas só ocorreu em 1957.

Eles foram estudados quanto a traços antropométricos no início da década de 1970, mostrando características não usuais, e no final daquela década, com relação a 33 sistemas de grupos sanguíneos e proteína, também com resultados diferenciais, como os indicados na seção anterior. Mais recentemente, Dornelles et al. (2004) os investigaram com relação às sequências da primeira região hipervariável da região controladora do mtDNA (HVS-1), bem como para 14 sítios fora dessa região, para o diagnóstico de seus principais haplogrupos. Adicionalmente, foram testados quanto à presença de seis inserções *Alu*.

O principal resultado observado foi uma extrema redução na variabilidade apresentada pelo mtDNA, com a presença de apenas dois haplogrupos (C e D). Análises multivariadas, no entanto, indicaram que eles só eram peculiares com relação ao mtDNA, não quanto aos grupos sanguíneos + proteínas ou às inserções *Alu*. Como os tamanhos efetivos para o mtDNA são 1/4 daqueles dos genes nucleares, é possível que um efeito do fundador ou perda ao acaso sejam responsáveis por esses achados.

Os Aché (Guayaki) do Paraguai são ainda mais peculiares. Até recentemente, na época dos primeiros contatos com não indígenas (entre 1959 e 1979), eram caçadores-coletores das florestas. Eles foram descritos como tendo a pele branca, olhos e cabelos claros, barba, calvície e fortes características asiáticas. Comportamentos não usuais, como o canibalismo, foram mencionados ou imaginados. Na verdade, esses traços morfológicos diferenciais realmente existem, mas eles apresentam uma gradação com aqueles mais típicos de ameríndios. O canibalismo, realizado com propósitos rituais, desapareceu na década de 1960.

A origem dessa tribo tem sido objeto de muitas fantasias. Em termos científicos, duas hipóteses permanecem até hoje: eles seriam (a) os remanescentes dos Caaigua ("povo da floresta", geralmente identificados como Jê do sul) que teriam adotado a linguagem e a cultura Guarani; ou (b) um grupo Guarani que teria se refugiado na floresta e perdido totalmente seu conhecimento da agricultura, versão que concorda com a mitologia dos Aché.

Nosso grupo vem realizando estudos nesse grupo desde 1997, daí resultando um grande número de artigos científicos, revisados por Callegari-Jacques et al. (2008). Uma análise integrada envolvendo 48 marcadores genéticos classificáveis em oito categorias [grupos sanguíneos + proteínas + ApoE; inserções *Alu*; marcadores farmacogenéticos; antígenos leucocitários humanos (HLA); agrupamento do gene da beta-globina; microssatélites ou *short tandem repeats* (STRs); DNA mitocondrial (mtDNA); e cromossomo Y] foi realizada e, em geral, indicou claras diferenças com relação às constituições genéticas de outros ameríndios, bem como marcante variabilidade reduzida. Por exemplo, com relação ao mtDNA, o sequenciamento do primeiro segmento hipervariável (HVS-1) de sua região controladora mostrou que 64 indivíduos não relacionados maternalmente apresentavam exatamente o mesmo haplogrupo B; outro diferia desse conjunto por apenas uma mutação; e seis adicionais apresentavam haplogrupos A idênticos (Schmitt et al., 2004).

Quanto à sua origem, os marcadores mencionados indicaram que a contribuição Jê ao conjunto gênico Aché seria de 27% a 29%, com o uso apenas dos sistemas de herança biparental, mas esse valor aumentava para 35% a 40% quando havia inclusão dos dados do mtDNA, de origem exclusivamente materna. Aqui é possível, portanto, que a introdução do material genético Jê tenha ocorrido de mulheres capturadas em grupos dessa família linguística, como sugerido com relação a outras situações já mencionadas.

7.20 Saúde e doenças em ameríndios

Pode-se definir saúde como um estado de perfeito equilíbrio entre um organismo e seu meio ambiente. Quando esse equilíbrio se rompe, ocorre o que denominamos de doença. Essa relação dialética depende de uma série muito grande de fatores, intrínsecos ou extrínsecos à pessoa, determinando padrões grupo-específicos.

Assim, a estrutura populacional leva a condições epidemiológicas e de saúde diversas, conforme se trate de uma comunidade tribal, rural ou urbana (Quadro 7.3). Em grupos tribais de caçadores-coletores com agricultura rudimentar, como os que ocorrem entre os ameríndios, o tamanho populacional é pequeno e há alta mobilidade intergrupal em espaços de baixa densidade de habitantes. Há, portanto, um grau médio de estabilidade populacional. A fecundidade e a mortalidade são moderadas, os padrões de habitação são uniformes e a mobilidade dificulta o acúmulo de detritos prejudiciais à saúde pública. A proximidade entre os indivíduos é grande, a atividade física, intensa e a dieta, diversificada. As epidemias, as infecções parasitárias e intestinais, as doenças crônicas e as degenerativas, exposição a substâncias tóxicas e o surgimento de novas doenças são todos eventos raros. Há, portanto, estabilidade ecológica e cultural.

Esse cenário muda dramaticamente após o contato com a sociedade envolvente e a passagem para um padrão de vida rural. A agricultura torna-se a atividade dominante e a alimentação é menos variada. Aumenta o tamanho populacional,

Quadro 7.3 Efeitos contrastantes da estrutura populacional sobre condições epidemiológicas e de saúde

Características	Estrutura populacional		
	Tribal	Rural	Urbana[1]
Tamanho da comunidade	Pequeno	Maior	Ainda maior
Mobilidade grupal	Alta	Baixa	Alta
Isolamento	Alto	Menor	Ainda menor
Fecundidade	Moderada	Alta	Baixa
Mortalidade	Moderada	Alta	Baixa
Densidade populacional	Baixa	Maior	Ainda maior
Estabilidade populacional	Média	Alta	Alta
Padrões de habitação	Mais similares	Similares	Variáveis
Práticas higiênicas	Moderadas	Reduzidas	Aumentadas
Atividade física	Alta	Baixa	Baixa
Proximidade física no trabalho e lazer	Alta	Menor	Menor
Dieta	Diversificada	Pouco diversificada	Variável
Epidemias	Menos comuns	Mais comuns	Mais comuns
Infecções parasitárias intestinais	Menos comuns	Mais comuns	Menos comuns
Doenças crônicas e degenerativas	Menos comuns	Mais comuns	Mais comuns
Exposição a substâncias tóxicas	Baixa	Maior	Ainda maior
Introdução de novas doenças	Rara	Comum	Comum
Estabilidade do ecossistema	Alta	Baixa	Baixa
Sistema cultural	Estável	Instável	Instável

[1]As condições de vida urbana variam dramaticamente dependendo do nível socioeconômico das pessoas consideradas. A presente caracterização está focalizada em indivíduos da classe média.

Fonte: Salzano e Hutz (2005).

o que, associado à falta de condições sanitárias eficientes, facilita a ocorrência de epidemias súbitas e devastadoras. As infecções parasitárias intestinais tornam-se praticamente universais, aumenta a exposição a substâncias tóxicas e aparecem novas doenças. A fecundidade aumenta, mas a mortalidade também é alta. O resultado é instabilidade no ecossistema e nas práticas culturais.

Alguns dos aspectos favoráveis da condição tribal retornam no meio urbano de nível socioeconômico pelo menos médio, como a baixa nos níveis de fecundidade e mortalidade, dietas mais diversificadas, e a redução na quantidade de doenças infectoparasitárias e da exposição a substâncias tóxicas. Há, porém, o perigo do surgimento de novas doenças, e o aumento na idade média dos indivíduos condiciona o aparecimento de doenças crônicas e degenerativas em maior escala. Há instabilidade no ecossistema e rápida alteração de valores culturais.

Esses padrões não são estáticos, e pode haver passagem rápida de um tipo de condição de vida para outro. Isso é especialmente verdadeiro para as populações ameríndias, que geralmente passam de um equilíbrio delicado com o meio ambiente, nas tribos, para uma situação de marginalidade tanto no ambiente rural quanto urbano.

Uma revisão geral sobre as condições de saúde dos indígenas da América do Sul até aquela época foi publicada por Salzano e Callegari-Jacques em 1988. No início da década de 1980, começaram a surgir os trabalhos de Carlos E. A. Coimbra Jr. e Ricardo V. Santos, da Escola Nacional de Saúde Pública da Fundação Oswaldo Cruz e Museu Nacional do Rio de Janeiro, e os estudos sobre saúde indígena ganharam novo ímpeto. Na verdade, a história desses estudos pode ser claramente delimitada antes e depois do surgimento desses dois pesquisadores no mundo acadêmico, analogamente ao que ocorreu na divisão clássica da história universal (antes ou depois de Cristo)!

Coimbra e Santos (2004) apresentaram uma revisão geral sobre as necessidades de saúde e a pesquisa epidemiológica entre os indígenas brasileiros. Foram discutidos nessa obra aspectos demográficos, de subsistência e nutrição, bem como os padrões de doenças infecciosas e parasitárias.

Os problemas sofridos por populações indígenas em razão de patógenos aparentemente inofensivos em grupos não indígenas, com o desenvolvimento de epidemias letais, são bem conhecidos. Existem três hipóteses para interpretar o fenômeno, duas recorrendo a elementos ambientais e uma, a fatores genéticos. São elas: (a) Memória imunológica: a ausência de exposição a patógenos na infância condicionaria um aumento na suscetibilidade a doenças infecciosas na vida adulta; (b) Relação Th1/Th2: as populações ameríndias, em razão de altas cargas parasitárias, traumas físicos e feridas, teriam um balanço diferente na relação entre as células auxiliadoras ("Th1, T-helper1/Th2, T-helper2") do sistema imune. O excesso de Th2 entre os ameríndios condicionaria uma resistência diminuída a bactérias e vírus; e (c) Heterozigose diminuída nos genes responsáveis pelo sistema imune: isso condicionaria menor eficiência no combate às infecções. Essas hipóteses não são mutuamente excludentes. Detalhes sobre elas podem ser encontrados em Black (2004) e Hurtado, Hurtado e Hill (2004).

Estudos específicos sobre a prevalência de anticorpos com relação a dois vírus, o vírus linfotrópico de células T do tipo II humano (HTLV-II) e o herpesvírus tipo 8 humano (HHV-8), em ampla gama de populações ameríndias, podem ser conferidos em Menna-Barreto et al. (2005) e Souza et al. (2010). Por sua vez, as frequências de fatores genéticos que podem condicionar a resistência à AIDS (CCR5delta32) e determinar a fibrose cística nesses grupos estão descritas em Hünemeier et al. (2005) e Raskin et al. (2007).

Alguns dos estudos mais elegantes sobre evolução envolvem a relação parasita-hospedeiro (revisão em Salzano, 2010). Dominguez-Bello et al. (2008)

investigaram as sequências de sete genes com funções gerais de *Helicobacter pylori*, uma bactéria que ocorre no nosso trato digestivo e que em determinadas condições pode causar câncer gástrico e úlcera péptica. O estudo envolveu africanos, europeus, asiáticos, ameríndios e mestiços sul-americanos. Linhagens cultivadas de africanos, europeus e asiáticos eram todas características daquelas de pessoas desses continentes. Entretanto, os ameríndios e os mestiços apresentavam linhagens mistas: *hspAmerind* e *hpEurope* foram encontradas entre os primeiros, e *hpEurope* e *hpAfrica1* nos mestiços. Fizeram-se comparações entre a diversidade genética dessas linhagens e as do mtDNA de 1.148 pessoas das mesmas populações, ou próximas, daquelas onde as linhagens haviam sido extraídas. As linhagens geneticamente menos diversas de *H. pylori* foram as classificadas como *hspAmerind*, isoladas das populações humanas mais homogêneas. Por outro lado, *hpEurope*, muito diverso, parece estar expandindo a gama de seus hospedeiros. Claramente estão ocorrendo aqui relações coevolucionárias.

7.21 Tuberculose e obesidade

A tuberculose constitui-se em um grave problema de saúde pública, condicionando cerca de 1,6 milhão de mortes anualmente. Supõe-se que ela não existia ou era muito rara no continente americano antes da chegada dos europeus, apesar de que marcas em restos ósseos pré-históricos parecem sugerir a infecção pelo *Mycobacterium tuberculosis*. Em 1960, testes com a tuberculina (substância que se extrai do *M. tuberculosis* e é usada para fins diagnósticos e terapêuticos; abreviação PPD, *purified protein derivative*), realizados para indicar eventual exposição à bactéria, revelaram ausência (anergia) ou baixa prevalência de reatores na área do Xingu, bem como em geral, em outros grupos. Estudos na Amazônia registraram valores acima de 60% de anergia, mesmo quando as comunidades haviam recebido cobertura de vacinação pela BCG (bacille Calmette-Guérin).

Imunologicamente, a anergia envolve a incapacidade das células T de produzirem interleucina-2 (IL-2), fenômeno que ocorre com uma produção diminuída de interferon-gama (IFN-γ). O fenômeno também tem sido correlacionado com a expansão de células T produtoras de IL-10. Estudos de Zembrzuski et al. (2010) em 481 indivíduos Xavante que apresentavam 69% de anergia sugeriram que polimorfismos nos genes de resposta imune Th2 (IL-4 e IL-10) podem estar envolvidos nas respostas, respectivamente, positiva e negativa ao PPD, com reflexos na resistência ou suscetibilidade à tuberculose nessa população.

Diferentes estudos demonstraram a importância da tuberculose como problema de saúde em outras populações além dos Xavante, como os Aché e os Yanomami (Hurtado, Hurtado e Hill, 2004; Hames e Kuzara, 2004).

A obesidade tem se manifestado como um problema de saúde pública especialmente entre os nativos da América do Norte, onde muitas vezes ela está associada com a suscetibilidade à formação de cálculos na vesícula biliar e à diabetes melito não insulino-dependente. A síndrome correspondente foi denominada de Síndrome do Novo Mundo, para indicar a possibilidade da existência de uma base genética que seria específica dos ameríndios.

Nossos estudos sobre o controle genético do metabolismo dos lipídios em diferentes grupos étnicos brasileiros envolveram não só a obesidade em si, como também condições clínicas relacionadas. Com relação aos ameríndios, Mattevi et al. (2000) verificaram a associação entre uma combinação genética específica em quatro sítios do gene receptor de lipoproteína de baixa densidade e três indicadores de conteúdo de gordura corporal: o índice de massa corporal (IMC), a soma da grossura de duas pregas subcutâneas (GSC) e o índice de gordura da extremidade superior (IGES). O estudo foi realizado em 131 indivíduos de cinco tribos brasileiras (Gavião, Suruí, Wai Wai, Xavante e Zoró). Posteriormente se verificou a associação entre dois desses indicadores (IMC e GSC) e variantes do gene do receptor D2 da dopamina, um neurotransmissor. Nesta última pesquisa foram incluídos, além de pessoas das etnias indicadas, indivíduos Kaingang (Hutz et al., 2003). Esses resultados são ainda mais interessantes que os anteriores, porque envolveriam a rota de recompensa dopaminérgica, cujo estímulo pode reduzir a eficiência de fatores de saciedade, promovendo a superalimentação e, como consequência, a obesidade.

Comportamento e cultura
VIII

O futuro da mente adaptada é a criação de pessoas artificiais.

(Karl Grammer et al., 2003)

Quando o Homo sapiens se tornou humano, os seus membros também se tornaram "cyborgs", pois a reflexividade da cultura influencia a biologia de tal maneira que a biologia em si torna-se um artefato da cultura.

(Joseph S. Alter, 2007)

8.1 Conceitos

Pode-se definir **comportamento** como o conjunto de atitudes e reações de um indivíduo ou grupo em resposta a um estímulo. Fatores múltiplos influem nesse comportamento, os quais podem ser agrupados em três categorias: genéticos, ontogenéticos e culturais. Os genes condicionam hormônios e outras proteínas que primariamente seriam responsáveis pela norma de reação individual. Mas a história de vida de cada pessoa, tanto no estágio intra como no extrauterino, condiciona outras variáveis, associadas aos meios físico e sociocultural. As relações entre essas diferentes categorias não são lineares, sendo influenciadas por fenômenos intergeneracionais de construção-desconstrução, bem como de retroalimentação. Nossa constituição biológica favorece uma ampla flexibilidade, e não padrões fixos, imutáveis, na resposta comportamental (Fuentes, 2009).

É tradicional considerar que uma distinção fundamental entre a nossa espécie e as de outros animais é a complexidade de nossa **cultura**, mas o termo não é de fácil definição. Pode-se caracterizá-la como o complexo de crenças, valores, comportamentos e tradições associados com uma determinada população. Para tornar o conceito mais acessível à análise quantitativa, pode-se expressá-lo como a informação que é capaz de afetar o comportamento individual adquirido por meio do ensino, da imitação e de outras formas de aprendizagem social. A informação inclui conhecimentos, crenças, valores e habilidades que se expressam tanto em termos de comportamento quanto de artefatos. Essa caracterização torna possível, então, comparações interespecíficas (Laland, Odling-Smee e Myles, 2010).

8.2 Origem e desenvolvimento

A origem da cultura em humanos pode ser investigada por meio de dois enfoques: (a) comparação com outros animais; ou (b) análise de material paleoantropológico ou arqueológico. Laland e Hoppit (2003, p. 151) assinalaram que, se fosse adotada a definição que eles sugeriram ("Culturas são padrões de comportamentos grupais típicos compartilhados por membros de uma comunidade que são baseados em informação aprendida e transmitida socialmente"), muitas centenas de vertebrados (por exemplo, peixes, aves, baleias, primatas não humanos) teriam cultura. Mas os fenômenos observados entre esses animais são incomparavelmente mais simples que a cultura humana. Fragaszy (2003) sugeriu que essas práticas comportamentais devam ser classificadas como "tradições". Em todo o caso, Janson e Smith (2003) salientaram a grande quantidade de informações sobre essas características atualmente existentes para chimpanzés e orangotangos, argumentando que, se os fenômenos culturais são classificados em quatro classes de domínios: (a) etiquetas (por exemplo, respostas compartilhadas aos predadores); (b) sinais (sinais ou exibições comunicatórias convencionais); (c) habilidades (incluindo ferramentas); e (d) símbolos (sinais arbitrários que servem para definir a associação a um grupo); então os humanos são os únicos a possuir o último desses domínios, e os grandes macacos seriam os únicos entre os animais a possuir os três outros. Por sua vez, Davidson e McGrew (2005) compararam os instrumentos de pedra utilizados por humanos, chimpanzés, bonobos e orangotangos, indicando que uma distinção importante entre humanos e não humanos é o reúso do material utilizado previamente, o que sugere uma consciência refletiva e um componente simbólico no seu comportamento.

Quanto às comparações com os registros fósseis ou arqueológicos, o Quadro 8.1 fornece algumas indicações. Podem-se distinguir três elementos nucleares no processo de evolução cultural: a capacidade individual de aprendizagem; a organização e a estrutura do grupo onde essas pessoas vivem; e a capacidade de pensamento simbólico derivada da interação entre essas duas variáveis. Também importante é a possibilidade de mudança na tradição desenvolvida. Partindo dessas premissas, é possível, então, identificar sinais paleoantropológicos ou arqueológicos (por exemplo, tipos de ferramentas; seu estilo, independentemente de sua função prática; e a extensão com que são encontrados no tempo e no espaço) que indiquem a possessão, por seus portadores, das características indicadas.

Quando surgiu e se desenvolveu o que é denominado de comportamento humano moderno? A resposta irá depender de como se define essa propriedade. Para Conard (2010), o termo deve ser usado para identificar um ponto na evolução humana quando as pessoas se tornaram o que somos hoje. Henshilwood e Marean (2003) exploraram essa questão de maneira mais aprofundada, e o Boxe 8.1 lista 14 traços que poderiam ser considerados como identificadores

Quadro 8.1 Como o registro fóssil e arqueológico pode fornecer indicações sobre componentes da cultura

Componentes amplos da cultura	Manifestações paleobiológicas potenciais
Capacidade de aprendizagem	Tecnologia e variação tecnológica
	Tamanho do cérebro?
Organização e estrutura social	Densidade, estrutura e distribuição arqueológica
	Dismorfismo sexual em hominíneos fósseis
	Elementos não ecologicamente funcionais da cultura material
Traços associados com o pensamento simbólico	Tamanho do cérebro?
	Base anatômica para a linguagem
	Variação na cultura material
Manutenção e mudança da tradição	Variação e longevidade regional de componentes arqueológicos

Fonte: Foley e Lahr (2003).

do comportamento humano moderno. Eles incluem a padronização e diversificação dos artefatos; a caracterização dos sítios arqueológicos e do ambiente em que se inserem; a mobilidade dos grupos; a presença de domesticação e caça de grandes animais; e os sinais de comportamento artístico ou ritualístico.

Para Hill, Barton e Hurtado (2009), o caráter único do comportamento humano moderno é a sua ultrassociabilidade, caracterizada pela cooperação regular entre não parentes. Um aspecto particularmente interessante desse fenômeno é o que eles denominam de reprodução cooperativa, na qual pessoas geneticamente não relacionadas promovem a sobrevivência aumentada dos infantes e/ou a fertilidade e sobrevivência de adultos na época da reprodução.

Boxe 8.1 TRAÇOS USADOS PARA IDENTIFICAR O COMPORTAMENTO HUMANO MODERNO

1. Enterro dos mortos, como uma indicação de ritual
2. Arte, ornamentação e decoração
3. Uso simbólico do ocre
4. Trabalhos nos ossos e chifres
5. Tecnologia de lâminas
6. Padronização de tipos de artefatos
7. Diversidade de artefatos
8. Construção de fornos complexos
9. Uso organizado do espaço doméstico
10. Redes de trocas ampliadas
11. Exploração efetiva de grandes mamíferos
12. Estratégias de mobilidade sazonais
13. Uso de ambientes inóspitos
14. Subsistência baseada na pesca e domesticação de aves

Fonte: Henshilwood e Marean (2003).

Mellars (2006) perguntou por que os humanos morfologicamente modernos se dispersaram da África há 60 mil anos, e respondeu afirmando que a época caracterizou-se por um forte incremento na complexidade do comportamento tecnológico, econômico, social e cognitivo de certos grupos africanos. Este fenômeno teria levado a uma expansão demográfica, com a consequente migração para longas distâncias.

8.3 O que condiciona a evolução cultural?

Prentiss e Chatters (2003, p. 33) responderam a essa pergunta afirmando que "a pressão demográfica, em geral, não promove a criatividade humana e, consequentemente, novos *Baupläne* (padrões estruturais)". Eles propõem um modelo que denominaram de "diversificação e dizimação". No primeiro caso, o que ocorreria seriam condições que favoreceriam o sucesso econômico nas áreas de planejamento, processamento, distribuição e consumo vinculadas à subsistência. A dizimação cultural surgiria quando houvesse um conflito entre o contexto ecológico e o sistema de gerenciamento dos recursos.

Posição oposta quanto à importância de fatores demográficos foi adotada por Carneiro (2000); Shennan (2000); Powell, Shennan e Thomas (2009) e Spencer (2010). O primeiro autor mencionou um ponto já salientado por Karl Marx (1818-1883) e Friedrich Engels (1820-1895), relacionado à transição entre quantidade e qualidade. Quando ocorre o aumento quantitativo em determinada entidade, usualmente uma população, com a chegada a determinado limiar pode ocorrer uma súbita mudança qualitativa estrutural; e de acordo com Carneiro (2000), a evolução social seria, em grande parte, determinada por uma luta para aumentar a estrutura em proporção com o tamanho populacional. Spencer (2010), por sua vez, após um exame da história na Mesoamérica, Peru, Egito, Mesopotâmia, Índia e China, verificou uma boa correspondência no tempo entre o primeiro aparecimento de instituições estatais e a expansão mais antiga do controle político-econômico do estado a regiões localizadas a mais de uma viagem de ida e volta de um dia da capital.

A natureza adaptativa das mudanças que ocorrem na evolução cultural foi salientada por Mesoudi, Whiten e Laland (2004), mas posições desse tipo foram criticadas por Hallpike (2002), que sugeriu o princípio da "sobrevivência do medíocre". Ele salientou o poder generativo das estruturas no processo. Danchin et al. (2004) enfatizaram a importância da informação pública (social) nesse processo, relacionando-a com a informação pessoal. Outro fator importante é o que Laland, Odling-Smee e Feldman (2001) e Kendal, Tehrani e Odling-Smee (2011) denominaram de **construção de nicho**. Os organismos em geral frequentemente escolhem, regulam, constroem e destroem componentes importantes de seus ambientes. A espécie humana é particularmente notável com relação a esse aspecto, e os referidos autores examinaram as circunstâncias a partir das quais a transmissão cultural pode sobrepujar a seleção natural, acelerar a taxa a partir da qual um determinado gene se espalha na população, iniciar eventos evolucionários novos e propiciar a especiação hominídea.

Nettle (2009) distinguiu duas classes de explicações evolutivas para a variação cultural: a cultura "evocada" e a "transmitida". A partir de situações do passado, existiriam mecanismos de internalização de pistas de quais dos estados ambientais ocorreriam localmente, com a calibração fenotípica correspondente. Isso modularia a capacidade de adoção de um traço cultural transmitido por meio do grupo. O papel da imitação nesse processo foi considerado por Castro e Toro (2004), que salientaram que só imitação não basta. Segundo eles, a adoção de um comportamento ocorreria em três etapas: (a) a descoberta e a aprendizagem do comportamento; (b) testes para avaliá-lo; e (c) a sua rejeição ou incorporação.

8.4 Interação biologia-cultura

Alfred Russel Wallace (1823-1913) questionou, em 1870, o papel da seleção natural na evolução da mente humana. Como poderia a seleção natural convencional selecionar antes do tempo as capacidades excepcionais desenvolvidas pela mente humana? Varki, Geschwind e Eichler (2008) sugeriram que a explicação, pelo menos parcial, seria a do relaxamento da seleção para a manutenção da integridade do genoma, e o favorecimento de uma plasticidade ao longo do desenvolvimento para inventar, disseminar, melhorar e transmitir culturalmente comportamentos complexos ao longo de muitas gerações, sem a necessidade de fixá-los rigidamente por meio do controle genotípico.

Aspectos da história de vida das populações humanas (nascimento e infância, puberdade, vida adulta reprodutiva) também são importantes. Um exemplo específico seria o da longa vida pós-menopáusica das mulheres, favorecendo a sobrevivência dos filhos de suas filhas, a chamada "hipótese da avó" (Mace, 2000; Pettay et al., 2005).

Podem-se classificar os comportamentos em três tipos: inatos, aprendidos socialmente e aprendidos individualmente. Os primeiros envolvem a expressão direta da informação codificada pelos genes. Na aprendizagem social, o que há é a transferência de informação entre indivíduos que interagem socialmente, enquanto que a aprendizagem individual seria aquela livre de qualquer influência social. Por meio de modelagem, Aoki, Wakano e Feldman (2005) verificaram que esses comportamentos seriam favorecidos pela seleção natural em intervalos respectivamente curtos, intermediários e longos.

Outros modelos matemáticos de coevolução gene-cultura, desenvolvidos por grande número de pesquisadores, estão listados no Boxe 8.2. Eles são de natureza muito variada, incluindo dieta, aprendizagem e relações entre pessoas e grupos, bem como outros aspectos ecológicos. Por outro lado, foram localiza-

> **Boxe 8.2** Modelos matemáticos de coevolução gene-cultura
> 1. Evolução da aprendizagem, da transmissão social e da cultura
> 2. Genes para a persistência da lactase na vida adulta e o uso do leite para a alimentação
> 3. Evolução da linguagem
> 4. Evolução da inteligência e da personalidade
> 5. Evolução da cooperação
> 6. Tabus de incesto
> 7. Comportamento sexual e crenças de paternidade
> 8. Controle da proporção sexual
> 9. Consequências evolucionárias da construção de nichos
>
> Fonte: Laland, Odling-Smee e Myles (2010).

dos genes específicos que devem ter sofrido seleção positiva rápida em decorrência de processos culturais (Quadro 8.2).

A evolução cultural desenvolve-se muito mais rapidamente que a biológica, por características ligadas à sua transmissão, como indicado no Quadro 8.3. Enquanto a transmissão genética realiza-se basicamente de maneira vertical (genitor-prole), a cultural pode ser feita também de maneira horizontal (entre pessoas da mesma geração) ou oblíqua (professor-aluno). Métodos para identificar como ocorreu a transmissão em casos específicos foram apresentados por Borgerhoff Mulder, Nunn e Towner (2006). Eles demonstraram que em determinados grupos africanos a herança da poliginia poderia ser tanto vertical quanto horizontal, mas que entre os Na-Dene da América do Norte essa transmissão parecia ser muito mais complexa (em uma filogenia, haveria um mínimo de

Quadro 8.2 Genes identificados como sujeitos à seleção positiva rápida e à seleção cultural que a eles foi associada

N° de genes	Função ou fenótipo	Seleção cultural inferida
23	Digestão do leite, metabolismo dos glicídios e do álcool	Domesticação, uso social de bebidas alcoólicas
4	Destoxificação de compostos secundários vegetais	Domesticação de plantas
31	Imunidade, resistência a patógenos	Estrutura demográfica derivada dos meios de subsistência
16	Tolerância ao frio ou calor	Padrões migratórios
21	Fenótipo externo visível	Seleção sexual
29	Funções do sistema nervoso, aprendizagem vocal	Relações sociais
4	Desenvolvimento esquelético	Seleção sexual
2	Músculos das maxilas, espessura do esmalte dentário	Uso do fogo para o cozimento dos alimentos

Fonte: Laland, Odling-Smee e Myles (2010), modificado.

Quadro 8.3 Similaridades e diferenças entre a transmissão genética e a cultural

Característica	Transmissão genética	Transmissão cultural
Unidade de informação	Gene	Meme[1], Sene[1]
Vetor de informação	DNA	Comportamento e Sistema Nervoso Central
Mecanismo de transmissão	Duplicação do DNA	Imitação, facilitação social, aprendizagem, ensino
Variação	Mutações e outros tipos de lesão no DNA	Erros de aprendizagem, inovações
Impacto da mudança	Na maioria das vezes deletério	Variável
Transmissão de caracteres adquiridos	Não	Sim
Tipo do processo	Darwiniano	Darwiniano ou lamarckiano
Ritmo	Lento	Rápido

[1]Meme seria uma unidade associada à imitação, enquanto seme deriva de sinal e enfatiza a natureza simbólica da cultura (Hewlett, De Silvestri e Guglielmino, 2002).

Fonte: modificado de Danchin et al. (2004).

15 ganhos independentes e 4 perdas para a alta prevalência de poliginia), estando ela associada com o tipo de exploração dos recursos pelos homens.

Um modo particular de transmissão é o relacionado à herança de bens materiais entre gerações, um problema que, indiretamente, vincula-se à riqueza desigual e à formação de classes na sociedade humana. Essa questão foi extensamente considerada em um conjunto de contribuições (uma introdução, cinco artigos, e as respostas dos autores a 10 comentários) publicado no Volume 51 de *Current Anthropology* (Bowles, Smith e Borgerhoff-Mulder, 2010; conjunto dos trabalhos, p. 7-126).

Hewlett, De Silvestri e Guglielmino (2002) utilizaram dados genéticos, geográficos, culturais em geral e linguísticos para uma análise voltada à compreensão da variabilidade cultural na África. Três modelos foram considerados: (a) difusão cultural; (b) adaptações locais; e (c) difusão dêmica (de pessoas). As análises dos semes (unidades culturais) individuais indicaram associações diferentes no que se refere aos modelos, mas os relacionados à estrutura de parentesco mostraram-se muito conservados, e sua distribuição parece ocorrer principalmente por difusão dêmica.

8.5 Linguagem

No capítulo anterior, fez-se uma breve caracterização da linguagem e verificou-se de que maneira dados genéticos poderiam diferenciar três classificações diversas entre as quatro famílias linguísticas ameríndias mais importantes da América do Sul. Agora iremos considerar essa característica de um ponto de vista mais aprofundado, examinando outros aspectos ligados a ela.

O Boxe 8.3 fornece duas definições e uma classificação da linguagem. Uma das definições enfatiza o processo de comunicação entre as pessoas (uma questão social) e a outra, o apoio ao pensamento representativo e analítico (uma questão privada). Por outro lado, pode-se classificar a linguagem tanto em seu senso lato, compreendendo os sistemas sensório-motor e conceitual-intencional, quanto em seu senso estrito. A propriedade fundamental desta última é a *recursão*, que gera um conjunto infinito de expressões a partir de um número limitado de elementos, utilizando regras sintáticas que envolvem a disposição das palavras na frase e das frases no discurso por meio de uma relação lógica. Essa propriedade só é encontrada nos seres humanos.

A estrutura da linguagem surge das interações entre três sistemas adaptativos complexos. Nós adquirimos a linguagem por meio de mecanismos de aprendizagem que são parte de nossa constituição biológica. Através dessa aprendizagem, a linguagem é transmitida a uma ou mais populações de indivíduos ao longo do tempo, levando a universais linguísticos. A relação entre a maquinaria de aprendizagem e os universais linguísticos não é trivial, mas o processo afetará o valor adaptativo biológico dos indivíduos que falam determinada língua, fechando a cadeia de interações aprendizagem-cultura-evolução (Kirby, Dowman e Griffiths, 2007).

Qual seria a **função** da linguagem? Charles-Maurice de Talleyrand (1754-1838), famoso político e diplomata francês (citado por Dennett, 1996, p. 119), teria afirmado que "A linguagem foi inventada para que as pessoas pudessem ocultar seus pensamentos umas das outras"! Locke (2001) é menos irônico, sugerindo que, no que se refere às relações interpessoais, a comunicação vocal

---

Boxe 8.3 Características da linguagem

1. **Definições**
   1.1 Sistema cultural específico, constituído por sinais ou signos, que serve de comunicação entre os indivíduos, mediada pelos órgãos dos sentidos.
   1.2 Componente interno da mente/cérebro que relaciona forma e significado, sua caracterização e outros atributos.

2. **Classificação**
   2.1 Linguagem em senso lato:
      2.1.1 Sensório-motor: a fala demanda controle motor rápido e fino, bem como movimentos elaborados da laringe, boca, face e língua, e respiração, sincronizados a uma atividade cognitiva.
      2.1.2 Conceitual-intencional: capacidade para adquirir e usar conceitos abstratos, direcionando-os de maneira intencional a interlocutores específicos.
   2.2 Linguagem em senso estrito: presença de um sistema computacional (sintaxe) que gera representações internas e as mapeia na interface sensório-motora por meio do sistema fonológico, e na interface conceitual-intencional por um sistema semântico formal. Sua propriedade nuclear seria a recursão, isto é, a capacidade de gerar uma gama infinita de expressões a partir de um conjunto limitado de elementos.

Fonte: Hauser, Chomsky e Fitch (2002).

serviu e serve para sinalizar *status* e para resolver conflitos, promovendo a colaboração e o compartilhamento dos recursos do meio ambiente. Mas o componente interno dos universais linguísticos (a linguagem-I) é também importante para o desenvolvimento de uma série de conceitos abstratos, como a representação dos números e a inferência estatística (Bever e Montalbetti, 2002).

As **bases anatômica e neural** da linguagem foram consideradas em um contexto evolutivo por Lieberman (2007). A fala humana envolve uma anatomia específica da nossa espécie, derivada da descida da língua em direção à faringe. Com isso, a posição e a forma da língua estabeleceram uma relação de 1:1 na proporção oral-faringeana do trato vocal supralaringeano. A fala também requer um cérebro que possa reordenar livremente um conjunto finito de atividades motoras para formar um número potencialmente infinito de palavras e sentenças. Circuitos neurais que ligam regiões do córtex aos gânglios basais e outras estruturas subcorticais regulam o controle motor, inclusive a produção da fala, bem como processos cognitivos que incluem a sintaxe. A datação do gene "Forkhead Box P2" (*FOXP2*), que governa o desenvolvimento embrionário dessas estruturas subcorticais, indicou que a forma humana do gene deve ter surgido mais ou menos simultaneamente com a emergência do homem anatomicamente moderno, e uma anatomia humana que sugira a fala aparece no registro fóssil apenas no Paleolítico Superior, há 509 mil anos. Os Neandertais provavelmente não possuíam o dom da fala. Possíveis precursores pré-linguísticos podem incluir o planejamento ou sequenciamento de eventos complexos, a categorização e automatização de ações repetidas, e a representação no espaço e tempo (Marcus, 2004).

Não é fácil estimar o **número** enorme de línguas atualmente faladas em todo o mundo. Pennisi (2004) calculou-o em 7.000, que poderiam ser agrupadas em 17 famílias. A Tab. 8.1 fornece uma lista das 10 línguas mais faladas em todo o mundo, como estimado pelo número de pessoas que as consideram como língua primária. O chinês é, de longe, a língua mais falada, embora se deva considerar que há muitas variedades dessa língua. A mais comum é o Mandarim, falado por cerca de 70% dos chineses. O português ocupa um honroso sexto lugar. Grimes (1992) fornece uma lista de 6.528 línguas por país, além de outras de interesse especial, como as faladas pelos ciganos, judeus, crioulos e surdo-mudos.

Tab. 8.1 Estimativas do número de falantes nativos das dez línguas mais faladas no mundo em 1995

Linguagem	N° de falantes nativos (em milhões)
1. Chinês	1.113
2. Inglês	372
3. Hindu/Urdu	316
4. Espanhol	304
5. Árabe	201
6. Português	165
7. Russo	155
8. Bengali	125
9. Japonês	123
10. Alemão	102

Fonte: Graddol (2004).

No que se refere aos fatores que influem na *natureza* e *variabilidade* das línguas, Dediu e Ladd (2007) investigaram a associação entre alelos de dois genes relacionados ao crescimento cerebral (*ASPM* e *Microcephalin*) e a presença de linguagens tonais (que utilizam variações de tons para diferenciar palavras ou categorias gramaticais). A partir da análise de 983 alelos e 26 características linguísticas em 49 populações, eles postularam que certos alelos podem enviesar o processo de aquisição e processamento da linguagem, influenciando assim a trajetória da mudança linguística. Por sua vez, Currie e Mace (2009) verificaram que complexidade política (medida em cinco categorias: 0: autoridade apenas em nível local; 1: cacicado simples; 2: cacicado complexo; 3: estado; e 4: grande estado) condicionava que as linguagens se espalhassem por áreas maiores; enquanto Lieberman et al. (2007) investigaram especificamente a regularização dos verbos em inglês ao longo de 1.200 anos. De 177 verbos irregulares identificados no inglês antigo, somente 98 (55%) permaneciam irregulares atualmente. Verificaram eles que a taxa de regularização dependia da frequência com que a palavra era usada. A meia-vida de um verbo irregular seria uma função da raiz quadrada da sua frequência de uso: um verbo que é 100 vezes mais frequente seria regularizado 10 vezes mais rápido.

8.6 Domesticação

Iniciada há não mais do que 12 mil anos, essa prática de explorar a diversidade genética de plantas e animais para benefício próprio forneceu aos humanos, pela primeira vez, um papel fundamental no processo evolucionário de todo o planeta. A agricultura possibilitou à população humana crescer de 10 milhões de pessoas no Neolítico a 6,9 bilhões atualmente. Por outro lado, as espécies selvagens estão se extinguindo a uma taxa de cem a mil vezes mais rápida que a calculada para períodos anteriores à explosão populacional humana (Driscoll, MacDonald e O'Brien, 2009).

Por centenas de milênios os hominídeos sobreviveram por meio da caça e da recoleta, com toda a dependência a variáveis ambientais que isso acarreta. A razão pela qual eles permaneceram nesse estado de existência que Thomas Hobbes descreveu como "solitário, pobre, desagradável, bruto e curto" é um assunto ainda debatido. Com a descoberta da agricultura, houve um princípio da independização ao meio ambiente, mas a agricultura também tem sido considerada como indesejável. Jared Diamond descreveu-a como "o maior engano na história da raça humana", e a Bíblia a caracterizou como o castigo pelo pecado original que expulsou Adão e Eva do Paraíso, onde eles podiam conseguir alimento sem esforço (Armelagos e Harper, 2005a)!

Como estudar as origens da agricultura? Pearsall (2009) apresentou uma lista de indicadores arqueológicos relacionados à dieta e à saúde dos indivíduos cujos restos foram encontrados (Boxe 8.4). No que se refere à dieta, os dados podem

> **Boxe 8.4** Características arqueológicas indicadoras de dieta e saúde que podem fornecer indícios sobre a ocorrência de agricultura
>
> 1. **Dieta**
>   1.1 Dados que fornecem indicações individuais diretas sobre dieta
>   1.1.1 Isótopos
>   1.1.2 Elementos-traço
>   1.1.3 Marcas esqueletais
>   1.1.4 Coprólitos
>   1.2 Dados que fornecem indicações comunais indiretas sobre dieta
>   1.2.1 Resíduos de alimentos
>   1.2.2 Utensílios de cozinha
>   1.2.3 Restos de fauna
>   1.2.4 Fitolitos no solo
>   1.2.5 Pólen no solo
>   1.2.6 Restos macrobotânicos
>   1.3 Dados que fornecem indicações extracomunais indiretas sobre dieta
>   1.3.1 Localização do sítio
>   1.3.2 Tamanho do sítio
>   1.3.3 Características agrícolas
>   1.3.4 Núcleos sedimentares
>   1.3.5 Sítios de processamento de carcaças
>   1.3.6 Vestígios de métodos de irrigação
> 2. **Saúde**
>   2.1 Robustez esquelética
>   2.2 Anemia
>   2.3 Hipoplasias dentárias
>   2.4 Prevalência de cáries
>   2.5 Perdas dentárias
>
> Fonte: Pearsall (2009).

ser obtidos diretamente de fósseis individuais por meio de datações isotópicas ou de outra natureza, marcas em seus esqueletos, ou dejetos por eles produzidos; ou indiretamente. Neste último caso, pode-se avaliar o ambiente comunal (resíduos de alimentos, utensílios de cozinha) ou extracomunal (localização e/ou tamanho do sítio, presença de áreas de processamento de carcaças, vestígios de métodos de irrigação). No que se refere à saúde, podem-se procurar evidências diretamente sobre a dieta consumida; por exemplo, a ingestão continuada de elementos contendo amido geralmente leva a uma alta prevalência de cáries.

Podem-se examinar com mais detalhe as diferentes formas de exploração agrícola por meio de indicações sobre práticas específicas, como foi realizado por Denham (2009) na Nova Guiné (Quadro 8.4). Ele conseguiu identificar, em um vale daquela região, seis práticas agrícolas progressivas, com início datado entre 12 mil e 300 anos atrás.

A Tab. 8.2 apresenta uma lista de dez das espécies animais que apresentam longa associação com os seres humanos. O cachorro é a que foi associada em época mais antiga (13-17 mil anos A.P.), seguindo-se o camundongo e a ovelha (12 mil anos A.P.). Nossa associação com os gatos data de 9,7 mil anos A.P., mas, nesse caso, a interpretação é que foram eles que nos domesticaram, pois invadiram o ambiente humano e comodamente se adaptaram a ele!

O crescimento populacional associado à adoção da agricultura condicionou o início, entre 7 e 1.000 anos A.P., de migrações para diferentes regiões do globo, alterando consideravelmente o panorama mundial no que se refere a plantas e animais domesticados, características culturais, linguagens e genes (Tab. 8.3).

Existe uma série considerável de estudos sobre padrões de migração e de domesticação envolvendo diferentes espécies em regiões específicas do mundo. Por exemplo, Larson et al. (2010) estudaram a domesticação de porcos na Ásia Oriental e concluíram ter havido pelo menos seis origens independentes. Especi-

Quadro 8.4 Caracterização de formas de exploração agrícola através dos anos, como observada em uma região da Nova Guiné

Práticas agrícolas	Forma de exploração					
	1	2	3	4	5	6
1. Queimadas	x	x	x	x	x	x
2. Distúrbio na floresta	x	x	x	x	x	x
3. Exploração de árvores	x	x	x	x	x	x
4. Escavação	x	x	x	x	x	x
5. Exploração de tubérculos	x	x	x	x	x	x
6. Uso de estacas		x	x	x	x	x
7. Preparação do terreno		x	x	x	x	x
8. Ato de plantar		x	x	x	x	x
9. Construção de montículos			x	x	x	x
10. Canais de irrigação				x	x	x
11. Cultivo de casuarina					x	x
12. Criação de porcos						x
13. Construção de cercas						x
14. Cultivo de batata doce						x
Início (milhares de anos A. P.)	12	7	6	5	1	0,3

1. Forrageio; 2. Cultivo rotatório; 3. Cultivo intensivo de terras secas e às margens de cursos de água; 4. Cultivo intensivo de terras úmidas com canais de irrigação; 5. Cultivo semipermanente, rotatório de terras secas; 6. Cultivo intensivo de terras e criação de porcos.

Fonte: Denham (2009).

VIII Comportamento e cultura

Tab. 8.2 Espécies domésticas animais e épocas de sua associação mais antiga com seres humanos

Nome comum	Nome científico	Associação mais antiga com humanos (milhares de anos A.P.)
1. Cachorro	Canis familiaris	13-17
2. Camundongo	Mus domesticus	12
3. Ovelha	Ovis aries	12
4. Cabra	Capra hircus	16
5. Boi	Bos taurus	11-10,5
6. Porco	Sus domesticus	10,5
7. Gato	Felis silvestris catos	9,7
8. Camelo	Camelus dromedarius	5
9. Cavalo	Equus caballus	5-4
10. Jumento	Equus asinus asinus	4,8

Fonte: Driscoll, MacDonald e O'Brien (2009).

Tab. 8.3 Época do início das dispersões de pessoas vinculadas a 16 famílias linguísticas como resultado do advento da agricultura

Família linguística	Provável região de origem	Início da dispersão (milhares de anos A.P.)
1. Indo-europeia	Anatólia central ou oriental, Turquia	7,0-6,5
2. Dravidiana	Região do rio Indus, Paquistão	3,5
3. Afroasiática	Levante, margens do Mediterrâneo	8,0
4. Nilo-Saariana	Sahara/Sahel	8,5
5. Bantu	Camarões	1,0-0,5
6. Sino-Tibetana	China norte-central	3,0
7. Hmong-Mien	Yangtze, China	3,0
8. Altaica	Mandchuria, Mongólia	3,0
9. Tai	Vietnã do Norte	1,0
10. Austronésia	Ilha de Formosa	3,5-2,2
11. Austroasiática	Sul da China	3,0
12. Trans Nova Guiné	Montanhas Orientais, Nova Guiné	<3,0
13. Uto-Asteca	México Central	2,0
14. Maia	Mesoamérica	2,0
15. Aruaque	Noroeste amazônico	2,0
16. Sionano	Ohio, Missouri, EUA	1,0

Fonte: Bellwood (2009).

ficamente nas Américas: (a) Ribeiro (1986) coordenou 11 análises envolvendo o uso de plantas e 4 de animais entre os indígenas brasileiros; (b) Sanjur et al. (2002) utilizaram o mtDNA para inferir a evolução de 12 espécies de cucurbitáceas (que incluem a abóbora e a moranga), sugerindo a existência de seis eventos independentes de domesticação; (c) Smith e Yarnell (2009) verificaram a ocorrência de um complexo de cinco plantas cultivadas na região leste da América do Norte, há 3,8 mil anos A.P.; (d) o tema apaixonante da domesticação do milho foi considerado por Tian, Stevens e Buckler (2009) por meio de comparação, por sequenciamento de linhas endocruzadas de milho (*Zea mays mays*) e teosinto (*Zea mays parvighemis*), seu provável genitor; e (e) Iriarte (2009) salientou que a domesticação de plantas nas Américas ocorreu em época similar às ocorridas em outras regiões do mundo, com eventos independentes nas Américas do Norte, Central e do Sul; nesta última também foi possível identificar origens múltiplas nas terras baixas. Esse autor também indicou épocas de domesticação para uma espécie de *Cucurbita* no Equador (12-10 mil anos A.P.); milho no México (9 mil anos A.P.); ingá no Peru (10-7,8 mil anos A.P.); e algodão no Equador (4,8-4,4 mil anos A.P.).

Como já foi salientado antes, a espécie humana tem afetado o meio ambiente de maneira marcante, inclusive por meio da agricultura. Allendorf e Hard (2009) apresentaram análises e valores quantitativos sobre o impacto da pesca, da caça e dos colecionadores de espécimes sobre a fauna do planeta. Armelagos e Harper (2005b) analisaram a relação entre a agricultura e doenças infecciosas, bem como o reflexo dessa interação nos genomas humanos e dos patógenos. De modo específico, eles examinaram o que denominaram de doenças do Paleolítico e doenças do Neolítico, diferenciáveis pelos estilos de vida diversos que ocorreram nessas duas etapas de nosso desenvolvimento sociocultural.

8.7 Cooperação e conflito

A **eussocialidade** pode ser definida como a situação em que os indivíduos reduzem o seu potencial reprodutivo para auxiliar na criação da prole de outros. O exemplo mais típico é o dos insetos sociais (com operárias estéreis e rainhas férteis), Nowak, Tarnita e Wilson (2010) argumentaram que a teoria da seleção de parentesco (de que esse fator agiria não só com relação ao valor adaptativo individual, mas em conjunto, incluindo os seus parentes genéticos) não seria necessária para explicar o fenômeno, bastando, para isso, a teoria da seleção natural clássica e modelos precisos de estrutura populacional.

Por outro lado, a espécie humana constitui-se em uma anomalia entre os mamíferos, pela divisão de tarefas e cooperação entre indivíduos não relacionados que vivem em grandes grupos. Como se desenvolveu o altruísmo (atos custosos que conferem benefícios econômicos para outros indivíduos) entre nós? Boyd e Richerson (2009) argumentaram que o processo se desenvolveu em três etapas: por meio (a) da cultura, que criou a possibilidade de evolução cumulativa não genética; (b) da rapidez dessa adaptação cultural, que possibilitou o aumento da variação herdada entre grupos; e (c) da seleção social dentro dos grupos, favorecendo motivos pró-sociais. Fehr e Fischbacher (2003) consideraram em detalhe a evidência experimental que documentou a importância relativa dos encontros repetidos, da formação de reputação e do altruísmo recíproco nesse processo. Nowak (2006) sugeriu cinco mecanismos para a evolução da cooperação: 1. Seleção de parentesco (definida anteriormente); 2. Reciprocidade direta; 3. Reciprocidade indireta; 4. Reciprocidade em rede; e 5. Seleção de grupo.

Jones (2000) sugeriu que os seres humanos podem ter adaptações psicológicas que favorecem o nepotismo (a proteção a parentes, independentemente de seus méritos), tanto em nível individual quanto grupal; e McElreath, Boyd e Richerson (2003) desenvolveram um modelo matemático sobre a origem e a persistência de marcadores étnicos, que possibilitariam a identificação dos favoritos. Deve ser salientado que a solidariedade tribal nem sempre envolve parentesco genético. Chaix et al. (2004) apresentaram evidências, usando marcadores do Cromossomo Y, de que uma tribo pode ser um conglomerado de clãs que, subsequentemente, inventaram um ancestral mítico para fortalecer a unidade do grupo.

Em nível individual, com base em uma experiência com voluntários, verificou-se, por meio de manipulação fotográfica, que os integrantes de um jogo de experimento teórico confiavam mais em parceiros cujos retratos haviam sido alterados para assemelharem-se a eles (Sigmund, 2009)! Gurven (2006) examinou a troca de alimentos entre os Aché do Paraguai e os Hiwi da Venezuela como exemplos de cooperação contingente. Ele verificou que trocas desiguais tendiam a favorecer famílias de baixa produção, parentes e vizinhos próximos. Como já salientado, um fenômeno muito especial que existe em populações tribais é o chamado "efeito da avó". O apoio benéfico que elas fornecem na criação de seus netos tem sido bem documentado (por exemplo, Sear, Mace e McGregor, 2000) como casos de adaptação inclusiva.

O oposto da cooperação é a agressão, que pode ser intra ou intergrupal. Sell, Tooby e Cosmides (2009) postularam que a raiva seria produzida por um programa neurocognitivo montado pela seleção natural para o favorecimento de seus portadores. Por meio de experimentos com voluntários, eles verificaram que os homens mais fortes e as mulheres mais atraentes eram os mais dispostos a usar a raiva para alcançar seus objetivos. Com relação às questões de dominância/submissão, Caspi et al. (2002) verificaram que os ciclos de violência gerados pelos maus tratos a crianças (que tendem a desenvolver conduta antissocial quando adultos) poderiam ser modulados por uma substância química, a monoamino oxidase; e em nível institucional, Price (2007a, 2007b) descreveu o apoio financeiro que a Agência Central de Inteligência dos EUA (CIA) forneceu a diferentes organismos universitários visando ao desenvolvimento de métodos mais aperfeiçoados de tortura física e manipulações psicológicas.

Há uma relação dialética entre cooperação e agressão, pois o altruísmo intragrupal favorece o desencadeamento da violência intergrupal. Até o Neolítico tardio, as guerras eram dispersivas. Por um processo de luta e fuga, sua consequência era manter as aldeias o mais longe possível umas das outras. Essa etapa é característica de sociedades não segmentadas. Posteriormente, a guerra tornou-se agregadora, por meio de alianças que envolveram a formação de agregados de aldeias denominados de cacicados e que, eventualmente, condicionaram a formação de estados de natureza bastante heterogênea. A evidência mais antiga para ataques a povoados desse tipo foi encontrada no Sudão e data de 12-14 mil anos atrás. Mas a guerra dessa natureza originou-se independentemente, em outras partes do mundo, tão recentemente quanto há quatro mil anos (Carneiro, 2000; Kelly, 2005).

Essa relação entre o altruísmo paroquial e a agressão intergrupal foi analisada em uma série de artigos por Samuel Bowles e colaboradores (Bowles e Gintis, 2002; Bowles, 2006; Choi e Bowles, 2007; Bowles, 2009). Eles verificaram, por meio de modelos e dados empíricos, que: (a) um ingrediente-chave na cooperação humana poderia ser a punição de egoístas; (b) haveria uma redução nas diferenças reprodutivas intragrupais; e (c) a violência intergrupal favoreceria os grupos mais altruístas, com nível de mortalidade suficiente para influenciar a evolução do comportamento social humano. Na verdade, Bingham (2000, p. 256) cometeu o exagero de afirmar que "A violência coerciva, que explora a capacidade unicamente humana de matar a distância, é aparentemente essencial a toda a cooperação social humana acima dos pequenos grupos de parentesco. De acordo com a teoria, isso permanecerá assim, inevitavelmente e para sempre"!

Tal postulado é basicamente não ético. A guerra é sempre imoral; como salientou Simpson (1962), tanto o oficial que ordena ao soldado matar o inimigo como o próprio soldado são responsáveis pela destruição de outro ser humano, situação inerentemente má. Com o desenvolvimento da capacidade de matar a distância, a agressão mortal foi banalizada. Ao se apertar o botão de um artefato que irá causar a morte de milhares de pessoas, como não se está em contato direto com elas, os escrúpulos podem ser mínimos. Um dos aspectos mais degradantes desse processo é o de semear bombas terrestres no território inimigo. Elas permanecem lá por muito tempo após a finalização do conflito, matando ou aleijando pessoas que nada tinham a ver com ele. Em 1998, calculava-se existirem minas em mais de 70 países, em todos os continentes. A relação custo/consequência dessas minas é assustadora. A manufatura de uma mina custa três dólares, e o valor despendido para localizá-la e desativá-la pode ser 50 vezes maior. Por outro lado, um amputado por causa da explosão de uma mina, com 10 anos de idade, pode necessitar de cerca de 15 membros artificiais durante sua infância, a um custo médio de 125 dólares por prótese (total, 1.875 dólares!). Porém, o dano causado à sua qualidade de vida é incalculável (Heiberg, 1999).

8.8 Sexo e uniões preferenciais

Dizem que melhor do que falar, escrever ou ler sobre sexo, só mesmo a prática sexual. Em termos biológicos e evolucionários, no entanto, sua definição não tem nada de erótico. Sexo é qualquer processo que recombina em um organismo simples genes derivados de mais de uma fonte. Nos **procariotos**, o sexo pode envolver recombinação genética entre duas células autopoiéticas (metabolicamente independentes) ou entre uma célula autopoiética e outra não autopoiética (episomas, como fagos). Sua origem deve remontar há três bilhões de anos. Nos **eucariotos**, o sexo sempre envolve dois organismos autopoiéticos e leva a gerações alternantes de células haploides e diploides. A meiose resulta na formação de gametas haploides que se unem no processo de fertilização para restaurar a condição diploide. O sexo meiótico deve ter surgido há um bilhão de anos (King e Stansfield, 2002; Margulis e Sagan, 2002).

Por que surgiu o sexo? O Boxe 8.5 apresenta informações sobre o custo do fenômeno, sua frequência e as vantagens que apresenta a longo e a curto prazo. Em termos de custo, basta lembrar que um organismo assexuado basta-se a si próprio para se reproduzir, enquanto nos sexuados há necessidade de pelo menos dois. Na nossa espécie é necessário procurar e encontrar o(a) parceiro(a) adequado(a), namorar, unir-se a ele(a) em arranjos mais ou menos estáveis e cuidar de uma prole que leva cerca de duas décadas para se tornar mais ou menos independente! As vantagens evolucionárias do sexo, portanto, devem ser apreciáveis, e algumas delas estão indicadas no Boxe 8.5. Que elas predominam sobre as desvantagens, basta citar o fato de que 95% das espécies vivas têm reprodução sexuada.

Boxe 8.5 POR QUE SURGIU O SEXO?

1. **Custo**
   Cada prole produzida sexualmente contém somente metade do genótipo parental. A reprodução sexual, portanto, só será mantida se os descendentes produzidos sexualmente forem pelo menos duas vezes mais adaptados do que os formados assexuadamente.

2. **Frequência**
   Apesar dessa restrição, mais de 95% das espécies vivas têm reprodução sexuada.

3. **Vantagem a longo prazo**
   Se duas mutações favoráveis ocorrerem na mesma população, na ausência de sexo elas só poderiam se reunir se uma ocorresse em um descendente no qual a outra tivesse surgido. Com reprodução sexuada, os mutantes poderão se originar de forma independente e se encontrar por meio do fenômeno de recombinação.

4. **Vantagem a curto prazo**
   4.1 Prole com distribuição mais ampla de fenótipos para enfrentar problemas adaptativos.
   4.2 Reparo por recombinação do dano cromossômico, cada vez mais importante à medida que aumenta o tamanho do genoma.

Fonte: Salzano (1993); Gouyon, Henry e Arnould (2002).

Genômica e Evolução

O tema relacionado a sexo e evolução é muito amplo e todos os seus aspectos não poderiam ser abordados aqui. O Boxe 8.6 traz uma lista de oito questões que envolvem problemas em nível molecular (compensação de dose), citogenético (dimorfismo dos cromossomos sexuais), ontogenético (determinação fenotípica do sexo) e organísmico-populacional (proporção sexual, sistemas de cruzamento).

Darwin (1871) foi o primeiro a abordar de maneira aprofundada o problema da seleção sexual. Ele a conceituou como segue: "A seleção sexual depende do êxito de alguns indivíduos sobre outros do mesmo sexo, com vistas à propagação da espécie, ao passo que a seleção natural depende do êxito de ambos os sexos, em todas as idades, com relação às condições gerais de vida" (p. 707 da edição brasileira de 1974). O fenômeno é complexo, sendo difícil dissecar sua base genética. Os machos produzem sinais e procedimentos complexos que envolvem sons, características visuais e comportamentos específicos, enquanto as fêmeas respondem de maneira variável e fisiologicamente diversa (Chenoweth e Blows, 2006; Eberhard, 2009).

Se em modelos experimentais o estudo é complicado, imagine-se como será com relação à espécie humana, com as influências culturais interagindo com as biológicas. A escolha do parceiro ou cônjuge inicialmente é regulada por uma série de regras sociais e determinações legais. No Brasil, Levy (2009) considerou os tópicos de namoro e noivado, idade ao casar e diferenças de idade entre os cônjuges no período colonial, séculos XIX e XX, e início do século XXI. As determinações legais para a idade mínima ao casar nessas épocas variaram de 12 anos para mulheres e 14 anos para homens no início, para 16 e 18 agora, enquanto a diferença de idade entre os cônjuges, que antes era de 10 anos, está atualmente em três anos. Como em outras partes do mundo, as escolhas também passaram de um assunto da alçada familiar para o âmbito pessoal e afetivo.

Boxe 8.6 Questões que podem ser consideradas quanto a sexo e evolução

1. O surgimento dos cromossomos sexuais.
2. O dimorfismo dos gametas feminino e masculino.
3. Diferenças anatômicas e fisiológicas entre os sexos.
4. Proporção sexual ao nascer e ao longo da história de vida dos organismos.
5. O mecanismo da compensação de dose (na espécie humana, a expressão dos genes no cromossomo X é mais ou menos igual nos dois sexos, embora um tenha dois Xs e o outro, apenas um).
6. Por que só dois sexos? [Embora os intersexuados humanos reivindiquem a ocorrência de cinco: (a) masculino; (b) feminino; (c) hermafrodita verdadeiro, com testículos e ovários; (d) pseudo-hermafrodita masculino; e (e) pseudohermafrodita feminino].
7. Seleção sexual – vantagem reprodutiva independente da seleção natural.
8. Sistemas de cruzamento (monogamia, poligamia, poliandria).

Fonte: Salzano (1993).

Um aspecto que, sem dúvida, influi atualmente na escolha do parceiro é a beleza, e Cela-Conde et al. (2009) procuraram investigar as bases neurais de resposta a essa característica. Eles realizaram medidas de magnetoencefalografia para registrar a atividade cerebral de 10 homens e 10 mulheres a 400 estímulos artísticos ou naturais. Verificou-se uma diferença na atividade da região parietal do cérebro ao estímulo de beleza, como julgado pelos participantes – ela foi bilateral nas mulheres e lateralizada no hemisfério direito nos homens. Como explicar esse achado? Sugeriu-se uma associação com a divisão de trabalho existente no passado em populações de caçadores-coletores. Os homens, ao caçar, tiveram de desenvolver uma capacidade de visualização espacial diferente daquela das mulheres, dedicadas ao forrageio.

Sob a coordenação geral de Elisabeth Azoulay, foi publicado em 2009 um belíssimo conjunto de cinco volumes intitulado *100 mil anos de beleza*, cobrindo, respectivamente, a Pré-História, a Antiguidade, a Idade Clássica, a Modernidade e o Futuro. A obra foi escrita por uma grande quantidade de especialistas bastante reconhecidos internacionalmente e conta com ilustrações da mais alta qualidade. Deve ser consultada por qualquer interessado no problema em pauta.

A biologia da beleza foi considerada por Grammer et al. (2003). Eles sugeriram que os padrões atuais refletiriam o nosso passado evolutivo, enfatizando o papel da avaliação da saúde do parceiro potencial. Nessa mesma direção, Feinberg (2008) examinou a capacidade que temos de identificar o sexo, a saúde, as emoções e as idades de pessoas por meio de suas vozes e faces. A sua opinião é de que vozes e faces refletem o estado hormonal dos sujeitos considerados e são usadas para determinar a qualidade de um parceiro potencial. Os estudos revisados indicaram que os homens preferem faces e vozes mais femininas para suas parceiras, mas a preferência das mulheres com relação a essas características ainda não estão bem esclarecidas. No que se refere a faces, o estudo considerou imagens digitais de 50 homens e 50 mulheres quanto a 179 pontos-chave nas diferenças faciais entre os sexos. Em dois outros estudos, Webster et al. (2004) verificaram que a percepção de sexo, idade, etnicidade e expressão era influenciada pelo conjunto de faces às quais os observadores eram previamente expostos; e Todd et al. (2007) verificaram que preferências indicadas anteriormente não prediziam de maneira correta a escolha posterior do parceiro(a), pelo menos em uma casa de encontros para namoro rápido.

As preferências quanto a parceiros(as) no que se refere a cinco características foram investigadas há alguns anos em dois países culturalmente tão diferentes quanto o Brasil e a Índia. O resultado está resumido na Tab. 8.4. As similaridades são mais marcantes que as diferenças, com uma exceção: em 1989, os indianos de ambos os sexos valorizavam muito mais a característica da castidade do que os brasileiros.

Tab. 8.4 Preferências médias na escolha de parceiros, comparação Brasil-Índia, 1989

Característica[1]	Preferências masculinas		Preferências femininas	
	Brasil (N=275)	Índia (N=103)	Brasil (N=355)	Índia (N=144)
1. Boa perspectiva financeira	1,2	1,6	1,9	2,0
2. Ambição e industriosidade	1,7	1,8	2,2	2,4
3. Boa aparência	1,9	2,0	1,7	2,0
4. Castidade	0,9	2,4	0,4	2,2
5. Diferença etária preferida em relação ao(à) parceiro(a)	-2,9	-3,1	3,9	3,3

[1]Itens 1-4: escala de 3 (indispensável) a 0 (irrelevante); item 5: diferença em anos.
Fonte: Salzano (1994).

Os parágrafos anteriores relacionaram-se a preferências, e já foi indicado que muitas vezes elas podem ou não concordar com as escolhas dos parceiros. Na Tab 8.5 são apresentados dados quanto a medidas físicas em cônjuges de duas amostras de Porto Alegre e três tribos indígenas brasileiras. Contrariamente aos dados da Tab. 8.4, há agora bastante variedade entre as amostras, tanto entre as duas etnias (ameríndios e não ameríndios) quanto dentro delas. Por exemplo, o peso e a estatura estão muito mais correlacionados entre os casais judeus do que entre os não judeus, enquanto entre os indígenas, os Xavante forneceram valores negativos (isto é, atração entre diferentes) em quase a metade das 15 medidas efetuadas.

A ocorrência e manutenção do celibato em populações humanas constitui-se em um paradoxo evolucionário, pois um traço do comportamento tem mais possibilidade de manutenção se seu portador se reproduz e o transmite (biológica ou culturalmente) à sua prole. Como determinadas instituições religiosas mantêm esse costume? Qirko (2002) sugeriu que, como o celibato é um ato

Tab. 8.5 Coeficientes de correlação quanto a medidas físicas entre cônjuges

Característica[1]	Média	Porto Alegre	
	3 tribos brasileiras[2] (N=336)	Não Judeus (N=98)	Judeus (N=63)
1. Peso	22	16	38
2. Estatura	8	21	53
3. Altura sentado	35	32	42
4. Circunferência da cabeça	9	15	21
5. Altura do nariz	24	23	7
6. Largura do nariz	7	7	20

[1]Nove outras medidas apresentaram resultados variáveis.
[2]Os Xavante (N=57) mostraram-se diferentes das demais. Das 15 medidas efetuadas, 7 forneceram valores negativos.
Fonte: Salzano (1994).

altruístico que beneficia a não parentes, ele poderá ser facilitado e reforçado por meio de sinais de reconhecimento, nas instituições, equivalentes aos dos parentes genéticos. Seriam eles: (a) encorajamento de associação íntima, com segregação do resto da sociedade em seminários, conventos e instituições afins; (b) sinais de reconhecimento: uniformes, emblemas, cortes de cabelo, padrões orais; (c) recrutamento de jovens impressionáveis; e (d) desencorajamento de associação com os parentes biológicos.

As ligações afetivas na forma de casais são muito prevalentes na nossa espécie, e algumas características dessas ligações, bem como os fatores que influem na sua manutenção, estão indicados no Boxe 8.7. Pontos-chave incluem a ovulação oculta e a infância prolongada e dependente da prole, mas há dúvidas sobre os principais fatores evolucionários que condicionaram a sua formação. O investimento paternal na prole e a estabilidade dos casais variam marcadamente de sociedade para sociedade. Uma extensão interessante com relação a esses aspectos relaciona-se a certos grupos tribais da América do Sul que crêem na paternidade partilhada. Além do pai biológico da criança, outros homens que tiveram relações sexuais com a mãe na época da concepção podem assumir o papel de "pai secundário". Isso oferece à criança, naturalmente, maior probabilidade de sobrevivência pelo fornecimento de alimentação extra pelos pais múltiplos. Por meio de modelagem, Mesoudi e Laland (2007) chegaram à conclusão de que poderia ter ocorrido seleção divergente favorecida por uma proporção sexual com excesso de mulheres, condicionando dois tipos de sociedade: uma com controle feminino e paternidade compartilhada, e a outra, tradicional, com controle masculino, paternidade simples e monogamia.

Um tipo especial de união é a que envolve pessoas geneticamente relacionadas. O casamento entre primos é bastante comum em muitas sociedades, e Kuper (2008) examinou os fatores que condicionaram essas uniões na Inglaterra do século XVIII, e mais especificamente na família de Charles Darwin.

Boxe 8.7 Ligações afetivas — características e fatores envolvidos em sua manutenção

1. Ligações afetivas estáveis na forma de casais são muito prevalentes na nossa espécie, com consequências econômicas, sociais e reprodutivas.
2. A formação de casais é parte de um conjunto de características humanas que envolve cérebros grandes, infância prolongada, ovulação oculta, relações sexuais em privacidade, símbolos culturais e grupos sociais complexos.
3. Há discussões se essa conformação em casais é uma consequência evolucionária da competição masculina para a reprodução ou uma adaptação para a provisão de sustento à prole.
4. A estabilidade dos casais é maior em sociedades onde homens e mulheres contribuem mais ou menos igualmente para a subsistência da prole.
5. A lactação parece ser um período crítico para o investimento paternal.

Fonte: Quinlan (2008).

Incesto, por outro lado (o contato ou ato sexual entre parentes genéticos de primeiro grau, isto é, mãe-filho, pai-filha, ou entre irmãos) é proibido por lei em todas as sociedades humanas. Isso não significa que ele não ocorra, embora seja muito difícil obter-se uma prevalência acurada quanto a isso. Os fatores predisponentes foram avaliados por Flores, Mattos e Salzano (1998) em 39 casos estudados em detalhe em Porto Alegre (Tab. 8.6). Os que aparecem com maior frequência são violência extrema no ambiente familiar (74%) e retardo mental no agressor (62%). Deve-se considerar, no entanto, que as causas geralmente são múltiplas e difíceis de separar. Uma análise geral sobre o fenômeno foi fornecida por Ingham e Spain (2005).

Uma situação do maior interesse evolucionário é a que se relaciona com os conflitos de interesse, seja entre casais ou entre gerações. O Boxe 8.8 indica alguns aspectos dessa questão. Entre casais pode ocorrer sinalização de qualidade enganosa, preferência desigual quanto ao tamanho da prole e transgressões com relação a uma fidelidade monogâmica. Entre gerações, por sua vez, os casos mais típicos vinculam-se à díade mãe-prole.

O ciúme, uma emoção negativa forte que surge quando uma relação importante é ameaçada por um rival, é um tipo de relação conflituosa amplamente considerada na literatura e nas artes. O subtítulo de um livro de D. M. Buss publicado em 2000 é expressivo: "Por que o ciúme é tão necessário quanto o amor e o sexo"! Na verdade, existe um sentimento natural que se desenvolve ontogeneticamente a partir da competição entre irmãos, mas também o ciúme mórbido, no qual uma pessoa tem a convicção, muitas vezes equivocada, de que seu(sua) parceiro(a) o(a) está enganando. A consequência dessa condição patológica pode ser o ferimento grave ou a morte do(a) companheiro(a). Buss (2000) examinou o fenômeno de maneira aprofundada e em diferentes sociedades. Ele

Tab. 8.6 Frequência de fatores predisponentes ao incesto (%) em 39 casos estudados em detalhe em Porto Alegre (RS)

Fator	Frequência (%)
1. Violência extrema no ambiente familiar	74
2. Retardo mental no agressor	62
3. Doença incapacitante da mãe	44
4. Dificuldades de interação social	38
5. Problemas de estrutura familiar	38
6. Extrema pobreza	36
7. Vítimas múltiplas	36
8. Recorrência de incesto na família	23
9. Retardo mental na vítima	8

Fonte: Flores, Mattos e Salzano (1998).

> **Boxe 8.8** Conflitos de interesse entre casais e entre gerações
>
> 1. **Entre casais**
>   1.1 Sinalização de qualidade: a qualidade reprodutiva do parceiro é avaliada através de sinais, que poderão ser desonestos.
>   1.2 Preferências quanto ao tamanho da prole: o custo da reprodução, muito maior para a mulher, pode condicionar diferenças sobre o tamanho da prole ideal.
>   1.3 Fidelidade: a transgressão, tanto masculina quanto feminina, pode levar ao rompimento da união. Suspeitas de infidelidade (ciúmes) reais ou imaginários, podem ter desfechos violentos, mortais.
> 2. **Entre gerações**
>   Envolvem interações durante a gestação, aborto, infanticídio e as relações durante a prolongada infância na nossa espécie. Exemplo específico: a pré-eclâmpsia (hipertensão e proteinúria induzida pela gestação), prejudicial à mãe pelo aumento do fluxo de sangue materno para a placenta, pode ser favorável a fetos subnutridos.
>
> Fonte: Haig (2008); Mulder e Rauch (2009).

indicou muitas diferenças entre os ciúmes de homens e mulheres, mas Harris (2004) concluiu que, se existem diferenças sexuais, elas refletem mais diversidade de julgamentos cognitivos do que estruturas biológicas condicionantes.

Outra forma extrema de comportamento é a coerção sexual. Ela pode ser direta (cópula forçada, moléstia ou intimidação sexual) ou indireta [controle rígido e restritivo do(a) parceiro(a)], levando também a situações como o infanticídio. Ellis (1989) analisou em detalhe três teorias relacionadas ao estupro: (a) a **feminista**, de que o estupro estaria vinculado a disparidades sexuais de *status* social e poder. O estupro seria motivado mais por um desejo de poder e dominação do que pelo desejo sexual; (b) de **aprendizagem social**: o ato resultaria de uma tendência à violência em geral, favorecida pela exposição à pornografia; e (c) a **hipótese evolucionária**: haveria uma tendência genética, relacionada com o desejo de deixar prole, em casos em que o estuprador não conseguisse atrair parceiras de maneira voluntária. Ellis (1989) apresentou, no final, uma teoria que sintetizaria elementos dessas três. Ele enfatizou de maneira especial as diferenças no funcionamento cerebral dos dois sexos, condicionadas por exposições hormonais diversas. Muller e Wrangham (2009), por sua vez, examinaram a coerção sexual em geral, tanto em humanos como em outros primatas.

Três das variações mais comuns na determinação e preferência sexuais são: (a) **intersexualidade**: a pessoa apresenta uma mistura de caracteres sexuais secundários de ambos os sexos, com a presença de gônadas de dois tipos (hermafroditismo) ou de apenas um (pseudo-hermafroditismo masculino ou feminino); (b) **transexualidade**: existe uma inconformidade do indivíduo com o seu sexo anatomofisiológico, que não apresenta qualquer desvio intersexual notável; e (c) **homossexualidade**: atração por indivíduo do mesmo sexo.

Os fatores que determinam o homossexualismo têm sido muito discutidos e provavelmente envolvem tanto a herança como o ambiente. Uma das associações mais confirmadas com relação ao homossexualismo masculino refere-se ao número de irmãos mais velhos, nascidos, portanto, antes do homossexual. Consistentemente ele é maior que o dos heterossexuais, e a explicação biológica mais plausível seria a da imunização materna. Uma mulher que tenha um primeiro filho masculino terá pouca exposição a proteínas determinadas pelo cromossomo Y, mas, por ocasião do parto, há uma mistura inevitável dos sangues materno e fetal, com a possibilidade eventual de formação de anticorpos antifatores condicionantes da masculinidade. Esses anticorpos, acumulados em novas gestações de fetos masculinos, poderiam, em determinado momento, afetar o desenvolvimento de um de seus filhos, tornando-o homossexual. Sigmund Freud (1856-1939) sugeriu que a figura de um pai distante e emocionalmente frio poderia desencadear o comportamento homossexual. Se a hipótese da imunização materna for verdadeira, a rejeição seria da mãe, e a condicionante do comportamento homossexual, de caráter imunológico (Bogaert, 2006; Puts, Jordan e Breedlove, 2006).

A ocorrência e a frequência de homossexualismo em praticamente todas as sociedades humanas cria um paradoxo evolutivo, como o celibato. Homossexuais exclusivos não têm prole biológica, e os bissexuais devem ter prole reduzida quando comparada à dos heterossexuais. Apesar disso, em sociedades contemporâneas, calcula-se a existência de 1% de homossexuais exclusivos e 5% de bissexuais masculinos. Os respectivos valores para os homossexuais femininos são 0,5% e 2,5%. Três hipóteses adaptativas foram consideradas por Kirkpatrick (2000) para explicar esses fatos: (a) **seleção de parentesco**: os homossexuais colaborariam de maneira eficiente na criação da prole de parentes heterossexuais; (b) **manipulação parental**: os genitores induziriam alguns de seus filhos a se tornarem homossexuais para cuidar de seus irmãos ou sobrinhos; e (c) **formação de alianças**: alianças do mesmo sexo favoreceriam a sobrevivência individual, e os bissexuais, mais comuns que os homossexuais, contribuiriam para a transmissão dos genes envolvidos. Kirkpatrick (2000) encontrou mais evidências para a terceira hipótese, mas concluiu que fatores sociais e históricos também devem ser considerados.

8.9 Saúde/doença

O desenvolvimento sociocultural vem condicionando diferentes pressões seletivas nas populações humanas. Na Era Paleolítica, as relações ecológicas do meio ambiente com as populações esparsas e móveis minimizavam o risco de doenças infecciosas. Tudo mudou com o desenvolvimento da agricultura, que condicionou a **primeira transição epidemiológica**. O sedentarismo, o aumento na densidade populacional e a diminuição na variedade de alimentos levaram a um recrudescimento no impacto das doenças infecciosas, favorecidas pela desnutrição. Há um século, iniciou-se a **segunda transição epidemiológica**, na qual medidas de saúde pública, melhorias na nutrição e avanços médicos condicionaram um declínio nas doenças infecciosas, mas um aumento nas crônico-degenerativas. E é possível que estejamos alcançando a **terceira transição epidemiológica**, com a re-emergência das doenças infecciosas, ocasionada pela resistência aos antibióticos e a outros agentes terapêuticos, bem como com o surgimento de novas doenças (Armelagos, Brown e Turner, 2005).

Essa visão epidemiológica clássica foi criticada por Gage (2005), que, baseado em análises estatísticas detalhadas, sugeriu que o declínio na mortalidade por causas infecciosas e doenças degenerativas foi mais ou menos simultâneo e estaria associado a fatores comuns vinculados à modernização. Mas não há dúvida de que, ao longo do processo evolucionário humano tem havido mudanças seletivas importantes em razão do desenvolvimento sociocultural.

A história da tecnologia principia há 2,5 milhões de anos, com os primeiros instrumentos de pedra desenvolvidos pelos ancestrais do *Homo sapiens*. Entretanto, pouco progresso ocorreu entre aquela data e 300 mil anos atrás, quando o ritmo começou a se incrementar em um desenvolvimento exponencial. E somente 12 mil anos separam o primeiro arco e flecha de uma estação espacial da atualidade (Ambrose, 2001)!

Wrangham e Carmody (2010) sugeriram que a utilização do fogo seria, provavelmente, a descoberta mais importante na nossa história, com exceção da linguagem. Eles propuseram que o uso do fogo seria a explicação para o paradoxo da história de vida humana, caracterizada por uma reprodução rápida (intervalos curtos entre os nascimentos e desmame precoce) com um crescimento físico lento e idade tardia do primeiro filho. O cozimento dos alimentos aumenta a sua digestibilidade, fonte energética e maciez, e melhor nutrição reduz a mortalidade. O risco de doença diminui também, independentemente do cozimento, pela queima de campos para erradicar pestes e pelo uso do fogo como uma arma potencial.

O surgimento da agricultura levou a uma série de desenvolvimentos concomitantes, que envolveram a descoberta da roda, das ferramentas de aço, da organização política e de armas mais poderosas. Ackland et al. (2007) investigaram, por meio de modelagem, a difusão dessas tecnologias, utilizando os parâmetros de taxas de nascimento e morte, densidades populacionais e fertilidade da terra, este último considerado fundamental, uma vez que pode levar a interrupções no processo de difusão.

Isso nos leva à pergunta feita por Hibbs e Olsson (2004): por que existem atualmente países ricos e países pobres? Segundo eles, tudo teria se iniciado no Neolítico, com a aceleração do progresso tecnológico subsequente, o qual levou à ocorrência da revolução industrial em regiões e épocas diferentes. As condições biogeográficas e geográficas iniciais teriam sido o estopim que deflagrou o processo que levou à atual diferença, da ordem de 100 vezes, entre nações prósperas e não prósperas. A proposta é engenhosa, embora fatores relacionados às relações de dominação/submissão entre nações, e outros, de natureza histórica, também tenham de ser levados em conta.

Outra pergunta: por que em um organismo como o nosso, que é o produto de milhares de anos de seleção natural, a doença não foi erradicada? A resposta só pode ser dada em um contexto evolucionário, que é o objeto central do que é denominado de medicina darwiniana (Stearns e Koella, 2008; Stearns et al., 2010). O Boxe 8.9 lista quatro mensagens, três temas e três conotações que ilustram bem as perspectivas levantadas por esse enfoque.

Um exemplo de como a modelagem computacional, análises bioquímicas *in vitro*, experimentação animal e observações epidemiológicas podem levar à identificação de interações gene-ambiente social foi fornecido por Cole et al. (2010). Eles investigaram o promotor da interleucina 6 (*1L6*), que modula a

---

Boxe 8.9 Perspectivas geradas pela medicina darwiniana

1. **Mensagens**
   1.1 Os organismos constituem-se em conjuntos de compromissos moldados pela seleção natural para maximizar a reprodução, não a saúde.
   1.2 Muitas doenças são ocasionadas pela não adaptação de nossos corpos ao ambiente moderno.
   1.3 Os microrganismos evoluem muito mais rapidamente do que nós; portanto, a infecção é inevitável.
   1.4 As doenças hereditárias comuns são, em geral, multifatoriais, resultando da interação entre genótipos e ambientes. Isso torna sua patogenia complexa e a cura, difícil.
2. **Temas**
   2.1 Os patógenos desenvolvem rapidamente resistência aos antibióticos, assim como os cânceres, resistência à quimioterapia.
   2.2 Os agentes patogênicos desenvolvem estratégias para evitar as defesas de seus hospedeiros, e os níveis de virulência são moldados pela seleção natural para maximizar a transmissão.
   2.3 Variações genéticas em nossa espécie que aumentam a resistência a doenças podem ter custos, e as que aumentam a vulnerabilidade podem ter benefícios.
3. **Conotações**
   3.1 Os seres humanos coevoluíram com uma comunidade normal de bactérias e vermes parasitas. Sua eliminação como medida higiênica ou médica pode ocasionar distúrbios, inclusive doenças autoimunes.
   3.2 Vacinas mal desenvolvidas, que não determinam a eliminação completa dos patógenos, podem aumentar a virulência deles.
   3.3 Conflitos de interesses entre parentes podem levar a fatores que determinam doenças mentais.

Fonte: Stearns et al. (2010).

resposta à ativação beta-adrenérgica do fator de transcrição GATA1, e verificaram uma associação entre condições sociais adversas e o aumento na transcrição de genes-alvo de GATA1 em células neurais, do sistema imune e cancerosas. Além disso, os homozigotos de um de seus alelos apresentaram um risco maior de mortalidade ao longo de dez anos, em razão de inflamações crônicas condicionadas por depressão em idade avançada (70-80 anos).

Atualmente existe a possibilidade de detecção mais precoce de problemas genéticos na prole de casais com alto risco ou com problemas de fertilidade. Essas técnicas de diagnóstico pré-natal podem ser reunidas em sete grupos (Pinto Jr., 2004): (a) imagem ultrassonográfica e ressonância magnética; (b) estudos por meio do sangue materno; (c) translucência nucal; (d) punção de vilosidades coriônicas; (e) punção amniótica; (f) cordocentese; (g) fetoscopia, e (h) diagnóstico pré-implantação. No futuro, a amplificação de uma única célula de um embrião precoce e o exame de seu DNA a partir de microarranjos permitirão o reconhecimento de várias mutações ou aberrações cromossômicas em apenas um dia!

Não basta diagnosticar um problema no feto; é necessário que esse procedimento esteja vinculado a uma equipe capaz de realizar um aconselhamento genético apropriado, inclusive com seguimento (Ashton-Prolla e Giugliani, 2004). Programas bem-sucedidos de redução da incidência da síndrome de Down na Dinamarca (Ekelund et al., 2009) e de prevenção da transmissão de doenças do DNA mitocondrial herdadas da mãe (Poulton et al., 2009) ilustram as possibilidade atuais de prevenção do aparecimento de doenças genéticas, com toda a carga de problemas emocionais e financeiros que elas acarretam.

Quando não é possível prevenir, pode-se tratar, e um dos enfoques possíveis é a terapia celular por meio do uso terapêutico de células-tronco (que potencialmente podem recriar qualquer tipo de tecido e participar na sua geração). O uso dessas células promete revolucionar a medicina regenerativa, embora ainda sejam necessárias muitas pesquisas antes de sua aplicação terapêutica generalizada (Borojevic, 2004; Borojevic e Balduino, 2004).

A terapia gênica é mais específica. Trata-se da reposição, manipulação ou suplementação de genes não funcionais. Ela pode ser efetuada tanto em tecidos somáticos quanto germinativos, embora neste último caso haja problemas éticos complexos que precisam ser resolvidos antes de sua adoção. O primeiro exemplo bem-sucedido de tratamento de uma doença hereditária por meio desse processo ocorreu em 1990 nos Estados Unidos, em duas crianças com a Imunodeficiência Severa Combinada, e a partir daí foram aprovados muitos protocolos. Eles se relacionam tanto a doenças monogênicas, como a indicada anteriormente ou outras (fibrose cística, hemofilias, hemoglobinopatias, distrofias musculares), quanto a doenças adquiridas, como o câncer, a AIDS e doenças cardiovasculares (Nardi e Ventura, 2004). Em 1999 e 2002, no entanto, dois pacientes tratados com a terapia gênica faleceram: o primeiro com uma leucemia atípica e o outro com uma reação inflamatória ao vetor viral usado para a introdução do material genético apropriado (Check, 2002). Esses fatos causaram uma reavaliação dos projetos em desenvolvimento, que atualmente progridem com cautela.

Técnicas ainda mais arrojadas encontram-se em estágio experimental, como computadores de DNA para diagnosticar e tratar processos cancerosos (Vieira, 2004), ou para expandir o código genético e produzir proteínas inexistentes na natureza (Hirao et al., 2002).

8.10 Arte

Como definir arte? De uma maneira geral, podemos conceituá-la como algo que é esteticamente agradável, belo, e não mera e pragmaticamente funcional. Mithen (2002) especificou três processos cognitivos cruciais para a produção da arte: (a) a concepção mental de uma imagem; (b) sua comunicação intencional; e (c) a atribuição de significado a essa imagem. Morriss-Kay (2010), que examinou com detalhe a evolução da criatividade artística humana, incluiu dentro do conceito: (a) o uso da cor, aplicada ao corpo, a objetos naturais ou criados, ou a uma superfície plana; (b) padrão, que inclui ou não intenção simbólica; (c) a modificação de formas que ocorrem naturalmente; e (d) a criação de imagens em duas ou três dimensões.

Há indicações do uso da cor, de padrões de gravura, tecnologia em ossos e confecção de colares há pelo menos 164 mil anos na África (Henshilwood et al., 2002; D'Errico et al., 2009). A explosão artística, porém, só iria ocorrer há 40 mil anos, no Paleolítico Superior da Europa. Especialmente impressionantes são as pinturas nas cavernas (95% na França), mas também objetos gravados e estatuetas. Destas, algumas das mais comuns são as que representam mulheres com seios e ancas protuberantes, as chamadas Vênus, que, sem dúvida, estão vinculadas a crenças sobre sexo e reprodução. Também comuns são figuras híbridas entre seres humanos e animais, relacionadas ao xamanismo, e representações de caças ou outras atividades cotidianas (Morriss-Kay, 2010).

Adornos pessoais (D'Errico et al., 2009) e instrumentos musicais (Mithen, 2006) também estão presentes. Este último autor examinou com detalhe o que teria sido a evolução da música em nossa espécie.

Focalizando épocas bastante mais recentes, Tëmkin e Eldredge (2007) examinaram a evolução das formas da cítara e do saltério ao longo do tempo, e Rogers e Ehrlich (2008) consideraram características funcionais e simbólicas das canoas polinésicas. Neste último caso, a seleção natural aparentemente diminuiu o ritmo de evolução das estruturas funcionais, enquanto os desenhos simbólicos diferenciaram-se muito mais rapidamente.

8.11 Livre-arbítrio, religião, moralidade

Podemos fazer o que queremos? Existe o livre-arbítrio? Para Cashmore (2010), a crença no livre-arbítrio é nada mais do que um retorno ao vitalismo (a teoria de que uma força vital existiria independentemente das leis físico-químicas, explicando a vida) de cem anos atrás. Segundo ele, nosso comportamento seria condicionado por uma trindade: genes, ambiente e fatores estocásticos. Hesch (1998) é mais radical: tudo já está programado pelo nosso genoma – estamos pré-adaptados para o conhecimento que podemos adquirir. Brembs (2011), por sua vez, salientou que a capacidade de tomar decisões flexíveis seria uma das características de nossa evolução; portanto, usar um conceito científico de livre-arbítrio não levaria necessariamente a um determinismo cego. Ele citou François M. A. Voltaire (1694-1778): "Liberdade, portanto, é apenas e só pode ser o poder de se fazer o que se deseja"; e assinalou que essa liberdade independe da consciência. O grau com que nossos esforços conscientes podem afetar as nossas decisões é, portanto, central a qualquer discussão sobre o grau de responsabilidade que essa liberdade determina, mas não à liberdade em si.

Como um exemplo da influência biológica sobre um tipo específico de comportamento, Kanai et al. (2011) verificaram que o liberalismo nas atitudes políticas estava vinculado a um maior volume de matéria cinzenta no córtex cingulado anterior, e o conservadorismo, ao aumento de volume na amígdala do cérebro de 90 voluntários ingleses, como verificado por meio de imagens de ressonância magnética.

Wilson (1978) afirmou que a crença religiosa é a força mais complexa e poderosa da mente humana e, muito provavelmente, constitui uma parte inextirpável de nossa natureza. Como exemplos específicos, ele citou a tentativa malsucedida da antiga União Soviética de abolir a religião em seu território; e a malograda proposta de Auguste Comte (1798-1857) de substituir as religiões tradicionais por uma Religião da Humanidade, na qual, em vez de santos, haveria sábios (até hoje existe um templo da referida religião em Porto Alegre, reminiscente da época em que o Positivismo influenciou marcadamente a política brasileira). Wilson (1978) também informou que a humanidade já deve ter criado nada menos do que cem mil religiões!

Como explicar esse fenômeno do ponto de vista científico? Geertz (1966), há cerca de meio século, proclamou que esse campo de estudo estava morto. Entretanto, nos últimos anos, os evolucionistas têm se preocupado em compreender as pressões seletivas que moldaram a capacidade humana para o pensamento e o comportamento religiosos (Sosis e Alcorta, 2003). Esses autores examinaram inicialmente o conceito de religião. Uma definição geral seria "a crença no sobrenatural', mas Durkheim (1995 apud Sosis e Alcorta, 2003, p. 265) a definiu de maneira mais detalhada, como "um sistema unificado de crenças e práticas relacionadas às coisas sagradas(...) que unem em uma única comunidade moral(...) todos os que aderem a ela". O comportamento ritualístico tem sido identificado em material pré-histórico muito antigo, indicando que as origens da religião confundem-se com as de nossa própria espécie. A explicação para sua universalidade é difícil do ponto de vista evolutivo; mas ela deve envolver: (a) a promoção de solidariedade nos grupos; (b) favorecer práticas de frugalidade que favoreceriam a longevidade das pessoas das comunidades envolvidas; (c) a sua relação com práticas curativas; e (d) o reforço que possa fornecer para ligações estáveis de famílias nucleares.

Um conceito basicamente relacionado ao da religião é o da moralidade, que, no entanto, é mais amplo. O conceito de moral está vinculado àqueles do bem e do mal. No primeiro caso, requer-se, no mínimo, levar em conta os outros; a maldade, por sua vez, envolve um egoísmo que condiciona a tratar os outros de maneira imprópria, ignorando os seus interesses ou tratando-os como meros instrumentos.

É a moral uma condição exclusivamente humana? Ayala (2010) afirma que sim, argumentando que existem três condições básicas para o comportamento moral ou ético, inexistente em outros organismos: (a) a capacidade de antecipar as consequências de suas ações; (b) de fazer juízos de valor; e (c) de escolher entre formas alternativas de ação.

De Waal (2006), no entanto, acredita que a nossa capacidade moral evoluiu de rudimentos previamente existentes em primatas e outros mamíferos. Ele postulou a ocorrência de três níveis de moralidade, como detalhado no Quadro 8.5. Haveria sentimentos morais paralelos entre humanos e chimpanzés (nível 1), e a distinção ocorreria principalmente nos níveis 2 (pressão social) e 3 (julgamento e razão).

Young et al. (2011) procuraram correlações neurais com julgamentos do que é moralmente certo ou errado. Eles verificaram que a interrupção da atividade neural da junção temporoparietal direita, por meio da estimulação magnética transcranial, levava os sujeitos estudados a tornarem-se moralmente mais permissivos, especialmente quanto a tentativas falhadas de causar dano.

Quadro 8.5 Os três níveis de moralidade

Nível	Descrição	Comparação humanos-chimpanzés
1. Sentimentos morais	Capacidade para a empatia, tendência à reciprocidade, sentido de imparcialidade, capacidade de harmonizar as relações.	Há paralelos entre as duas espécies.
2. Pressão social	Recompensa para atos cooperativos, punição para os não cooperativos, formação de reputação favorável à vida social.	Nos chimpanzés, a pressão é menos sistemática e menos preocupada com os objetivos da sociedade como um todo.
3. Julgamento e razão	Internalização das necessidades e dos objetivos dos outros. Julgamento moral autorreflexivo e logicamente raciocinado.	Algum grau de internalização nos chimpanzés, mas as similaridades param por aí.

Fonte: De Waal (2006).

Síntese

IX

De onde viemos? O que somos?
Para onde vamos?

[Perguntas feitas em uma tela, em 1897,
por Paul Gaughin (1848-1903)]

Percorremos um longo caminho ao longo deste livro. Iniciamos estabelecendo as bases histórico-filosóficas do conhecimento humano, desde as visões mágicas de nossos ancestrais até o vertiginoso mundo científico atual. Em seguida, tratamos do sempre presente problema das origens do Universo, de nosso planeta, da vida e da multicelularidade. A base explicativa para todos esses processos situa-se no processo evolutivo, que a partir daí é analisado em detalhe. Inicialmente foi examinada a evolução em nível molecular, estudo que só se tornou possível poucas décadas atrás. Consideramos, então, como funciona a seleção natural a partir da relação dialética estrutura-função, e examinamos de maneira mais específica os mecanismos de defesa contra agressões externas e as relações hospedeiro-parasita, que fornecem modelos muito elegantes de coevolução.

O Cap. 4 abordou um tema que está em plena efervescência, com novidades praticamente diárias: o da genômica comparada. Que fatores influenciaram a fantástica diversidade no tamanho (de cerca de 18 mil para 3 milhões de pares de bases) e na estrutura dos diferentes organismos vivos? Como se estruturam esses genomas ao longo das diferentes unidades taxonômicas? O que é minimamente necessário para se produzir um organismo vivo?

Há dúvidas se o *Homo sapiens* representa realmente o pináculo da evolução biológica, mas o nosso genoma é, sem dúvida, o mais bem conhecido, e a partir dele podem-se investigar questões complexas sobre os fatores que influiriam na sua espantosa variabilidade.

A evolução molecular constitui-se em apenas um aspecto do processo evolucionário, que se desenvolve basicamente por meio das relações dos organismos entre si e de cada um com o seu ambiente. Os Caps. 6 e 7 abordaram justamente essas relações, primeiro em organismos não humanos e, depois, na nossa espécie. Fazemos parte de um grande bioma, que foi estruturado por meio de interações complexas e que está ameaçado de sofrer perdas imensas.

Por último, consideramos aspectos do comportamento humano e de um atributo que é basicamente de nossa espécie: a cultura. Foram examinadas questões como a origem e a função da linguagem, bem como a sua variabilidade; o surgimento e posterior desenvolvimento do processo de domesticação de plantas e animais; o papel da cooperação e do conflito na evolução humana; sexo; saúde e doença; arte; religião e moralidade.

9.1 Como tudo começou? Simplicidade *versus* complexidade

Ainda estamos longe de ter uma visão plenamente segura sobre a origem do Universo, de nosso planeta e da vida. Com relação a esta última, as posições alternativas sobre **primeiro metabolismo** ou **primeiro genética** não fornecem evidências conclusivas. Os resultados experimentais disponíveis são igualmente consistentes com relação às duas hipóteses (Lazcano, 2010). Têm sido sugeridas, também, alternativas intermediárias, como a de uma cooperação entre ácidos nucleicos simples, peptídeos e lipídeos, com um papel importante para o códon e o anticódon da arginina (Griffith, 2009). Esse protometabolismo funcionaria até o surgimento das enzimas (Fry, 2011), mas obviamente a vida não poderia evoluir na ausência de um mecanismo genético de replicação que garantisse a estabilidade e a diversificação de seus componentes básicos.

Este último ponto nos leva necessariamente à origem do código genético, que Koonin e Novozhilov (2009) denominaram de "O enigma universal". Pode-se apelar para o acaso (por meio de um "acidente congelado") ou, no outro extremo, para uma inevitabilidade estereoquímica pelo menos inicial, embora uma coevolução posterior entre a estrutura do código e vias de biossíntese de aminoácidos tenha de ser considerada, com a seleção natural atuando para a minimização dos erros que condicionariam proteínas mal dobradas e potencialmente tóxicas.

Conforme salientado no Cap. 2, o ambiente terrestre foi habitado durante centenas de milhões de anos somente por procariotos, minúsculos seres unicelulares, e a razão para isso é que **simplicidade vale**. Se para se atingir determinado objetivo (como o da autopropagação) bastam métodos simples, então **não compliquemos**. Essa visão, no entanto, é essencialmente conservadora. Para abrir novos horizontes, muitas vezes é necessário mais.

Qual evento teria sido decisivo para o surgimento dos eucariotos? O que teria restringido mudanças evolucionárias, por tanto tempo, nos procariotos? A resposta que Lane e Martin (2010) dão a esse pergunta é **energia**. O processo de endossimbiose que originou as mitocôndrias teria proporcionado nada menos que uma expansão de 200 mil vezes no número de genes expressos. Por quê? O custo de uma replicação do DNA para o orçamento de energia de uma célula microbiana é de apenas 2%, enquanto a síntese proteica necessita de nada menos que 75% desse orçamento. As mitocôndrias produzem ATP por meio da fosforilação oxidativa e seu pequeno genoma é fundamental para a internalização bem-sucedida de membranas bioenergéticas. Estas, juntamente com as interações entre as proteínas e as cascatas regulatórias, levaram a um aumento de tamanho organísmico economicamente viável. Só para exemplificar, os eucariotos possuem aproximadamente 12 genes por megabase de DNA, enquanto as bactérias possuem mil!

A expansão de tamanho nos seres vivos desde a origem da vida é da ordem de 16 vezes de magnitude, e Payne et al. (2009) verificaram, por meio do registro fóssil, que ela ocorreu em duas etapas. A primeira no final da Era Paleoproterozoica, há 1,9 bilhão de anos, associada ao surgimento da célula eucariótica; e a segunda no Neoproterozoico final e Paleozoico inicial, entre 600 mil a 450 milhões de anos atrás, vinculada à multicelularidade. Essas duas expansões episódicas parecem estar relacionadas a dois eventos de aumento na concentração do oxigênio atmosférico. Haveria, portanto, uma dependência de longo termo no padrão macroevolucionário, de interação entre potencial biológico e oportunidades ambientais.

9.2 Nos recônditos da vida – relações estrutura/função e suas consequências

O fenômeno vital é **estruturado**, e os fatores que influem na sua evolução podem agir em diferentes níveis. O progresso fantástico alcançado pelos desenvolvimentos na investigação em nível molecular acoplada à análise bioinformática abriu novos horizontes na investigação do processo evolucionário. Um exemplo marcante é o estudo de Dupont et al. (2010), que analisaram a influência da geoquímica de metais-traço na evolução biológica. Todas as formas de vida exibem o mesmo escalonamento, dependente do tamanho, para o número de proteínas que se ligam a metais dentro de um proteoma. Isso indica que a seleção de um elemento ocorre a partir da exclusão de outro, e o processo deve ter se relacionado com a ocorrência de oxigênio atmosférico e a química oceânica. Em geral, as bactérias não possuem proteínas ligadas ao cálcio, ferro e zinco, embora a proporção entre esses metais dependa do tamanho do proteoma (os pequenos apresentando uma maior proporção de domínios com ligações de zinco). Os proteomas dos Archaea apresentam tendências similares, mas os eucariotos sempre mostram uma maior proporção de estruturas com ligações de zinco, quando comparadas às que se ligam ao ferro. As proteínas que se ligam ao cálcio, observadas na evolução tardia dos eucariotos, provavelmente ocorreram independentemente de fatores geoquímicos, estando com maior probabilidade vinculadas a um papel de sinalização entre as organelas ou células.

As taxas evolucionárias dos genes que codificam para proteínas em um determinado organismo distribuem-se em cerca de três ordens de magnitude e mostram uma distribuição log-normal universal em uma ampla variedade de espécies, de procariotos a mamíferos. Isso sugere um balanço entre genes que surgem e os que são eliminados. Os genes mais "antigos" (isto é, específicos dos eucariotos) são maiores, expressam-se em um nível mais alto, têm uma maior densidade de íntrons, evoluem mais devagar e estão sujeitos a uma seleção purificadora mais forte, quando comparados aos mais "jovens" (específicos dos mamíferos) (Wolf et al., 2009).

O fato de que o genoma humano é da mesma ordem de magnitude dos de outros organismos, estruturalmente mais simples (cf. Cap. 4), surpreende muita gente. Parte da explicação vincula-se ao fenômeno do processamento alternativo. Calcula-se que o material transcrito de aproximadamente 95% dos genes com éxons múltiplos na espécie humana seja processado em mais de uma maneira, e na maioria dos casos esses transcritos expressam-se de forma variável em células e tecidos diversos. Barash et al. (2010), a partir de 3.665 éxons de 27 tecidos (agrupados em quatro tipos: nervoso central, muscular, digestivo e global) de camundongos, desenvolveram o que eles denominaram de código de processamento, que usa combinações de centenas de características do RNA para predizer mudanças tecidodependentes no processamento alternativo de milhares de éxons. Essa ferramenta computacional facilitará a descoberta dos eventos que condicionam o funcionamento gênico em uma escala genômica.

9.3 O todo e as partes

O ritmo de publicação de resultados na área da genômica comparada só pode ser classificado como alucinante. O Cap. 4 deste livro foi escrito em 2008, e não foi feita nenhuma tentativa para atualizá-lo, pois no momento é praticamente impossível redigir algo que não deixe de fora algum novo estudo digno de menção. Serão discutidas aqui apenas algumas investigações especialmente relevantes, que complementam e atualizam o que foi apresentado no referido capítulo.

Um dos estudos que causou enorme repercussão foi o de Gibson et al. (2010). Eles registraram o delineamento, a síntese e a montagem do genoma de uma nova linhagem de *Mycoplasma mycoides* a partir de informação digitalizada sintética e seu transplante em células de *Mycoplasma capricolum* recipientes em passos sucessivos, até criar uma linhagem controlada apenas pelo cromossomo sintético. As novas células têm as propriedades fenotípicas apropriadas e são capazes de autorreplicação contínua. Os autores chegaram, portanto, a apenas um passo da criação de uma célula sintética, uma vez que o citoplasma da célula recipiente foi obtido da natureza. Para garantir o direito de propriedade, foram inclusive introduzidas no genoma marcas registradas para diferenciá-lo de um genoma natural!

Especialmente em microrganismos, o DNA transfere-se lateralmente por meio de elementos móveis, e as regras que regulam sua incorporação ao material genético transmitido verticalmente são pouco conhecidas. Halary et al. (2010) realizaram análises de redes de 119.381 famílias homólogas de DNA a partir de amostras obtidas em 111 genomas celulares e 165.529 sequências de fagos, plasmídeos e vírus. Os resultados apoiam a existência de redes parcialmente separadas, mas bem estruturadas de variabilidade genética, revelando o que eles denominaram de "mundos genéticos" diferentes. Eles também verificaram que plasmídeos, e não vírus, seriam os vetores-chave de troca genética entre cromossomos bacterianos.

A questão dos fatores envolvidos no processo de aumento da complexidade das formas de vida já foi mencionada anteriormente. A emergência dos animais multicelulares a partir de ancestrais com uma única célula, há cerca de 600 milhões de anos, necessitou da evolução de mecanismos para a coordenação da divisão celular e de seu crescimento, especialização, adesão e morte. As esponjas têm um papel crítico na busca das origens dos processos multicelulares dos metazoários, sendo reconhecidas como a linhagem filética metazoária sobrevivente mais antiga. A ausência de um trato digestivo e de um sistema nervoso, no entanto, levou à sua classificação como Parazoários, para distingui-las dos "verdadeiros animais", os Metazoários. O sequenciamento do genoma da esponja *Amphimedon queenslandica*, por Srivastava et al. (2010), mostrou que ele apresenta características muito similares às dos genomas de animais com relação ao conteúdo, à estrutura e à organização. Essas características incluem o aparecimento, a expansão e a diversificação de fatores de transcrição pan-metazoários, vias de sinalização e genes estruturais. Ainda não foi esclarecido por que as esponjas conservaram a sua simetria radial ou ausente, enquanto os animais desenvolveram planos corporais mais diversos. Os referidos autores sugeriram que diferenças quantitativas, e não qualitativas, em mecanismos cis-regulatórios é que seriam as responsáveis pelas diferenças.

Posicionadas no topo da informação fornecida pela sequência de DNA e pela heterocromatina, existem estruturas de ordem maior, que incluem regiões cromossômicas específicas, cromossomos inteiros e mesmo todo o genoma. Por exemplo, na interfase, os cromossomos adotam conformações que permitem a colocalização de elementos para a transcrição e replicação do DNA. Duan et al. (2010) desenvolveram um método para capturar globalmente as interações intra e intercromossômicas em *Saccharomyces cerevisae*. Os contatos intercromossômicos estão ancorados por centrômeros e incluem interações entre os genes de RNA de transferência, entre as origens da replicação inicial do DNA e entre sítios onde ocorrem quebras cromossômicas. Os autores construíram um modelo tridimensional do genoma da levedura, proporcionando uma ferramenta importante para a investigação das interações forma/função em um genoma eucariótico.

As limitações dos métodos atuais de filogenômica foram abordadas por Siepel (2009). Ele argumentou que a maioria deles ignora o efeito da variação nas populações ancestrais, que pode ser importante especialmente nos primatas, nos quais os tamanhos das populações efetivas ancestrais foram grandes com relação aos intervalos entre os eventos de especiação. A abordagem considerada por ele avaliou as complexas relações entre coalescência, recombinação e especiação, indicando de que maneira devem ser conduzidos futuros estudos de genômica evolucionária.

9.4 O nosso material genético

As novas técnicas de sequenciamento em larga escala estão abrindo oportunidades para o completo sequenciamento do DNA humano de grandes amostras, tanto de indivíduos atuais quanto pré-históricos (conferir os Caps. 5 e 7). Isso possibilitará uma avaliação sem precedentes da natureza da variabilidade genética em nossa espécie. Um projeto muito ambicioso é o dos **1.000 genomas** (The 1,000 Genomes Project Consortium, 2010). O seu objetivo é uma caracterização fina dessa variação, investigando a relação genótipo/fenótipo. Três projetos pilotos já foram conduzidos: (a) sequenciamento completo de baixa cobertura de 179 indivíduos de quatro populações; (b) sequenciamento de alta cobertura de dois trios mãe-pai-filho(a); e (c) sequenciamento dos éxons de 697 pessoas de sete populações. Os resultados forneceram a estrutura haplotípica de cerca de 15 milhões de polimorfismos de nucleotídeos simples (SNPs), um milhão de pequenas inserções/deleções e 20.000 variantes estruturais. Em média, cada pessoa carrega de 250 a 300 variantes que ocasionam perdas de funções, e de 50 a 100 variantes previamente implicadas em doenças hereditárias. Afaste-se do pensamento, portanto, qualquer veleidade de discriminação de portadores de genes deletérios. Somos todos portadores!

Outros estudos recentes: (a) Sudmant et al. (2010) investigaram os genomas de 159 indivíduos, encontrando de 0 a 48 cópias de duplicações tão pequenas quanto 1,9 mil pares de bases (kb). Nada menos que 4,1 milhões de SNPs foram identificados, verificando-se também expansões humano-específicas, associadas com o desenvolvimento cerebral, que apresentaram extensa diversidade populacional; e (b) The International HapMap 3 Consortium (2010) genotipou 1,6 milhão de SNPs em 1.184 indivíduos de 11 populações amplamente distribuídas geograficamente, e sequenciaram 10 regiões de 100 kb cada uma em 692 dessas pessoas. Essa base de dados, disponível gratuitamente, servirá como ferramenta preciosíssima para investigações sobre a natureza de nosso material genético.

A regulação gênica também está sendo considerada. Sholtis e Noonan (2010) revisaram estudos de como anotações de funções regulatórias no genoma humano estão sendo combinadas com mapas de aceleração evolutiva de sequências humano-específicas para identificar elementos cis-regulatórios importantes para caracterizar a nossa espécie. Por sua vez, Haygood et al. (2010) verificaram que as adaptações para o desenvolvimento e a função neurais ocorreram principalmente por meio de mudanças nas regiões não codificadoras, enquanto adaptações por meio de mudanças no genoma codificador foram dominantes para a imunidade, a olfação e a reprodução masculina.

9.5 Somos todos irmãos

Se existe uma contribuição fundamental que se possa derivar dos estudos de genética/genômica evolutiva é a de que todos os seres vivos constituem-se em uma grande família. Compartilhamos material genético com praticamente todas as outras espécies de organismos, mesmo o que poderia ser considerado o mais insignificante ser microscópico. E, no entanto, a diversidade biológica do planeta está sendo rapidamente esgotada por consequências diretas e indiretas das atividades humanas, entre as quais estão a destruição ou fragmentação de hábitats naturais, a exploração inadequada de áreas cultivadas e a poluição. O resultado, muitas vezes, é que os tamanhos populacionais das espécies afetadas são reduzidos a tal ponto que elas ficam sujeitas a fatores casuais que determinam sua extinção.

O número de extinções registradas desde 1600 para diferentes organismos foi fornecido por Frankham, Ballou e Briscoe (2008). Embora elas tenham sido de apenas 2% em mamíferos e 1% em aves, essas percentagens representam subestimativas grosseiras, em razão do nosso desconhecimento científico da vasta maioria das formas vivas. As taxas registradas estão também aumentando com o tempo. Tem-se uma informação mais detalhada, para as espécies conhecidas, quanto àquelas ameaçadas de extinção. A proporção é de 49% para plantas, 30% para peixes, 21% para anfíbios, 25% para répteis, 12% para aves e 24% para mamíferos. Das 4.763 espécies de mamíferos, 3,8% estão criticamente em perigo, 7,1% em perigo e 13% foram classificadas como vulneráveis.

A influência de fatores relacionados ao ambiente físico e aos meios de subsistência sobre a variabilidade genética de nossa espécie foi salientada no Cap. 7. Estudos de natureza genômica (580 mil SNPs) de Henn et al. (2011) em populações de caçadores-coletores africanos indicaram alta diversidade genética e baixo desequilíbrio de ligação quando elas foram comparadas a populações de agriculturalistas. Os padrões observados sugeriram que a origem dos humanos modernos teria sido o sul, não o leste da África. Por sua vez, a distribuição mundial de polimorfismos da arilamina N-acetiltransferase 2 (NAT2), uma substância relacionada às respostas fisiológicas a uma série de substâncias químicas presentes nas dietas e no meio ambiente, também apresenta uma associação com o tipo de subsistência (caçadores-coletores ou agriculturalistas) das populações estudadas (Sabbagh et al., 2011).

9.6 Cultura, biologia e progresso

Como foi salientado no Cap. 8, não é fácil conceituar o que seja cultura. Foley e Lahr (2011) distinguem a cultura em si (o sistema cognitivo por meio do qual os seres humanos estruturam o seu comportamento usando meios socialmente aprendidos) de seus produtos ("culturas"). E a pergunta que fizeram é: por que existem tantas culturas? A resposta seria a de que essas culturas surgem à medida que as comunidades humanas, estruturadas em termos de parentesco, fissionam-se ao longo das gerações. Esse processo dependeria basicamente do ambiente ecológico em que esses grupos vivem e de sua história reprodutiva. Para se ter uma ideia da diversidade de culturas existentes em nossa espécie, basta mencionar as 6.909 línguas faladas atualmente (Lewis, 2009) e as 3.814 culturas registradas em um Atlas Etnográfico (Price, 1990). Elas se distinguem principalmente por uma baixa variação intragrupal, mas uma alta variação intergrupal.

O Quadro 9.1 fornece uma caracterização das cinco fases que Foley e Lahr (2011) distinguem no processo de desenvolvimento sociocultural ao longo do tempo. No início, há pouca diferenciação regional, que se expande e torna-se mais complexa com o passar dos anos, até chegarmos à complexidade estrutural de nossos tempos.

Houve progresso na evolução biológica? Esse tema vem sendo debatido desde a época de Charles Darwin. As diferentes noções de progresso e sua relação com o conceito de desenvolvimento foram consideradas por Salzano (1995). O conceito de desenvolvimento aplicar-se-ia de maneira especial à evolução sociocultural, envolvendo aspectos econômicos e políticos.

Essa questão foi reconsiderada em detalhe, no que se refere à evolução biológica, por Shanahan (2004). Contrariamente ao pensamento dominante atual, ele afirmou (p. 237) que "o progresso evolucionário é um fato". Em sua argumen-

Quadro 9.1 Caracterização das fases do desenvolvimento sociocultural

Fases	Época (mil anos A.P.)	Características
1. Modernidade anatômica e diversidade de culturas	250-120	Pouca diferenciação regional, continuação de tecnologias nucleares e de lascas já existentes anteriormente.
2. Idade Média da Pedra na África, efemeridade e regionalismo	120-50	Maior diferenciação regional, redução lítica, decoração do corpo (anéis), outras manifestações de comportamento simbólico.
3. Diversificação populacional e cultural	50-25	As migrações para fora da África aceleram a diversidade cultural. As culturas regionais mostram características estilísticas diversas (figurinhas, pontas de ossos, arpões, colares).
4. Fragmentação, elaboração	25-14	A deterioração climática favorece a fragmentação, que é acompanhada por processos mais elaborados e de função social (como a arte das cavernas), bem como de outras formas estéticas.
5. Complexidade pós-pleistocênica, economias intensivas, cidades, estados, impérios	14-atual	Migrações associadas com o desenvolvimento da agricultura e a domesticação em geral (Bantu na África, Indo-europeia na Europa, Austronésia no Pacífico). Complexificação política.

Fonte: Foley e Lahr (2011).

tação, ele procurou distinguir **sucessão** (a ocorrência de diferentes entidades em diferentes tempos) de **progressão** (uma série contínua e conectada) e de **progresso** (mudança para melhor), bem como **direcionalidade** (a tendência para mudar em uma direção específica) e **mudança direcional** (um padrão de sucessão que não implica que a mudança em uma direção seja mais provável de ocorrer do que em outra). Levando isso em consideração, o referido autor propôs que seriam válidos os conceitos de Julian S. Huxley (1887-1975): aumento nas propriedades que facilitam maior controle e independência do meio ambiente; e de George G. Simpson (1902-1984): concepção pluralística de progresso, envolvendo: (a) uma tendência da vida para se expandir; (b) aumento na variabilidade, abundância e complexidade dos organismos; (c) maior adaptação; (d) maior especialização; (e) aumento na capacidade de se adaptar a uma maior variedade de ambientes; e (f) maior controle sobre o ambiente. O problema permanece em aberto.

9.7 Futuro

O Boxe 9.1 apresenta duas visões contrastantes sobre o futuro do mundo: uma pessimista e a outra otimista. Não há dúvidas de que, se prevalecer o atual modelo econômico e político, haverá uma probabilidade real de que prevaleça a visão pessimista. A maneira mais fácil de os oprimidos escaparem de seus opressores é a busca de crenças místicas ou míticas ("minha vida atual é uma droga, mas eu serei recompensado no Reino de Deus"). Isso, somado à ignorância, ao ressentimento e à falta de compreensão do papel potencial da ciência para a melhoria das condições de vida, pode levar a um mundo fosco, no qual a miséria necessariamente irá coexistir com a riqueza escandalosa.

Boxe 9.1 DUAS VISÕES CONTRASTANTES SOBRE O FUTURO DO MUNDO

1. A visão pessimista
   1.1 Acentuação das distâncias que separam indivíduos e nações em ricos e pobres.
   1.2 Aumento da violência entre indivíduos e grupos.
   1.3 Um mundo dominado pela tecnologia, com a repetição monótona dos mesmos padrões de cultura e ambiente. Extinção de todas as espécies selvagens.
   1.4 Triunfo das crenças místicas e míticas na vida social.
2. A visão otimista
   2.1 Saúde para todos, proteção individualizada contra doenças e intoxicações alimentares, educação científica apropriada, eliminação das crenças místicas e míticas.
   2.2 Controle populacional, áreas cientificamente estabelecidas de conservação e manejo de espécies ameaçadas, técnicas sofisticadas de monitoramento ambiental e controle apropriado da poluição.
   2.3 Controle da violência por meio de medidas preventivas científicas e político-econômicas.
   2.4 Distribuição adequada da riqueza – o máximo de felicidade para o maior número possível de pessoas.

Fonte: Salzano (2003), com modificações.

Contra essa tendência, deve-se fazer um esforço para a equalização das oportunidades entre indivíduos e nações. A ciência tem contribuído para uma melhoria substancial nas condições de vida do mundo (exemplos: aumento na expectativa de vida; melhoria na quantidade e na qualidade dos alimentos; proteção contra os rigores ambientais; maior interação entre indivíduos e grupos; prevenção e cura de muitas doenças); no entanto para se alcançar as condições indicadas pela visão otimista, não basta ciência. É necessária uma ação política vigorosa em favor dos excluídos e discriminados nas condições do mundo atual.

Referências bibliográficas

Esta seção lista as principais referências bibliográficas que fazem parte deste livro. A lista completa de referências presentes na obra está disponível em <www.ofitexto.com.br/produto/genomica e-evolucao.html>.

ADAMS, F.; LAUGHLIN, G. *Uma Biografia do Universo*. Do Big Bang à Desintegração Final. Rio de Janeiro: Jorge Zahar Editor, 2001.

AKEY, J. M. Constructing genomic maps of positive selection in humans: where do we go from here? *Genome Research*, n. 19, p. 711-722, 2009.

ÂNGELO, P. C. S. et al. Guarana (*Paullinia cupana var. sorbilis*), an anciently consumed stimulant from the Amazon rain forest: the seeded-fruit transcriptome. Plant Cell Reports, n. 27, p. 117-124, 2008.

ARRUDA, P. Sugarcane transcriptome. *Genetics and Molecular Biology*, n. 24, p. 1-296, 2001.

BATTAGLIA, E.; BOSCO, S. M. G.; THEODORO, R. C.; FRANCO, M. Phylogenetic and evolutionary aspects of *Paracoccidioides brasiliensis* reveal a long coexistence with animal hosts that explain several biological features of the pathogen. *Infection, Genetics and Evolution*, n. 6, p. 344-351, 2006.

BELLWOOD, P. The dispersals of established food-producing populations. Current Anthropology, n. 50, p. 621-626, 2009.

BERRIMAN, M. et al. The genome of the blood fluke *Schistosoma mansoni*. *Nature*, n. 460, p. 352-358, 2009.

BITSAKIS, E. For an evolutionary epistemology. *Science Society*, n. 51, p. 389-413, 1987-1988.

BOVINE GENOME CONSORTIUM; ELSIK, C. G.; TELLAM, R. L.; WORLEY, K. C. The genome sequence of taurine cattle: a window to ruminant biology and evolution. *Science*, n. 324, p. 522-528, 2009.

BROWN, J. R. *Comparative Genomics*. Basic and Applied Research. Boca Raton: CRC Press, 2008.

BUSHMAN, F. *Lateral DNA Transfer*. Mechanisms and Consequences. Cold Spring Harbor: Cold Spring Harbor Laboratory Press, 2002.

CARDOSO, A. M.; SANTOS, R. V.; COIMBRA, C. E. A. JR. Mortalidade infantil segundo raça/cor no Brasil: o que dizem os sistemas nacionais de informação? *Cadernos de Saúde Pública*, n. 21, p. 1602-1608, 2005.

CARLSON, E. A. Mendel's Legacy. The Origin of Classical Genetics. Cold Spring Harbor: Cold Spring Harbor Laboratory Press, 2004.

CELA-CONDE, C. J.; AYALA, F. J. *Human Evolution*. Trails from de Past. Oxford: Oxford University Press, 2007.

CESAR, R. C. L. Ações afirmativas no Brasil: e agora, doutor? *Ciência Hoje*, v. 33, n. 195, p. 26-32, 2003.

CHOI, I-G.; KIM, S-H. Evolution of protein structural classes and protein sequence families. *Proceedings of the National Academy of Sciences*, USA n. 103, p. 14056-14061, 2006.

CHURCH, G. M. Genoma de prateleira. *Scientific American Brasil*, v. 4, n. 45, p. 49-55, 2006.

CLAMP, M.; FRY, B.; KAMAL, M.; XIE, X.; CUFF, J.; LIN, M. F.; KELLIS, M.; LINDBLAD-TOH, K.; LANDER, E. S. Distinguishing protein-coding and noncoding genes in the human genome. *Proceedings of the National Academy of Sciences*, USA, n. 104, p. 19428-19433, 2007.

COMMITTEE ON METAGENOMICS. *The New Science of Metagenomics*. Revealing the Secrets of our Microbial Planet. Washington, D. C.: The National Academies Press, 2007.

COSTA, F. A. P. L. Um inventário "verde" para o Brasil. *Ciência Hoje*, v. 24, n. 143, p. 68-71, 1998.

DANCHIN, E.; GIRALDEAU, L-A.; VALONE, T. J.; WAGNER, R. H. Public information: from nosy neighbors to cultural evolution. *Science*, v. 305, p. 487-491, 2004.

DARWIN, C. *A Origem das Espécies*. São Paulo: Hemus, 1979.

DE DUVE, C. *Singularities*. Landmarks on the Pathways of Life. New York: Cambridge University Press, 2005.

DE MARCO, R. et al. Saci-1, -2, and -3 and Perere, four novel retrotransposons with high transcriptional activities from the human parasite *Schistosoma mansoni*. *Journal of Virology*, n. 78, p. 2967-2978, 2004.

DE WAAL, F. *Primates and Philosophers*. How Morality Evolved. Princeton: Princeton University Press, 2006.

DENHAM, T. A practice-centered method for charting the emergence and transformation of agriculture. Current Anthropology, n. 50, p. 661-667, 2009.

DESMOND, A.; MOORE, J. *Darwin*: A Vida de Um Evolucionista Atormentado. São Paulo: Geração Editorial, 1995.

DHAND, R. The "finished" landscape. *Nature Human Genome Collection Supplement*, p. 1-305, 2006.

DIAS NETO, E.; HARROP, R.; CORRÊA-OLIVEIRA, R.; PENA, S. D. J.; WILSON, R. A.; SIMPSON, A. J. G. The Schistosome Genome Project: RNA arbitrarily primed PCR allows the accelereted generation of expressed sequence tags. Memórias do Instituto Oswaldo Cruz, n. 91, p. 655-657, 1996.

DIVERSOS. 1992. Eco-Brasil. Encarte, *Ciência Hoje*, v. 14, n. 81, p. 1-160, 1992.

DRISCOLL, C. A. MACDONALD, D. W.; O'BRIEN, S. J. From wild animals to domestic pets, an evolutionary view of domestication. *Proceedings of the National Academy of Sciences*, USA 106 (Suppl. 1), p. 9971-9978, 2009.

DROSOPHILA 12 GENOMES CONSORTIUM. Evolution of genes and genomes on the *Drosophila* phylogeny. *Nature*, n. 450, p. 203-218, 2007.

ELKINS, J. G. et al. A korarchaeal genome reveals insights into the evolution of Archaea. *Proceedings of the National Academy of Sciences*, USA, p. 105, p. 8102-8107, 2008.

ENCODE PROJECT CONSORTIUM. Identification and analysis of functional elements in 1% of the human genome by the ENCODE pilot project. *Nature*, n. 447, p. 799-816, 2007.

FAGUNDES, N. J. R.; RAY, N.; BEAUMONT, M.; NEUENSCHWANDER, S.; SALZANO, F. M.; BONATTO, S. L.; EXCOFFIER, L. Statistical evaluation of alternative models of human evolution. *Proceedings of the National Academy of Sciences*, USA, n. 104, p. 17614-17619, 2007.

FELIPE, M. S. S. et al. Transcriptome characterization of the dimorphic and pathogenic fungus *Paracoccidioides brasiliensis* by EST analysis. Yeast, n. 20, p. 263-271, 2003.

FENCHEL, T. *The Origin and Early Evolution of Life*. Oxford: Oxford University Press, 2002.

FLORES, R. Z.; MATTOS, L. F. C.; SALZANO, F. M. Incest: frequency, predisposing factors, and effects in a Brazilian population. *Current Anthropology*, n. 39, p. 554-558, 1998.

FOLEY, R.; LAHR, M. M. On stony ground: lithic technology, human evolution, and the emergence of culture. *Evolutionary Anthropology*, n. 12, p. 109-122, 2003.

FOLEY, R. A.; LAHR, M. M. The evolution of the diversity of cultures. *Philosophical Transactions of the Royal Society*, B, p. 366, p. 1080-1089, 2011.

FRANCO, G. R. et al. Evaluation of cDNA libraries from different developmental stages of *Schistosoma mansoni* for production of expressed sequence tags (ESTs). *DNA Research*, n. 4, p. 231-240, 1997.

FREEMAN, S.; HERRON, J. C. *Evolutionary Analysis*. Upper Saddle River, NJ: Pearson Prentice Hall, 2004.

FREIRE-MAIA, N. *Gregor Mendel*. Vida e Obra. São Paulo: T.A. Queiroz, 1995.

FUTUYMA, D. J.; AGRAWAL, A. A. Plant and insect biodiversity. Special Feature. *Proceedings of the National Academy of Sciences*, USA, n. 106, p. 18043-18108, 2009.

GALETTI, P.M., JR. et al. Genética da conservação na biodiversidade brasileira. In: FRANKHAM, R.; BALLOU, J. D.; BRISCOE, D. A. *Fundamentos de Genética da Conservação*. Ribeirão Preto: Editora da Sociedade Brasileira de Genética, 2008. p. 199-220.

GARCIA, A. A. F. et al. Development of an integrated genetic map of a sugarcane (*Saccharum* spp.) commercial cross, based on a maximum-likelihood approach for estimation of linkage and linkage phases. *Theoretical and Applied Genetics*, p. 112:298-314, 2006.

GARDNER, E. J. *History of Biology*. 2. ed. Minneapolis: Burgess, 1965.

GIBSON, D. G. et al. Complete chemical synthesis, assembly, and cloning of a *Mycoplasma genitalium* genome. *Science*, n. 319, p. 1215-1220, 2008.

GOLDMAN, G. H. et al. Expressed sequence tag analysis of the human pathogen *Paracoccidioides brasiliensis* yeast phase: identification of putative homologues of *Candida albicans* virulence and pathogenicity genes. Eukaryotic Cell, n. 2, p. 34-48, 2003.

GOTTSCHALL, C. A. M. *Do Mito ao Pensamento Científico*. A Busca da Realidade, de Tales a Einstein. São Paulo/Porto Alegre: Atheneu e Fundação Universitária de Cardiologia, 2003.

GOUYON, P-H., HENRY, J-P.; ARNOULD, J. *Gene Avatars*. The Neo-Darwinian Theory of Evolution. New York: Kluwer/Plenum, 2002.

GRADDOL, D. The future of language. *Science*, n. 303, p. 1329-1331, 2004.

GUERREIRO-JUNIOR, V.; BISSO-MACHADO, R.; MARRERO, A.; HÜNEMEIER, T.; SALZANO, F. M.; BORTOLINI, M. C. Genetic signatures of parental contribution in black and white populations in Brazil. *Genetics and Molecular Biology*, n. 32, p. 1-11, 2009.

HAIG, D. Intimate relations: evolutionary conflicts of pregnancy and childhood. In: STEARNS, S. C.; KOELLA, J. C. (eds.). *Evolution in Health and Disease*. 2. ed. Oxford: Oxford University Press, 2008. p. 65-76.

HARRIS, E. E.; MEYER, D. The molecular signature of selection underlying human adaptations. *Yearbook of Physical Anthropology*, n. 49, p. 89-130, 2006.

HAUSER, M. D., CHOMSKY, N.; FITCH, W. T. The faculty of language: what is it, who has it, and how did it evolve? *Science*, n. 298, p. 1569-1579, 2002.

HAWKING, S.; MLODINOW, L. *Uma Nova História do Tempo*. Rio de Janeiro: Ediouro, 2005.

HAZEN, R. M. Genesis. The Scientific Quest for Life's Origin. Washington, D. C.: Joseph Henry Press, 2005.

HELLMANN, I.; NIELSEN, R. Human evolutionary genomics. In: PAGEL, M.; POMIANKOWSKI (eds.). *Evolutionary Genomics and Proteomics*. Sunderland: Sinauer, 2008. p. 271-297.

HENSHILWOOD, C. S.; MAREAN, C. W. The origin of modern human behavior. Critique of the models and their test implications. *Current Anthropology*, n. 44, p. 627-651, 2003.

HERINGER, R. Desigualdades raciais no Brasil: síntese de indicadores e desafios no campo das políticas públicas. *Cadernos de Saúde Pública*, n. 18 (supl.), p. 57-65, 2002.

HONEYBEE GENOME SEQUENCING CONSORTIUM. Insights into social insects from the genome of *Apis mellifera*. *Nature*, n. 443, p. 931-949, 2006.

INTERNATIONAL HAPMAP CONSORTIUM. A haplotype map of the human genome. *Nature*, n. 437, p. 1299-1320, 2005.

INTERNATIONAL HAPMAP3 CONSORTIUM. Integrating common and rare genetic variation in diverse human populations. *Nature*, n. 467, p. 52-58, 2010.

INTERNATIONAL SNP MAP WORKING GROUP. A map of human genome sequence variation containing 1.42 million single nucleotide polymorphisms. *Nature*, n. 409, p. 928-933, 2001.

JOBLING, M. A.; HURLES, M. E.; TYLER-SMITH, C. *Human Evolutionary Genetics*. New York: Garland Science, 2004.

KEIM, C. N.; MARTINS, J. L.; ABREU, F.; ROSADO, A. S.; BARROS, H. L.; BOROJEVIC, R.; LINS, U.; FARINA, M. Multicellular life cycle of magnetotactic prokaryotes. *FEMS Microbiology Letters*, n. 240, p. 203-208, 2004.

KLEIN, J.; TAKAHATA, N. *Where Do We Come From?* The Molecular Evidence for Human Descent. Berlin: Springer-Verlag, 2002.

KRAKAUER, D. C.; PLOTKIN, J. B. Redundancy, antiredundancy, and the robustness of genomics. *Proceedings of the National Academy of Sciences*, USA, n. 99, p. 1405-1409, 2002.

KULCHESKI, F. R., MUSCHNER, V. C., LORENZ-LEMKE, A. P., STEHMANN, J. R., BONATTO, S. L., SALZANO, F. M.; FREITAS, L. B. Molecular phylogenetic analysis of *Petunia* Juss. (Solanaceae). *Genetica*, n. 126, p. 3-14, 2006.

KUMAR, S. Molecular clocks: four decades of evolution. *Nature Reviews Genetics*, n. 6, p. 654-662, 2005.

LALAND, K. N., ODLING-SMEE, J.; MYLES, S. How culture shaped the human genome: bringing genetics and the human sciences together. *Nature Reviews Genetics*, n. 11, p. 137-148, 2010.

LEACH, S.; SMITH, I. W. M.; COCKELL, C. S. Introduction: conditions for the emergence of life on the early Earth (followed by 16 other articles). *Philosophical Transactions of the Royal Society of London*, Series B, n. 361, p. 1675-1877, 2006.

LI, W-H. *Molecular Evolution*. Sunderland: Sinauer, 1997.

LIAO, B-Y.; ZHANG, J. Null mutations in human and mouse orthologs frequently result in different phenotypes. *Proceedings of the National Academy of Sciences*, USA, n. 105, p. 6987-6992, 2008.

LIMA-ROSA, C. A. V.; CANAL, C. W.; STRECK, A. F.; FREITAS, L. B.; DELGADO-CAÑEDO, A.; BONATTO, S. L.; SALZANO, F. M. B-F DNA sequence variability in Brazilian (blue-egg Caipira) chickens. *Animal Genetics*, n. 35, p. 278-284, 2004.

LONG, M.; BETRÁN, E.; THORNTON, K.; WANG, W. The origin of new genes: glimpses from the young and old. *Nature Reviews Genetics*, n. 4, p. 865-875, 2003.

LOPES, F. Para além das barreiras dos números: desigualdades raciais e saúde. *Cadernos de Saúde Pública*, n. 21, p. 1595-1601, 2005.

LORENZ-LEMKE, A. P.; MÄDER, G.; MUSCHNER, V. C.; STEHMANN, J. R.; BONATTO, S. L.; SALZANO, F. M.; FREITAS, L. B. Diversity and natural hybridization in a highly endemic species of *Petunia* (Solanaceae): a molecular and ecological analysis. *Molecular Ecology*, n. 15, p. 4487-4497, 2006.

LYNCH, M. *The Origins of Genome Architecture*. Sunderland: Sinauer, 2007.

MACCHERONE, W. et al. Identification and genomic characterization of a new virus (*Tymoviridae* Family) associated with citrus death disease. *Journal of Virology*, n. 79, p. 3028-3037, 2005.

MACHADO, M. A. CitEST. Expressed citrus genome. *Genetics and Molecular Biology*, n. 30 (Suppl., Issue 3), p. 713-1036, 2007.

MÄDER, G.; ZAMBERLAN, P. M.; FAGUNDES, N. R.; MAGNUS, T.; SALZANO, F. M.; BONATTO, S. L.; FREITAS, L. B. The use and limits of ITS data in the analysis of intraspecific variation in *Passiflora* L. (Passifloraceae). *Genetics and Molecular Biology*, n. 33, p. 99-108, 2010.

MAKAROVA, K. et al. Comparative genomics of the lactic acid bacteria. *Proceedings of the National Academy of Sciences*, USA, n. 103, p. 15611-15616, 2006.

MARCHIORI, J. N. C. Fitogeografia do sul da América. *Ciência, Ambiente*, n. 24, p. 1-150, 2002.

MARGULIS L.; SAGAN, D. *O que é Vida*? Rio de Janeiro: Jorge Zahar Editor, 2002.

MARTENS, C.; VANDEPOELE, K.; van DE PEER, Y. Whole genome analysis reveals molecular innovations and evolutionary transitions in chromalveolate species. *Proceedings of the National Academy of Sciences*, USA, n. 105, p. 3427-3432, 2008.

MASON, S. F. *Chemical Evolution*. Origin of the Elements, Molecules, and Living Systems. Oxford: Clarendon Press, 1991.

MAYR, E. *The Growth of Biological Thought*. Diversity, Evolution, and Inheritance. Cambridge: Harvard University Press, Cambridge, 1982.

MAYR, E. *What Makes Biology Unique*? Considerations on the Autonomy of a Scientific Discipline. Cambridge: Cambridge University Press, 2004.

MCKUSICK, V. A. *Mendelian Inheritance in Man*. Catalogs of Autosomal Dominant, Autosomal Recessive, and X-linked Phenotypes. 8. ed. Baltimore: Johns Hopkins University Press, 1988.

MENCK, C. F. M.; CAMARGO, L. E. A. Forest. The *Eucalyptus spp* transcriptome. *Genetics and Molecular Biology*, n. 28 (Suppl., Issue 3), p. 487-643, 2005.

MENCK, C. F. M.; VAN SLUYS, M. A. Fundamentos da Biologia Molecular. A construção do conhecimento. In: MIR, L. (org.). *Genômica*. São Paulo: Atheneu, 2004. p. 3-17.

MORETZSOHN, M. C.; LEOI, L.; PROITE, K.; GUIMARÃES, P. M.; LEAL-BERTIOLI, S. C. M.; GIMENES, M. A.; MARTINS, W.S.; VALLS, J. F. M.; GRATTAPAGLIA, D.; BERTIOLI, D. J. A microsatellite-based, gene rich linkage map for the AA genome of *Arachis* (Fabaceae). *Theoretical and Applied Genetics*, n. 111, p. 1060-1071, 2005.

MORLEY, M.; MOLONY, C. M.; WEBER, T. M.; DEVLIN, J. L.; EWENS, K. G.; SPIELMAN, R. S.; CHEUNG, V. G. Genetic analysis of genome-wide variation in human gene expression. *Nature*, n. 430, p. 743-747, 2004.

MULDER, M. B.; RAUCH, K. L. Sexual conflict in humans: variations and solutions. *Evolutionary Anthropology*, n. 18, p. 201-214, 2009.

MUSCHNER, V. C.; LORENZ, A. P.; CERVI, A. C.; BONATTO, S. L.; SOUZA-CHIES, T. T.; SALZANO, F. M.; FREITAS, L. B. A first molecular phylogenetic analysis of *Passiflora* (Passifloraceae). *American Journal of Botany*, n. 90, p. 1229-1238, 2003.

MUSCHNER, V. C.; LORENZ-LEMKE, A. P.; VECCHIA, M.; BONATTO, S. L.; SALZANO, F. M.; FREITAS, L. B. Differential organellar inheritance in *Passiflora's* (Passifloraceae) subgenera. *Genetica*, n. 128, p. 449-453, 2006.

NAPIER, J. R.; NAPIER, P. H. *A Handbook of Living Primates*. London: Academic Press, 1967.

NASCIMENTO, A. L. T. O. et al. Genome features of *Leptospira interrogans* serovar Copenhageni. *Brazilian Journal of Medical and Biological Research*, n. 37, p. 459-478, 2004a.

NASCIMENTO, A. L. T. O. et al. Comparative genomics of two *Leptospira interrogans* serovars reveals novel insights into physiology and pathogenesis. *Journal of Bacteriology*, n. 186, p. 2164-2172, 2004b.

NEI, M.; KUMAR, S. *Molecular Evolution and Phylogenetics*. New York: Oxford University Press, 2000.

NENE, V. et al. Genome sequence of *Aedes aegypti*, a major arbovirus vector. *Science*, n. 316, p. 1718-1723, 2007.

NIELSEN, R. Molecular signatures of natural selection. *Annual Review of Genetics*, n. 39, p. 197-218, 2005.

NIELSEN, R. et al. A scan for positively selected genes in the genomes of humans and chimpanzees. *PLoS Biology*, n. 3, p. 976-985, 2005.

NORONHA, S. Maioria e minorias no Brasil. *Rumos*, v. 26, p. 196, p. 26-33, 2002.

NOVEMBRE, J.; DI RIENZO, A. Spatial patterns of variation due to natural selection in humans. *Nature Reviews Genetics*, n. 10, p. 745-755, 2009.

NOWICK, K.; GERNAT, T.; ALMAAS, E.; STUBBS, L. Differences in human and chimpanzee gene expression patterns define an evolving network of transcription factors in brain. *Proceedings of the National Academy of Sciences*, USA, n. 106, p. 22358-22363, 2009.

OLIVEIRA, M. A.; GUIMARÃES, B. G.; CUSSIOL, J. R. R.; MEDRANO, F. J.; GOZZO, F. C.; NETTO, L. E. S. Structural insights into enzyme-substrate interaction and characterization of enzymatic intermediates of organic hydroperoxide resistance protein from *Xylella fastidiosa*. *Journal of Molecular Biology*, n. 359, p. 433-445, 2006.

ORGEL, L. E. Prebiotic chemistry and the origin of the RNA world. *Critical Reviews in Biochemistry and Molecular Biology*, n. 39, p. 99-123, 2004.

PAGEL, M.; POMIANKOWSKI, A. *Evolutionary Genomics and Proteomics*. Sunderland: Sinauer, 2009.

PEARSALL, D. M. Investigating the transition to agriculture. *Current Anthropology*, n. 50, p. 609-613, 2009.

PEREIRA, L.; FREITAS, F.; FERNANDES, V.; PEREIRA, J. R.; COSTA, M. D.; COSTA, S.; MÁXIMO, V.; MACAULAY, V.; ROCHA, R.; SAMUELS, D. C. The diversity present in 5140 human mitochondrial genomes. *American Journal of Human Genetics*, n. 84, p. 628-640, 2009.

PEREIRA, T. V. et al. Natural selection and molecular evolution in primate *PAX9* gene, a major determinant of tooth development. *Proceedings of the National Academy of Sciences*, USA, n. 103, p. 5676-5681, 2006.

QUINLAN, R. J. Human pair-bonds: evolutionary functions, ecological variation, and adaptive development. *Evolutionary Anthropology*, n. 17, p. 227-238, 2008.

RAMSDEN, C.; MELO, F. L.; FIGUEIREDO, L. M.; HOLMES, E. C.; ZANOTTO, P. M. A.; THE VGDN CONSORTIUM. High rates of molecular evolution in hantaviruses. *Molecular Biology and Evolution*, n. 25, p. 1488-1492, 2008.

RATNER, V. A.; ZHARKIKH, A. A.; KOLCHANOV, N.; RODIN, S. N.; SOLOVYOV, V. V.; ANTONOV, A. S. *Molecular Evolution*. Berlin: Springer-Verlag, 1996.

RIBEIRO, D. *As Américas e a Civilização*. Petrópolis: Editora Vozes, 1977.

RICARDO, C. A. *Povos Indígenas no Brasil*, 1996/2000. São Paulo: Instituto Socioambiental, 2000.

RICARDO, C. A.; RICARDO, F. *Povos Indígenas no Brasil*, 2001/2005. São Paulo: Instituto Socioambiental, 2006.

RIDLEY, M. *Evolução*. Porto Alegre: Artmed, 2006.

SACCONE, C.; PESOLE, G. *Handbook of Comparative Genomics*. Principles and Methodology. Hoboken: Wiley-Liss, 2003.

SALEMI, M.; VANDAMME, A-M. *The Phylogenetic Handbook*. A Practical Approach to DNA and Protein Phylogeny. Cambridge: Cambridge University Press, 2003.

SALZANO, F. M. Estudo sobre a evolução biológica no Brasil. In: FERRI, M. G.; MOTOYAMA, S. (Org.). *História das Ciências no Brasil*. São Paulo: Editora Pedagógica e Universitária e Editora da Universidade de São Paulo, 1979. p. 241-264,

SALZANO, F. M. *Biologia, Cultura e Evolução*. 2. Ed. Porto Alegre: Editora da Universidade Federal do Rio Grande do Sul, 1993.

SALZANO, F. M. New horizons in human genetics. In: SETH, P. K.; SETH, S. (Eds.). *Human Genetics*. New Delhi: New Perspectives. Omega Scientific, 1994. p. 1-20.

SALZANO, F. M. *Evolução do Mundo e do Homem*: Liberdade ou Organização? Porto Alegre: Editora da Universidade Federal do Rio Grande do Sul, 1995.

SALZANO, F. M. Darwinismo e revolução molecular. *Ciência Hoje*, v. 29, n. 173, p. 36-42, 2001.

SALZANO, F. M. Molecular variability in Amerindians: widespread but uneven information. *Anais da Academia Brasileira de Ciências*, v. 74, p. 223-263, 2002.

SALZANO, F. M. A patrimony to be preserved. *Proceedings of the International Bioethics Committee of UNESCO*, Ninth Session, v. 2, p. 95-102, 2003.

SALZANO, F. M. Evolutionary change – patterns and processes. *Anais da Academia Brasileira de Ciências*, v. 77, p. 627-650, 2005.

SALZANO, F. M.; BORTOLINI, M. C. *The Evolution and Genetics of Latin American Populations*. Cambridge: Cambridge University Press, 2002.

SALZANO, F. M.; HUTZ, M. H. Genética, genômica e populações nativas brasileiras – história e biomedicina. *Revista de Estudos e Pesquisas*, FUNAI v. 2, p. 175-197, 2005.

SERAFINI, A. *The Epic History of Biology*. New York: Plenum, 1993.

SHANAHAN, T. *The Evolution of Darwinism. Selection, Adaptation, and Progress in Evolutionary Biology*. Cambridge: Cambridge University Press, 2004.

SILVA, A. C. R. et al. Comparison of the genomes of two *Xanthomonas* pathogens with differing host specificities. *Nature*, v. 417, p. 459-463, 2002.

SILVESTRE, D.; DOWTON, M.; ARIAS, M. C. The mitochondrial genome of the stingless bee *Melipona bicolor* (Hymenoptera, Apidae, Meliponini): sequence, gene organization and a unique tRNA translocation event conserved across the tribe Meliponini. *Genetics Molecular Biology*, v. 31, p. 451-460, 2008.

SIMPSON, A. J. G.; The *Xylella fastidiosa* Consortium. The genome sequence of the plant pathogen *Xylella fastidiosa*. *Nature*, v. 406, p. 151-159, 2000.

SINGH, S. *Big Bang*. Rio de Janeiro: Editora Record, 2006.

SKALETSKY, H. et al. The male-specific region of the human Y chromosome is a mosaic of discret sequence classes. *Nature*, v. 423, p. 810-813, 2003.

STEARNS, S. C.; NESSE, R. M.; GOVINDARAJU, D. R.; ELLISON, P. T. Evolutionary perspectives on health and medicine. *Proceedings of the National Academy of Sciences*, USA 107 (Suppl. 1), p. 1691-1695, 2010.

STURTEVANT, A. H. *A History of Genetics*. New York: Harper; Row, 1965.

SULSTON, J.; FERRY, G. *The Common Thread*. A History of Science, Politics, Ethics, and the Human Genome. Washington, DC: Joseph Henry Press, 2002.

TEIXEIRA, M. M.; THEODORO, R. C.; CARVALHO, M. J. A.; FERNANDES, L.; PAES, H. C.; HAHN, R. C.; MENDOZA, L.; BAGAGLI, E.; SAN-BLAS, G.; FELIPE, M. S. S. Phylogenetic analysis reveals a high level of speciation in the *Paracoccidioides* genes. *Molecular Phylogenetics and Evolution*, v. 52, p. 273-283, 2009.

TEMPLETON, A. R. *Population Genetics and Microevolutionary Theory*. Hoboken, NJ: Wiley-Liss, 2006.

THOMPSON, C. E.; FERNANDES, C. L.; SOUZA, O. N.; SALZANO, F. M.; BONATTO, S. L.; FREITAS, L. B. Molecular modeling of pathogenesis related proteins of Family 5. *Cell Biochemistry and Biophysics*, v. 44, p. 385-394, 2006.

THOMPSON, C. E.; SALZANO, F. M.; SOUZA, O. N.; FREITAS, L. B. Sequence and structural aspects of the functional diversification of plant alcohol dehydrogenases. *Gene*, v. 396, p. 108-115, 2007.

VAN SLUYS, M. A. et al. Comparative analysis of the complete genome sequences of Pierce's disease and citrus variegated chlorosis strains of *Xylella fastidiosa*. *Journal of Bacteriology*, v. 185, p. 1018-1026, 2003.

VASCONCELOS, A. T. R., ZAHA, A.; ALMEIDA, D. F. Mycoplasma comparative genomics. *Genetics and Molecular Biology*, v. 30 (Suppl. 1), p. 169-295, 2007.

VASCONCELOS, A. T. R. BRAZILIAN NATIONAL GENOME PROJECT CONSORTIUM. The complete genome sequence of *Chromobacterium violaceum* reveals remarkable and exploitable bacterial adaptability. *Proceedings of the National Academy of Sciences*, USA, v. 100, p. 11660-11665, 2003.

VERJOVSKI-ALMEIDA, S. et al. Transcriptome analysis of the acoelomate human parasite *Schistosoma mansoni*. *Nature Genetics*, v. 35, p. 148-157, 2003.

VERMEIJ, G. J. Historical contingency and the purported uniqueness of evolutionary innovations. *Proceedings of the National Academy of Sciences*, USA v. 103, p. 1804-1809, 2006.

VETTORE, A. L. et al. Analysis of functional annotation of an expressed sequence tag collection for tropical crop sugarcane. *Genome Research*, v. 13, p. 2725-2735, 2003.

VIEIRA, I. C. G.; SILVA, J. M. C.; OREN, D. C.; D'INCAO, M. A. *Diversidade Biológica e Cultural da Amazônia*. Belém: Museu Paraense Emílio Goeldi, 2001.

WANG, S. et al. Geographic patterns of genome admixture in Latin American Mestizos. *PLoS Genetics*, v. 4, p. e1000037, 2008.

WEAVER, T. D. The meaning of Neandertal skeletal morphology. *Proceedings of the National Academy of Sciences*, USA, v. 106, p. 16028-16033, 2009.

WOOD, B. Reconstructing human evolution: achievements, challenges and opportunities. *Proceedings of the National Academy of Sciences*, USA 107 (Suppl. 2), p. 8902-8909, 2010.

YANG, N. N. et al. Contrasting patterns of nuclear and mtDNA diversity in Native American populations. *Annals of Human Genetics*, v. 74, p. 525-538, 2010.

YOCKEY, H. P. *Information Theory, Evolution, and the Origin of Life*. New York: Cambridge University Press, 2004.

ZHANG, L.; LU, H. H. S.; CHUNG, W.; YANG, J.; LI, W-H. Patterns of segmental duplication in the human genome. *Molecular Biology and Evolution*, v. 22, p. 135-141, 2004.

Índice remissivo

A
aconselhamento genético 247
Amazônia 174, 175, 176, 184, 209, 210, 211, 218
América Latina 34, 193, 196, 197, 203, 204, 205
ameríndios 33, 78, 90, 149, 155, 195, 201, 202, 203, 205, 207, 210, 211, 212, 214, 215, 217, 218, 219, 240
apicoplastos 122
Archaea 53, 54, 76, 94, 96, 97, 98, 99, 100, 101, 102, 113, 115, 117, 253
arte 223, 248, 252, 258

B
Bacteria 53, 54, 76, 94, 96, 98, 99, 101, 103, 115, 117
biodiversidade 123, 171, 172, 173, 174, 175, 176, 182
bioética 167, 176

C
cachorros 162, 181, 182, 183, 232
cloroplastos 120, 121
CNVs 159
código genético 31, 49, 50, 51, 58, 66, 99, 118, 119, 248, 252
coevolução 50, 99, 180, 181, 182, 225, 226, 251, 252
comparações humanos-chimpanzés 67, 87, 179, 180, 208
comportamento 23, 25, 28, 37, 62, 68, 165, 177, 182, 185, 187, 192, 221, 222, 223, 224, 225, 226, 227, 236, 240, 243, 244, 249, 250, 251, 258
conservação 45, 79, 97, 110, 154, 173, 174, 176, 177, 178, 184, 259
cooperação e conflito 234
cordados 138, 139

cultura 15, 16, 106, 164, 166, 187, 214, 221, 222, 223, 225, 226, 227, 228, 234, 251, 257, 259

D
Darwin, C. 15, 20, 22, 24, 25, 26, 31, 33, 35, 37, 62, 169, 170, 238, 241, 258
DNA, estrutura e tipos 58
DNA mitocondrial (ver mtDNA) 57, 58, 117, 119, 155, 164, 183, 191, 198, 200, 201, 202, 208, 212, 215, 247
DNA nuclear 57, 58, 118, 120, 121, 140, 155, 157, 158
doenças hereditárias 246, 256
domesticação 141, 166, 176, 210, 223, 232, 234, 252, 258

E
ENCODE 152
Escola de Alexandria 15, 16
escolha do parceiro 238, 239
estruturas gênica e cromossômica 57
estupro 243
eucariotos 52, 53, 54, 59, 61, 70, 76, 77, 82, 85, 92, 93, 95, 96, 101, 117, 118, 123, 124, 125, 126, 237, 252, 253, 254
evolução 14, 20, 21, 22, 23, 24, 26, 28, 29, 30, 31, 33, 34, 35, 43, 45, 49, 50, 51, 57, 62, 63, 64, 70, 73, 74, 76, 77, 79, 81, 86, 89, 92, 95, 96, 97, 99, 100, 104, 118, 122, 135, 142, 143, 153, 160, 164, 166, 171, 172, 176, 178, 182, 185, 193, 217, 222, 224, 225, 226, 228, 234, 235, 236, 238, 248, 249, 251, 252, 253, 255, 258
evolução humana 164, 193, 222, 252

F
famílias multigênicas 58, 77, 82, 89, 129, 170
filogenética e filogenômica 72

Filosofia 14, 15, 16, 17, 18, 20, 36, 38
fitogeografia do sul da América 176
funcionamento do material genético 57, 62, 93
fungos 35, 52, 70, 77, 85, 86, 118, 124, 126, 133, 135, 139, 204

G
galinhas 89, 90, 140, 141, 181, 183
gaúchos 201, 202, 204
G+C 104, 105, 107, 108, 109, 110, 111, 112, 113, 115, 127, 128, 131, 132, 136, 137, 146
genética 32, 46, 47, 48, 59, 61, 63, 64, 66, 67, 76, 86, 91, 98, 104, 110, 160, 163, 164, 166, 169, 170, 171, 172, 173, 174, 176, 178, 182, 183, 184, 197, 200, 202, 205, 207, 208, 209, 210, 211, 212, 213, 214, 218, 219, 226, 227, 230, 235, 237, 238, 243, 252, 255, 256, 257
genoma humano 68, 78, 143, 144, 145, 147, 148, 149, 150, 151, 152, 153, 157, 158, 159, 160, 161, 162, 163, 254, 256
genômica 30, 65, 81, 90, 91, 93, 95, 96, 100, 104, 106, 107, 114, 132, 133, 140, 154, 161, 178, 192, 198, 251, 254, 256, 257
genômica comparada 30, 32, 93, 107, 251, 254
Grécia 14, 15
grupos sanguíneos 90, 91, 149, 197, 204, 212, 214, 215

H
história da Terra 42, 44
Hominíneos 186, 188, 189, 190, 223

I
Idade Média 16, 18, 258
imunoglobulinas 88, 150
incesto 226, 242
insetos 21, 26, 107, 115, 123, 135, 138, 171, 173, 180, 181, 182, 234
íntrons 59, 60, 61, 62, 76, 77, 81, 82, 91, 119, 123, 204, 254
invertebrados 22, 23, 24, 35, 71, 82, 118, 119, 135, 136, 137

L
Lamarck, J-B. 20, 22, 23
ligações afetivas 241
linguagem 37, 38, 52, 145, 187, 209, 213, 214, 223, 226, 227, 228, 229, 230, 245, 252
livre-arbítrio 18, 37, 249

M
mamíferos 71, 78, 88, 92, 138, 140, 141, 152, 153, 171, 172, 185, 223, 234, 250, 253, 254, 257
medicina darwiniana 246
Mendel, G. 20, 25, 26, 27, 28, 29
menos é mais 77, 78, 154
MHC 89, 90, 183
migração 171, 186, 192, 193, 203, 204, 209, 212, 224, 232
moralidade 249, 250, 252
mtDNA 58, 117, 118, 119, 120, 121, 141, 156, 202, 208, 209, 210, 211, 212, 214, 215, 218, 234
multicelularidade 51, 52, 53, 74, 251, 253

N
Neandertal 188, 190, 191, 192
novidades evolutivas 59, 81
nucleomorfos 122

O
onça-pintada 183, 184
origens
    da Terra 42
    da Vida 44, 45, 50, 51, 253
    dos Eucariotos 53, 54
    do Universo 40, 251, 252

P
Passiflora 87, 120, 179, 180
perspectivas mundiais 259
Petunia 179, 180, 181
plantas 17, 21, 28, 29, 35, 36, 51, 52, 70, 76, 77, 82, 83, 85, 86, 87, 95, 104, 105, 107, 111, 114, 115, 118, 119, 124, 126, 129, 131, 133, 136, 146, 171, 172, 173, 179, 180, 181, 182, 186, 226, 230, 232, 234, 252, 257
políticas afirmativas 196
Primatas 185, 186
Procariotos 53, 61, 76, 82, 85, 92, 96, 98, 99, 106, 113, 123, 124, 237, 252, 253
progresso 45, 57, 94, 193, 245, 253, 257, 258, 259
proteínas, estrutura e tipos 60
proteínas relacionadas à patogênese 86, 88
protoctista 36, 124, 125, 126, 128, 129

Q
quiralidade 46, 48, 49

R
raça e racismo 196
redes biológicas 97

redundância 79, 80
relações estrutura/função 253
religião 18, 249, 250, 252
relógios moleculares 70, 71
renascimento 18, 19
RNA, estrutura e tipos 59
Roma 15, 16, 20

S
saúde/doença 244
seleção natural 67
Seleção natural 21, 24, 25, 26, 44, 45, 51, 62, 64, 74, 91, 93, 96, 99, 160, 161, 166, 169, 170, 171, 184, 210, 225, 234, 235, 238, 246, 248, 251, 252
Seleção positiva 66, 68, 69, 74, 83, 87, 91, 93, 101, 115, 118, 153, 163, 164, 165, 169, 210, 226
sexo 32, 145, 170, 212, 237, 238, 239, 242, 243, 244, 248, 252
simbiose 54, 108, 118
singularidades 40, 45
sistema imune 84, 86, 88, 107, 140, 141, 149, 203, 217, 247
suscetibilidade a doenças 182, 217

T
Tamanho do genoma e complexidade organísmica 95
tecnologia genômica 167
terapia celular/gênica 247
transpósons 58, 77, 107, 141, 152, 170

U
uniões interétnicas 197
universo proteico 75
Universo proteico 75
Uruguai 176, 177, 195, 200, 202, 203

V
variabilidade normal humana 149
variação neutra ou seleção? 62
vermes 135, 246
vida extraterrena 55
vírus 88, 93, 94, 96, 109, 113, 114, 115, 116, 117, 150, 203, 204, 217, 255
Visões do mundo 13

CTP • Impressão • Acabamento
Com arquivos fornecidos pelo Editor

EDITORA e GRÁFICA
VIDA & CONSCIÊNCIA
R. Agostinho Gomes, 2312 • Ipiranga • SP
Fone/fax: (11) 3577-3200 / 3577-3201
e-mail:grafica@vidaeconsciencia.com.br
site: www.vidaeconsciencia.com.br